创锐设计　编著

InDesign CC
实战从入门到精通（全彩版）

机械工业出版社
China Machine Press

U0321231

图书在版编目（CIP）数据

InDesign CC实战从入门到精通：全彩版／创锐设计编著. —北京：机械工业出版社，2018.3（2020.1重印）

ISBN 978-7-111-58928-0

Ⅰ. ①I… Ⅱ. ①创… Ⅲ. ①电子排版－应用软件 Ⅳ. ①TS803.23

中国版本图书馆CIP数据核字（2018）第008546号

InDesign是当今流行的专业排版软件，被广泛应用于平面设计、印刷出版、数字媒体等诸多领域。本书从初学者的学习需求出发，由浅入深地讲解 InDesign CC 的功能及应用，以帮助读者充分运用软件的强大功能来扩展自己的创意空间。

全书共13章，可划分为3个部分。第1部分为软件基础入门，包括第1章，主要介绍 InDesign CC 的工作界面及操作环境设置。第2部分为软件主要功能，包括第2～12章，讲解了软件基本操作、对象的编辑与设置、文本处理、段落文本编辑、颜色和图像的管理与应用、图文排版、矢量图形和表格的创建与编辑、书籍和版面、文档的输出与打印等 InDesign CC 的功能及实际应用。第3部分为软件应用实战，包括第13章，选取了书籍封面、地产广告、企业画册3个极具代表性的综合实例进行详细解析，在进一步巩固前面所学内容的基础上培养综合应用能力。

本书内容翔实，图文并茂，可操作性和针对性强，既适合初学者进行 InDesign CC 的入门学习，也适合希望提高 InDesign CC 操作水平的相关从业人员、平面设计爱好者参考，还可作为培训机构、大中专院校相关专业的教学辅导用书。

InDesign CC实战从入门到精通（全彩版）

出版发行：机械工业出版社（北京市西城区百万庄大街22号 邮政编码：100037）

责任编辑：杨 倩　　　　　　　　　　　　　责任校对：庄 瑜

印　刷：北京天颖印刷有限公司　　　　　　版　次：2020年1月第1版第2次印刷

开　本：185mm×260mm 1/16　　　　　　印　张：22.5

书　号：ISBN 978-7-111-58928-0　　　　　定　价：99.00元

前 言
PREFACE

InDesign 是 Adobe 公司推出的专业排版软件，它具备丰富强大的功能、人性化的操作方式、所见即所得的工作界面，因而被广泛应用于传统印刷品和现代数字出版物的设计与发布。本书以 InDesign CC 为软件平台，由浅入深、全面详尽地解析了 InDesign 的各项核心功能，并通过大量实例达到"学以致用"的目的。

◎内容结构

全书共 13 章，可分为 3 个部分。第 1 部分为软件基础入门，包括第 1 章，介绍 InDesign CC 的工作界面及操作环境设置。第 2 部分为软件主要功能，包括第 2 ～ 12 章，讲解了软件基本操作、对象的编辑与设置、文本处理、段落文本编辑、颜色和图像的管理与应用、图文排版、矢量图形和表格的创建与编辑、书籍和版面、文档的输出与打印等 InDesign CC 的功能及实际应用。第 3 部分为软件应用实战，包括第 13 章，选取了书籍封面、地产广告、企业画册 3 个极具代表性的综合实例进行详细解析，在进一步巩固前面所学内容的基础上培养综合应用能力。

◎编写特色

★本书提炼了软件功能和操作的所有重要知识点，并站在初学者的角度以图文并茂的方式进行讲解，让初学者能够轻松地自学掌握并灵活应用。

★书中精心设计了大量紧密联系知识点并贴近实际应用的典型实例，读者按照书中讲解，结合云空间资料中的实例文件和操作视频，边看、边学、边练，能够直观、快速地理解和消化知识与技法，学习效果立竿见影。

★本书配套的云空间资料除了包含书中所有实例的相关文件和操作视频外，还有 PPT 课件、设计素材、精美模板等丰富资源和扩展学习资料，任课教师可以随时下载并在授课时使用。配套操作视频还可使用手机微信扫描书中二维码直接在线观看，学习方式更加方便、灵活。

◎读者对象

本书既适合初学者进行入门学习，也适合希望提高操作水平的相关从业人员、平面设计爱好者参考，还可作为培训机构、大中专院校相关专业的教学辅导用书。

由于编者水平有限，在编写本书的过程中难免有不足之处，恳请广大读者指正批评，除了扫描二维码关注订阅号获取资讯以外，也可加入 QQ 群 736148470 与我们交流。

编者

2018 年 3 月

☁ 如何获取云空间资料

步骤 1: 扫描关注微信公众号

　　在手机微信的"发现"页面中点击"扫一扫"功能，如右一图所示，进入"二维码 / 条码"界面，将手机对准右二图中的二维码，扫描识别后进入"详细资料"页面，点击"关注"按钮，关注我们的微信公众号。

步骤 2: 获取资料下载地址和密码

　　点击公众号主页面左下角的小键盘图标，进入输入状态，在输入框中输入本书书号的后 6 位数字 "589280 "，点击"发送"按钮，即可获取本书云空间资料的下载地址和访问密码。

步骤 3: 打开资料下载页面

　　方法 1：在计算机的网页浏览器地址栏中输入获取的下载地址（输入时注意区分大小写），如右图所示，按 Enter 键即可打开资料下载页面。

　　方法 2：在计算机的网页浏览器地址栏中输入 "wx.qq.com"，按 Enter 键后打开微信网页版的登录界面。按照登录界面的操作提示，使用手机微信的"扫一扫"功能扫描登录界面中的二维码，然后在手机微信中点击"登录"按钮，浏览器中将自动登录微信网页版。在微信网页版中单击左上角的

"阅读"按钮，如右图所示，然后在下方的消息列表中找到并单击刚才公众号发送的消息，在右侧便可看到下载地址和相应密码。将下载地址复制、粘贴到网页浏览器的地址栏中，按 Enter 键即可打开资料下载页面。

步骤 4: 输入密码并下载资料

　　在资料下载页面的"请输入提取密码"下方的文本框中输入步骤 2 中获取的访问密码（输入时注意区分大小写），再单击"提取文件"按钮。在新页面中单击打开资料文件夹，在要下载的文件名后单击"下载"按钮，即可将其下载到计算机中。如果页面中提示选择"高速下载"还是"普通下载"，请选择"普通下载"。下载的资料如为压缩包，可使用 7-Zip、WinRAR 等软件解压。

> **提示**
>
> 　　若由于云服务器提供商的故障导致扫码看视频功能暂时无法使用，可通过上面介绍的方法下载视频文件包在计算机上观看。在下载和使用云空间资料的过程中如果遇到自己解决不了的问题，请加入QQ群736148470，下载群文件中的详细说明，或找群管理员提供帮助。

目 录

CONTENTS

第3章

对象的编辑与设置

第4章

文本处理

第8章

图文排版

第9章

矢量图形的创建与编辑

第12章

文档的输出与打印

第13章

综合实战

第1章

InDesign是Adobe公司推出的专业页面排版软件,它集强大的电子排版和图像处理功能于一体,在能够与QuarkXPress、PageMaker兼容的同时,还吸取了Photoshop、Illustrator等图形图像处理软件的诸多优点,可以应用于各类出版物的设计。本章主要介绍最新版的InDesign CC的工作区、工具和菜单的管理及系统的设置等。

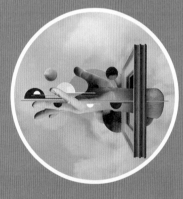

01

InDesign CC简介

1.1 启动和退出InDesign CC

Adobe公司推出的InDesign CC是一款功能强大、操作便捷的排版编辑软件，常常用于进行各种印刷品的排版编辑。在使用InDesign CC前，需要掌握它的启动和退出方法，下面就对该软件的启用和退出进行详细介绍。

1.1.1 启动InDesign CC

InDesign CC的启动和其余版本的启动操作类似，可以通过多种渠道来启动程序。这里介绍最常用的两种启动方法。

方法一：通过快捷图标启动

01 在计算机上安装好Adobe InDesign CC程序后，打开已安装应用程序所在的文件夹，选中应用程序图标，右击该图标，执行"发送到>桌面快捷方式"命令，如下图所示。

02 执行菜命令后，在桌面上会出现一个快捷图标，双击该应用程序图标，如下图所示，即可启动应用程序。

方法二：通过开始菜单启动

01 单击桌面左下角的"开始"按钮，在展开的列表中单击"Adobe InDesign CC 2017"程序，如下图所示。

02 启动程序将显示如下图所示的InDesign CC启动界面。

> **技巧提示**
>
> 在多次使用Adobe InDesign CC后，系统会自动将其添加到"开始"菜单的常用列表中；如果是首次使用该程序，则可以在"开始"菜单中的"所有应用"中选择常用的命令，然后将其拖动到"开始"菜单的常用列表中，方便再次使用。

1.1.2 | 退出InDesign CC

在InDesign中完成版面的设计与制作后，需要退出InDesign CC应用程序。退出InDesign CC同样有多种方法实现。

方法一：通过菜单命令退出

要退出InDesign CC，执行"文件>退出"菜单命令，如下图所示，即可退出应用程序。

方法二：通过"关闭"按钮退出

也可以在单击工作界面右上角的"关闭"按钮 ❎ ，退出程序，如下图所示。

1.2 | 全新的InDesign CC界面浏览

使用InDesign CC软件进行排版设计之前，需要先了解InDesign CC的工作界面，掌握软件中菜单栏、工具箱及相关命令的大致位置、工作区域等。

与旧版本相比，InDesign CC整合了一些功能，整个工作界面呈现为灰色，显得更加直观、明了。InDesign CC操作界面主要由应用程序栏、菜单栏、工具选项栏、工具箱、面板和文档窗口、状态栏等部分组成，如下图所示。

1.2.1 | 工具箱的设置与调整

工具箱将InDesign的功能以图标的形式聚集在一起，从工具的形态和名称就可以清楚地了解其功能。InDesign CC还针对每个工具设置了相应的快捷键，使各工具之间的切换更加快捷、使用更加方便。默认情况下工具箱在工作界面左侧单列显示，可以根据情况调整工具箱显示效果。

◎ 素材文件：随书资源\01\素材\01.indd
◎ 最终文件：无

01 打开01.indd，如果要将工具箱以双列的方式显示，单击工具箱上方的双箭头图标▶▶，如下图所示。

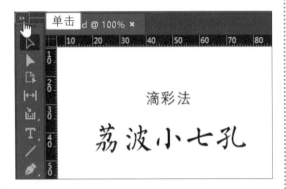

02 可以看到原单列显示的工具箱变为双列显示，如下图所示。

03 如果要将工具箱以浮动面板的方式显示，则单击并拖动工具箱上方的深灰色条，如下图所示。

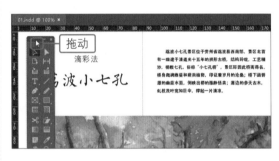

04 长按或右击右下角有小三角形图标的工具按钮，即可打开该工具组中的隐藏工具，如下图所示。

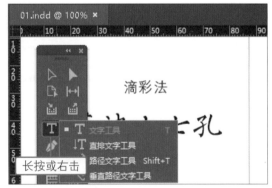

1.2.2 | 面板的管理与使用

InDesign中提供了许多功能不同的面板，这些面板可以帮助用户便捷地使用软件。InDesign中的面板有3种表现方式，分别是只显示图标、显示图标和名称、展开状态。在编辑文档时可以对面板进行设置，选择展开或折叠面板、调整面板位置等，使整个界面更符合用户的使用习惯，更加便于操作。

第 1 章

1. 展开/折叠面板

默认状态下，InDesign窗口右侧包括页面、图层、链接、描边、颜色、色板和CC Libraries 7个面板，除CC Libraries面板外，其他几个面板都以标签方式折叠起来，可以根据实际需要选择展开或折叠面板。

01 新建文档，这里需要将展示的CC Libraries折叠起来，单击面板右侧的折叠图标，如下图所示。

02 单击折叠图标后，原展开的CC Libraries面板会以标签的方式显示在窗口右侧，如下图所示。

03 如果要展开折叠的"图层"面板，单击需要展开的面板名称，如下图所示。

04 即可将折叠的"图层"面板展开，效果如下图所示。

2. 打开/关闭面板

在InDesign中除了默认显示在工作界面中的面板外，还有一些被隐藏起来的面板，执行"窗口"菜单命令，在展开的菜单中执行相应命令，即可打开未显示的面板或隐藏窗口中已显示的面板。下面以打开"对齐"面板组为例，讲解面板的打开和关闭操作。

01 启动InDesign应用程序后，新建文档，打开"对齐"面板，执行"窗口>对象和版面>对齐"菜单命令，如下图所示。

02 在工作界面中即可显示"对齐"面板组，该面板组中包括"对齐"和"路径查找器"两个面板，如下图所示。

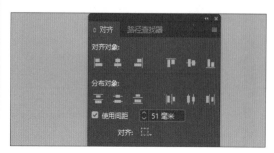

03 单击并拖动面板组中的"路径查找器"标签，可以将"路径查找器"面板从面板组中拖出，如下图所示。

04 单击面板右上角的"关闭"按钮 ✕，可以关闭"路径查找器"面板，效果如下图所示。

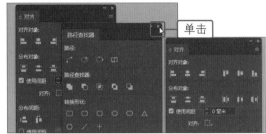

技巧提示

打开面板后，为了更好地使用面板，可以单击面板上方的标签，按住鼠标左键不放将其拖动到工作界面中适当的位置，完成面板的移动操作。

1.3 编辑和管理工作区

InDesign CC提供了多种预设的工作区，可以选择合适的工作区进行文档的编辑操作，也可以自定义工作区，将InDesign的工作界面设置成符合自己使用习惯的模式，提高工作效率。

1.3.1 新建并自定义工作区

在面板中完成设置和调整后，可以将设置的工作界面定义为新的工作区，便于以后应用新工作区进行文档的编辑操作。

◎ 素材文件：随书资源\01\素材\02.indd
◎ 最终文件：无

01 打开02.indd，执行"文字>字符"菜单命令，打开"字符"面板，移动面板至工作界面右侧，如下图所示。

02 执行"窗口>工作区>新建工作区"菜单命令，如下图所示。

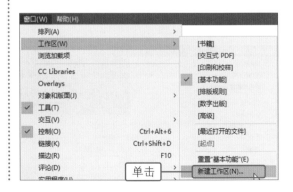

第1章

03 打开"新建工作区"对话框，❶在对话框中输入要新建的工作区名称为"杂志排版"，❷单击"确定"按钮，如下图所示。

04 创建新的"杂志排版"工作区，执行"窗口>工作区"菜单命令，在打开的级联菜单中即可看到创建的新工作区，如下图所示。

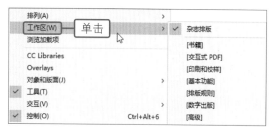

技巧提示

如果不再需要自定义的工作区，可以利用"删除工作区"命令将其从工作区列表中删除。执行"窗口>工作区>删除工作区"菜单命令，打开"删除工作区"对话框，单击对话框中"工作区"后的下三角按钮，在打开的列表中选择要删除的工作区，然后单击"确定"按钮即可。

1.3.2 | 载入工作区

为了满足不同用户群体的设计需要，InDesign提供了书籍、交互式PDF、印刷和校样等多个不同的预设工作区。启动InDesign应用程序时，默认载入"基本功能"工作区，在实际的操作过程中，可以根据需求选择并载入相应的工作区进行文档的编排。当载入不同的预设工作区时，在工作界面中会显示不同的面板选项。

◎ **素材文件**：随书资源\01\素材\02.indd
◎ **最终文件**：无

01 打开02.indd，❶单击工作区右上角的"工作区切换器"按钮 基本功能 ∨，❷在打开的下拉列表中选择"交互式PDF"选项，如下图所示。

02 载入"交互式PDF"工作区，在工作区中打开了创建交互式PDF文档常用的"渐变""超链接""书签"等面板，如下图所示。

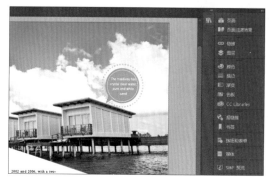

03 执行"窗口>工作区"菜单命令，在打开的级联菜单中单击选择"数字出版"选项，如下图所示。

04 载入"数字出版"工作区，在工作区中即可展开数字出版中常用的"媒体""对象状态""按钮和表单"等面板，如下图所示。

1.3.3 还原默认的工作区

对工作界面中的面板进行移动或组合设置后，可以通过选择"重置××"命令，将调整后的工作区还原至初始效果。

01 要将工作区还原到默认的状态，执行"窗口>工作区>重置'基本功能'"菜单命令，如下图所示。

02 执行菜单命令后，即可将工作区还原至初始状态，还原的"基本功能"工作区效果如下图所示。

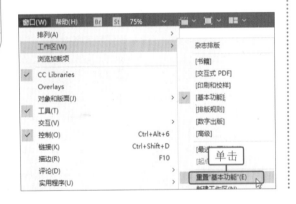

1.4 InDesign系统的设置

运用InDesign编辑文档前，可以先对软件的一些常用系统参数进行优化设置，例如项目首选项、指定菜单或键盘快捷键等。

1.4.1 首选项设置

首选项设置指定了InDesign文档和对象最初的行为方式。首选项的设置包括面板位置、度量选项、图形及排版规则的显示选项等设置。

01 启动InDesign CC应用程序，执行"编辑>首选项>常规"菜单命令，如下图所示。

03 单击"首选项"对话框左侧的"文字"标签，展开"文字"选项卡，在该选项卡中可以对文字的处理方式、是否启用拖放文本编辑等进行设置，如下图所示。

02 打开"首选项"对话框，在对话框中展开"常规"选项卡，在此选项卡下可以设置页码编排方法、缩放框架的内容的行为方式等，如下图所示。

04 单击"首选项"对话框左侧的"显示性能"标签，在展开的"显示性能"选项卡下可以指定默认视图方式、选择启用消除锯齿等，如下图所示。

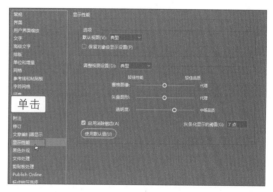

1.4.2 | 自定义键盘快捷键

InDesign提供了多种快捷键，大多数键盘快捷键都会显示在菜单中命令名的旁边，只需按下对应的快捷键即可快速处理文档。在处理文档时可以使用默认的InDesign快捷键集，也可以使用自己创建的快捷键集，还可以与同一平台上的其他InDesign用户共享设置的快捷键集。

01 执行"编辑>键盘快捷键"菜单命令，打开"键盘快捷键"对话框，❶选择"文件菜单"下的"存储"选项，❷单击"新建集"按钮，如下图所示。

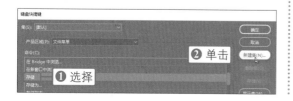

02 打开"新建集"对话框，❶在对话框中输入新建集名称，❷单击"确定"按钮，如下图所示，返回"键盘快捷键"对话框。

03 ❶在"键盘快捷键"对话框中重新指定快捷键，❷单击"确定"按钮，如右图所示。重新设置快捷键后，下次如果需要存储文档，只需按下快捷键即可。

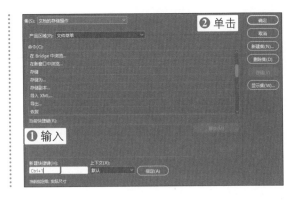

1.4.3 自定义菜单

InDesign可以隐藏菜单命令或对其进行着色处理，有效避免菜单杂乱现象，并且还能起到突出常用菜单命令的作用。还可以应用"菜单自定义"对话框定义菜单集、主菜单、上下文菜单和面板菜单等。

01 执行"编辑>菜单"菜单命令，打开"菜单自定义"对话框，❶在对话框中选择"编辑"菜单下的"还原"命令，❷单击右侧的"颜色"下拉按钮，❸选择"绿色"命令，如下图所示，使用同样的方法为更多菜单命令着色。

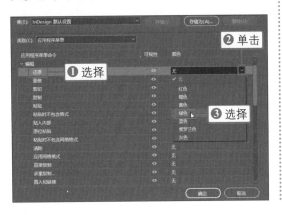

02 设置后单击"确定"按钮返回工作界面，此时再单击"编辑"菜单，可以看到定义颜色后的菜单命令效果，如下图所示。

技巧提示

如果需要隐藏菜单，单击"可视性"列表中的眼睛图标 👁，隐藏菜单命令只是将其从视图中删除，不会停用任何功能。隐藏菜单命令后，可以选择菜单底部的"显示全部菜单项目"命令来查看隐藏的命令，或执行"窗口>工作区>显示完整菜单"显示所选工作区的所有菜单。

第1章

第2章

应用InDesign开始排版工作前，还需要掌握一些软件的基本操作，包括创建新的文档、模板，存储、关闭文档，以及在页面中添加参考线等，只有掌握了这些基础的操作，才能在编辑文档时更加得心应手。本章主要针对InDesign中的一些基本操作加以讲解，并结合简单的实例展示这些功能、操作的具体应用。

02

InDesign的基本操作

2.1 文档的基本操作

文档的基本操作包括了创建新文档、打开或存储文档及恢复文档等内容。应用InDesign编辑文档之前，首先需要学习文档的基本操作，这些操作是完成各类设计作品的基础。下面分别对不同的基本操作进行详细的讲解。

2.1.1 创建新文档

启动InDesign程序后，需要在应用程序中创建新文档，然后才能进行排版编辑工作。在In-Design中创建新文档，可以通过"起点"工作区创建，也可以通过执行"文件>新建>文档"菜单命令创建。

◎ 素材文件：无
◎ 最终文件：随书资源\02\源文件\创建新文档.indd

01 启动InDesign CC 2017，显示"起点"工作区，在工作区中单击左侧的"新建"按钮，如下图所示。

02 打开"新建文档"对话框，❶在对话框中指定新建文档的页面宽度、高度等选项，❷设置后单击"边距和分栏"按钮，如下图所示。

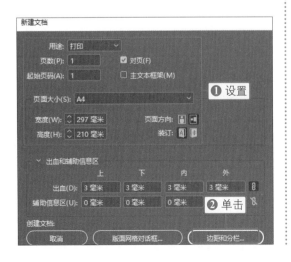

03 打开"新建边距和分栏"对话框，❶在对话框中设置新建文档的边距，❷输入创建的文档栏数，如下图所示。

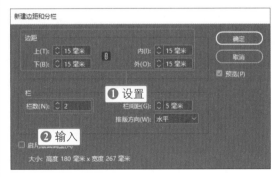

04 设置完成后单击对话框右上角的"确定"按钮，即可创建相应宽度、高度及栏数的空白文档，如下图所示。

2.1.2 | 打开已编辑文档

若要在InDesign中打开最近编辑过的文档，可以直接通过"起点"工作区中的"最近使用项"打开，也可以执行"最近打开文档"菜单命令来打开。

◎ 素材文件：随书资源\02\素材\01.indd、02.indd

◎ 最终文件：无

01 启动InDesign程序，显示"起点"工作区，单击工作区左侧的"最近使用项"按钮，在右侧会显示打开过的文档，如下图所示。

02 单击选中需要打开的01.indd文档缩览图，即可打开该文档，效果如下图所示。

03 执行"文件>最近打开文件"菜单命令，在展开的级联菜单中会显示最近打开过的文档，如下图所示。

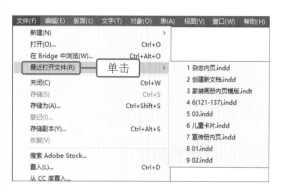

04 单击其中需要打开的文档名称，即可在文档窗口中打开相应的文档，效果如下图所示。

InDesign 的基本操作

技巧提示

在InDesign中打开或创建文档时，默认情况下会以"正常模式"显示文档及文档出血等，如果需要查看最终印刷效果，可以单击菜单栏右侧的"屏幕模式"按钮，在展开的列表中选择"预览"选项，预览文档效果。

2.1.3 存储和关闭文档

在处理InDesign文档时，要注意及时保存，以防文档丢失。同时，对于已经存储的文档，可以将其关闭，以便能够进行其他文档的编辑。

1. 保存新文档

InDesign的"文件"菜单中提供了存储文档的命令，用于存储创建和编辑的文档。对于初次存储的文档，可以应用"存储"命令进行存储操作；对于已经存储过的文档，则可以应用"存储为"命令进行存储。

◎ **素材文件：** 随书资源\02\素材\03.indd
◎ **最终文件：** 随书资源\02\源文件\保存新文档.indd

01 打开03.indd，打开后的文档效果如下图所示。

02 执行"文件>存储为"菜单命令，如下图所示，或按下快捷键Ctrl+Shift+S。

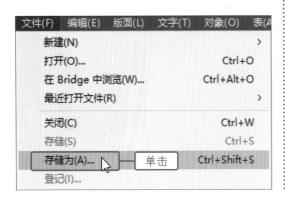

03 打开"存储为"对话框，❶在对话框中的"文件名"文本框中输入保存文件的名称，❷在"保存类型"下拉列表中选择文件保存类型，然后单击"保存"按钮，如下图所示。

04 即可在指定文件夹中查看存储后的文档效果，如下图所示。

2. 关闭文档

InDesign中关闭文档的方法有多种。如果只需要关闭当前编辑的文档，可以执行"文件>关闭"菜单命令，也可以单击文档右上角的"关闭"按钮，关闭文档。

◎ 素材文件：随书资源\02\素材\04.indd
◎ 最终文件：无

01 打开04.indd素材文件，打开后的文档效果如下图所示。

02 单击文档窗口右上角的"关闭"按钮■，如下图所示，关闭文档。

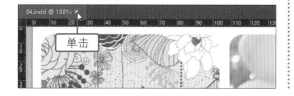

03 如果当前只打开了这一个文档，则会在关闭文档后显示默认的"起点"工作区，如下图所示。

技巧提示

在InDesign中，如果要关闭所有打开的文档，可以按下Alt键单击"关闭"按钮；如果未存储文档，直接单击"关闭"按钮，则会弹出提示对话框中，提醒用户是否要先存储再关闭。

2.2 | 创建和编辑模板

模板是由非打印线构成的版样网格，具有固定保留区等特点。文档模板就是设计好的具有各种固定版式的样板文档，它能够帮助用户快速排版。编辑文档时可以直接参考、套用模板样式，也可以在现有的模板上进行修改、加工、编辑，创建新的版面效果。

2.2.1 | 打开InDesign模板

对于已有的文档模板，可以通过执行"文件>打开"命令或"起点"工作区中的"打开"按钮将其打开。在打开文档模板时，可以指定模板的打开方式，可以选择打开模板的原稿进行编辑，也可以复制模板的内容到新建文档中进行编辑。

◎ 素材文件：随书资源\02\素材\05.indt
◎ 最终文件：无

01 启动InDesign CC 2017，显示"起点"工作区，在工作区中单击左侧的"打开"按钮，如下图所示。

02 打开"打开文件"对话框，❶在对话框中选中需要打开的模板，❷选择"打开方式"为"原稿"，❸单击对话框下方的"打开"按钮，如下图所示。

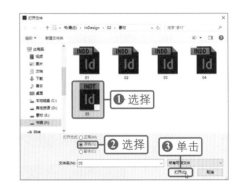

03 即可以原稿的方式将选中的模板在工作界面中打开，打开后的模板效果如右图所示。

技巧提示

启动程序后，执行"文件>打开"菜单命令，打开"打开文件"对话框，在对话框中单击"打开"按钮，同样可以打开模板。

2.2.2 制作新模板

在InDesign中，制作新模板的方法与制作一般文档的方法类似，可以应用"起点"工作区快速创建新模板，也可以通过执行"新建"菜单命令进行创建。不同的是，在制作模板文件时，把图文调入页面后，需要建立固定的参考线和网格线来确定图文的位置，这样才能在保存模板文件时，将这些固定的参考线和网格线一并存入模板文件。

◎ 素材文件：无
◎ 最终文件：随书资源\02\源文件\制作新模板.indt

01

启动InDesign CC 2017，打开"起点"工作区，单击工作区左侧的"新建"按钮，如下图所示。

02

打开"新建文档"对话框，❶在对话框中选择"页面大小"为"A4"，❷单击"版面网格对话框"按钮，如下图所示。

03

打开"新建版面网格"对话框，❶在对话框中设置"字数"为19、"行数"为34、"栏数"为2，❷单击"确定"按钮，如下图所示。

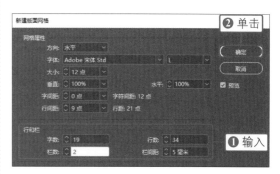

04

根据设置的参数，创建一个包含两栏的文档，然后在页面中绘制图文框以确定文本或图形的位置，如下图所示。

2.2.3 将文档存储为模板

完成对文档的编辑后，可以将其存储为模板，方便以后使用该模板完成相同的版式的编辑，提高工作效率。存储模板的方法与存储普通文档的方法类似。

◎ 素材文件：随书资源\02\素材\06.indd

◎ 最终文件：随书资源\02\源文件\将文档存储为模板.indd

01 打开06.indd，打开后的文档效果如下图所示。

02 执行"文件>存储为"菜单命令，如下图所示，或按下快捷键Ctrl+Shift+S，打开"存储为"对话框。

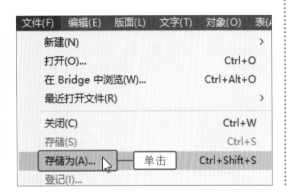

03 ❶在对话框中的"文件名"文本框中输入保存文件的名称，❷并在"保存类型"下拉列表中选择文件保存类型，然后单击"保存"按钮，如下图所示。

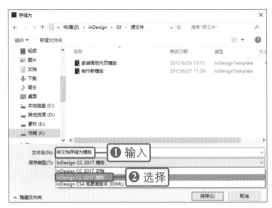

04 即可在指定文件夹中查看到存储后的模板文件，如下图所示。

2.3 页面辅助元素的应用

页面辅助元素能够帮助用户精确定位文档中对象的位置和尺寸大小等。页面辅助元素包括网格、标尺、参考线等，在实际的操作过程中，结合这几种元素即可准确地调整文档中的对象，得到更工整的版面效果。

2.3.1 标尺的设置与应用

InDesign中的标尺通常在软件启动后自动显示，若没有显示，则需执行"视图>显示标尺"菜单命令，显示标尺效果。在设计过程中，为了使用更方便，可以对标尺的坐标原点位置加以调整，从而准确控制对象效果。

◎ 素材文件：随书资源\02\素材\07.indd
◎ 最终文件：随书资源\02\源文件\标尺的设置与应用.indd

01 打开07.indd，打开后的文档效果如下图所示。

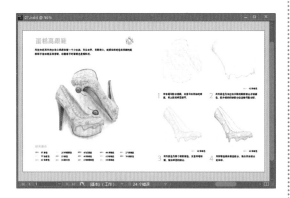

02 打开素材文件后，可看到工作界面中未显示标尺，执行"视图>显示标尺"菜单命令，如下图所示。

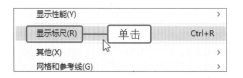

03 执行菜单命令后，即可在工作界面中显示出标尺，并且此时标尺的起点坐标位于文档左上角，如下图所示。

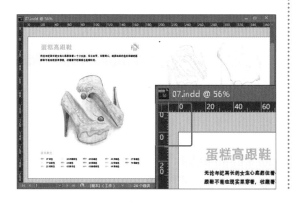

04 将鼠标指针放在窗口左上角标尺的交叉点上，然后沿对角线向下拖动到图像上，此时会看到一组十字线，标出了标尺上的新原点，如下图所示。

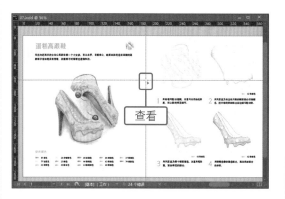

05 释放鼠标，即将标尺的原点移到上一步鼠标所拖动的位置，如下图所示。

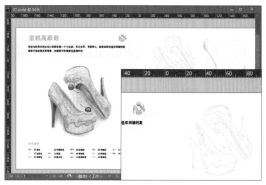

技巧提示

通过拖动更改标尺原点时，可以按住Shift键并拖动，使标尺原点与标尺刻度对齐；若要将标尺的原点复位到默认值，则需双击窗口左上角水平和垂直标尺的交叉点。

2.3.2 | 添加和使用参考线

标尺参考线与网格的区别在于标尺参考线可以在页面或粘贴板上自由定位。在InDesign中可以创建两种标尺参考线，分别为页面参考线和跨页参考线。页面参考线仅在创建参考线的页面上显示，而跨页参考线可跨越所有的页面和多页跨页的粘贴板。

◎ 素材文件：随书资源\02\素材\08.indd
◎ 最终文件：随书资源\02\源文件\添加和使用参考线.indd

01 打开03.indd，执行"视图>标尺"菜单命令，或按下快捷键Ctrl+R，在文档中显示标尺，如下图所示。

02 若要添加垂直参考线，将鼠标指针移到垂直标尺上，按住鼠标左键并沿垂直方向拖动，如下图所示，释放鼠标，即可得到垂直参考线。

03 若要添加水平参考线，将鼠标指针移到水平标尺上，按住鼠标左键并沿水平方向拖动，如下图所示，释放鼠标，即可得到水平参考线。

04 如果要在文档中添加均匀参考线，执行"版面>参考线"菜单命令，打开"创建参考线"对话框，❶在对话框中设置要创建的参考线的行数、栏数等，❷设置后单击"确定"按钮，如下图所示。

05 根据所输入的行数和栏数等选项，在页面中创建相应数量的参考线，如下图所示即为创建的参考线效果。

技巧提示

将鼠标指针拖动到页面中，则参考线会显示在当前页面内；若将鼠标指针拖动到页面以外的粘贴版中，则参考线将会显示在整个粘贴板上；若在拖动水平或垂直参考线时按下Ctrl键，或按下快捷键Ctrl+Shift键从原点处拖动鼠标，创建的参考线也会显示在整个粘贴板上。

2.3.3 | 网格的设置

InDesign提供了用于将多个段落根据其罗马字基线进行对齐的基线网格、用于将对象与正文文本大小的单元格对齐的版面网格及用于对齐对象的文档网格。编辑时可以应用"首选项"对话框中的"网格"选项卡设置网格属性。

1. 设置并应用基线网格

基线网格只有横线，并且只显示在文档页面上，主要用于辅助对齐文档中的文本对象。在对文档进行排版时，可以根据需要调整基线网格颜色等。

◎ 素材文件：随书资源\02\素材\09.indd
◎ 最终文件：随书资源\02\源文件\设置并应用基线网格.indd

01 打开09.indd，可看到打开的文档中未显示基线网格，如下图所示。

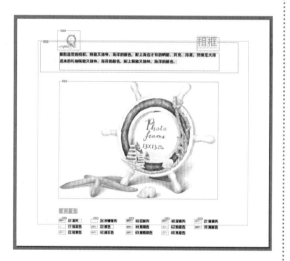

02 执行"编辑>首选项>网格"菜单命令，打开"首选项"对话框，在对话框中选中"网格"选项卡，在右侧设置基线网格选项，如下图所示。

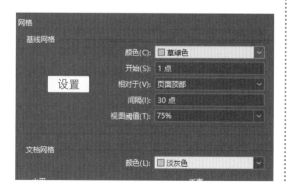

03 设置后单击"确定"按钮，返回文档窗口，再执行"视图>网格和参考线>显示基线网格"菜单命令，如下图所示。

04 在文档中显示基线网格的效果如下图所示，"显示基线网格"命令将转换为"隐藏基线网格"，执行该命令可隐藏基线网格。

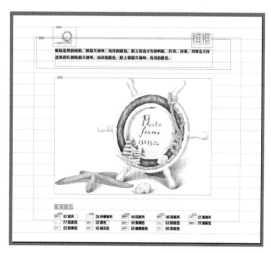

2. 设置并应用文档网格

文档网格由交叉和垂直的网格线组成，形成了一个可用于放置和绘制对象的小正方形样式。用户可以自定义网格线的颜色和间隔距离。文档网格可以显示在所有参考线、图层、对象之前或之后，但不能指定给任何图层。

◎ 素材文件：随书资源\02\素材\10.indd
◎ 最终文件：随书资源\02\源文件\设置并应用文档网格.indd

01 打开10.indd，打开后的文档效果如下图所示。

02 执行"视图>网格和参考线>显示文档网格"菜单命令，显示文档网格，如下图所示。

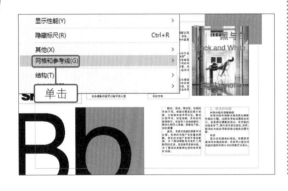

03 执行"编辑>首选项>网格"菜单命令，打开"首选项"对话框，在对话框中选中"网格"选项卡，在右侧设置基线网格选项，如下图所示。

04 设置后单击"确定"按钮，返回文档窗口，可看到原来浅灰色的网格线条变为了棕色效果，如下图所示。

3. 显示/隐藏版面网格

在InDesign中可以使用"版面网格"对话框来设置字符网格，也可以通过执行"显示/隐藏版面网格"菜单命令选择是否显示版面网格。

◎ 素材文件：随书资源\02\素材\11.indd
◎ 最终文件：随书资源\02\源文件\显示/隐藏版面网格.indd

01 打开11.indd，打开后的文档效果如下图所示。

02 执行"视图>网格和参考线>显示版面网格"菜单命令，显示版面网格，效果如下图所示。

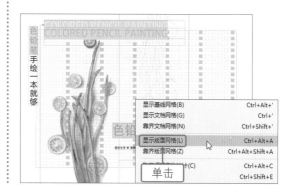

2.4 图层的操作

在InDesign中，每个新文档在打开时都包含一个默认的"图层1"图层，它包含了当前文档中的所有对象。编辑文档时可以创建新图层来调整页面中的对象，也可以通过复制图层在页面中创建丰富的版面效果。

2.4.1 新建图层

与Photoshop、CorelDRAW等软件一样，在InDesign中可以通过"图层"面板创建新的图层，具体操作方法如下。

◎ 素材文件：随书资源\02\素材\12.indd
◎ 最终文件：随书资源\02\源文件\新建图层.indd

01 打开12.indd，打开后的文档效果如下图所示。

02 打开"图层"面板，单击面板下方的"创建新图层"按钮 ▣，如下图所示。

03 软件将以"图层2"的默认名称创建新的图层，如下图所示。

04 如果需要在创建图层时重命名图层，❶单击"图层"面板右上角的扩展按钮▤，❷在展开的面板菜单中单击"新建图层"命令，如下图所示。

05 打开"新建图层"对话框，❶在对话框中输入要新建的图层名称，❷设置后单击"确定"按钮，如下图所示。

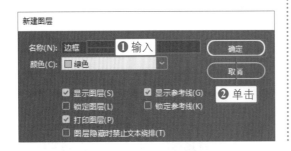

06 在"图层"面板中可以看到创建的"边框"图层，如下图所示。

07 在"图层"面板中选取一个图层，❶右击该图层，❷在弹出的快捷菜单中执行"新建图层"命令，如下图所示。

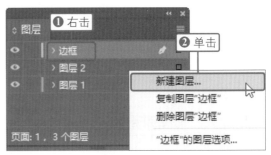

08 打开"新建图层"对话框，❶在对话框中设置图层名称，❷单击"确定"按钮，即可创建"标题"图层，如下图所示。

2.4.2 自定义图层属性

为了更好地区别不同图层中的内容，可以进行图层属性的设置。在InDesign中，要对图层属性重新进行设置，可以通过"图层属性"对话框实现。

◎ 素材文件：随书资源\02\素材\13.indd

◎ 最终文件：随书资源\02\源文件\自定义图层属性.indd

01 打开13.indd，在"图层"面板中选中需要设置属性的"图层2"图层，如下图所示。

02 双击该图层，打开"图层选项"对话框，❶在对话框中重新输入图层名称，❷更改图层颜色，❸单击"确定"按钮，如下图所示。

03 在图层面板中即可看到"图层2"图层已被重命名为"矩形"图层，如下图所示。

04 双击"图层3"图层，在打开的"图层属性"对话框中设置图层名称和颜色，设置后单击"确定"按钮，将"图层3"更改为"文字"图层，如下图所示。

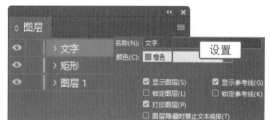

2.4.3 显示/隐藏图层

在InDesign中，默认情况下，在InDesign中所创建的图层均为可视状态，为了更好地编辑图层中的对象，可以分别对各图层进行显示或隐藏操作。要显示或隐藏图层，可以应用图层可视性图标完成，也可以通过执行面板菜单命令完成。

◎ 素材文件：随书资源\02\素材\14.indd
◎ 最终文件：随书资源\02\源文件\显示/隐藏图层.indd

方法一：应用图层可见性图表显示/隐藏图层

01 打开03.indd，打开"图层"面板，单击需要隐藏的图层前的图层可见性图标，如右图所示。

02 单击后图层可见性图标消失，表示该图层被隐藏，如下图所示。

03 隐藏图层后，如果要再次显示该图层，可在图层左边第1栏位置单击，如下图所示，单击后即可恢复图层显示状态。

方法二：利用菜单命令显示/隐藏图层

01 在未隐藏任何图层的情况下，❶选择"图层"面板中的一个图层，❷单击面板右上角的扩展按钮，❸在展开的面板菜单中选择"隐藏其他"命令，如下图所示。

02 执行"隐藏其他"菜单命令后，只显示当前活动图层，其他所有图层都将被隐藏，如下图所示。

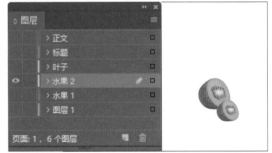

技巧提示

在"图层"面板中，按住Alt键单击图层名称前的"切换可视性"图标，可以隐藏除单击图层外的其他所有图层。

2.4.4 | 锁定/解锁图层

锁定一个图层后，将不能选择或修改图层上的对象，即便锁定的图层是活动图层也不可以。通过锁定图层的方式，能够有效地保护图层中的对象。在InDesign中，可以直接在"图层"面板中单击"锁定"按钮锁定或解锁图层，也可以执行菜单命令实现此操作。

◎ 素材文件：随书资源\02\素材\14.indd
◎ 最终文件：随书资源\02\源文件\锁定/解锁图层.indd

方法一：在"图层"面板中锁定/解锁图层

01 打开14.indd，在"图层"面板中选择需要锁定的图层，单击图层名前方第2栏中的空白框，如下图所示。

02 当空白框中出现锁形图标🔒后，表明该图层已被锁定，如下图所示，此时将不能对图层中的对象做任何修改。

03 如果要解除图层的锁定状态，则单击该图层前的锁形图标🔒，如下图所示，即可解除图层的锁定状态。

方法二：通过菜单命令锁定/解锁图层

01 ❶在"图层"面板中选中一个图层，❷单击"图层"面板右上角的扩展按钮▤，❸在弹出的面板菜单中执行"锁定其他"命令，如下图所示。

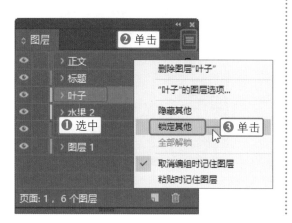

02 执行"锁定其他"命令后，"图层"面板中除当前选中的图层外，其他所有的图层都将被锁定，如下图所示。

技巧提示

　　锁定其他所有图层后，"锁定其他"命令将变为"解锁全部图层"命令，执行此命令，可以解锁"图层"面板中的所有锁定的图层。

2.4.5 | 复制图层和删除图层

如果需要重复应用相同的文字或图案，可以在"图层"面板中对图层加以复制，通过复制图层，将会复制该图层中的所有对象。当不再需要图层中的对象时，也可以选择将图层删除。删除图层时，图层中的所有对象也会随之被删除。

◎ 素材文件：随书资源\02\素材\14.indd
◎ 最终文件：随书资源\02\源文件\复制图层和删除图层.indd

01 打开14.indd，在"图层"面板中选中需要进行复制的"标题"图层，如下图所示。

02 按住鼠标左键不放，将图层拖至面板下方的"创建新图层"按钮 上，如下图所示。

03 释放鼠标，即可在选中的"标题"图层上方创建"标题复制"图层，如下图所示。

04 若要删除图层，在"图层"面板中选中需要删除的图层，如下图所示。

05 按住鼠标左键不放，将图层拖至面板下方的"删除选定图层"按钮 上，如下图所示。

06 释放鼠标，即可删除选中的图层，如下图所示。

2.5 │ 查看和浏览页面

编辑InDesign文档时，经常需要在不同的预览方式、排列方式下查看正在编辑的文档，也需要通过缩放图像查看图像的细节部分，下面介绍具体的操作方法。

2.5.1 │ 以不同的屏幕显示模式查看图像

InDesign提供了正常、预览、出血、辅助信息和演示文稿5种屏幕显示模式，可以使用工具箱中的"模式"按钮或菜单栏中的"屏幕模式"按钮，选择以不同显示模式显示文档。

◎ 素材文件：随书资源\02\素材\15.indd
◎ 最终文件：无

01 打开15.indd，系统默认以"正常"模式显示页面，此时在标准窗口中显示版面及所有可见网格、参考线、非打印对象、空白粘贴板等，如下图所示。

02 单击程序启动栏中的"屏幕模式"按钮，在展开的列表中选择"预览"选项，切换至"预览"屏幕模式，将按照最终输出显示图稿，所有非打印元素，如网格、参考线等都不会显示出来，如下图所示。

03 切换到"出血"屏幕模式，此时将完全按照最终输出显示图稿，所有非打印元素，如网格、参考线都将被隐藏，且文档出血区内的所有可打印元素都会显示出来，如下图所示。

04 右击工具箱底部的"预览"按钮，在展开的列表中选择"辅助信息"选项，切换到"辅助信息"屏幕模式，将完全按照最终输出显示图稿，所有非打印元素都被隐藏，且文档辅助信息区内的所有可打印元素都会显示出来，如下图所示。

05 单击工具箱底部的"模式"按钮，在展开的列表中选择"演示文稿"选项，切换到"演示文稿"屏幕模式，将以幻灯片演示的形式显示图稿，不显示任何菜单、面板或工具，如右图所示。

2.5.2 | 指定窗口的排列方式

在编辑多个文档时，可以根据需要选择以不同的排列方式同时查看多个文档。应用"排列文档"按钮可以轻松地切换多个文档的排列方式。

◎ 素材文件：随书资源\02\素材\16.indd～18.indd
◎ 最终文件：无

01 打开16.indd～18.indd，系统将自动切换到最后打开的文档并显示在整个页面中，如下图所示。

02 单击程序启动栏中的"排列文档"按钮，在展开的"排列文档"列表中单击"三联"按钮，如下图所示。

03 此时可以看到当前所打开的多个文档以三联的形式排列在窗口中，如下图所示。

04 单击程序启动栏中的"排列文档"按钮，在展开的"排列文档"列表中单击"全部垂直拼贴"按钮，更改文档排列方式的效果如下图所示。

2.5.3 | 使用"抓手工具"查看页面

有时在放大一个特定的对象时，如果想要在当前页面没有显示的部分进行编辑，就需要应用"抓手工具"移动页面中的对象。使用"抓手工具"可以在文档窗口中拖动页面，查看未显示出来的页面区域。

◎ 素材文件：随书资源\02\素材\19.indd
◎ 最终文件：无

01 打开19.indd，以100%的大小显示文档，如下图所示。

02 单击工具箱中的"抓手工具"按钮🖐，将鼠标指针移到页面中，当鼠标指针变为手形🖐时，单击并拖动鼠标，显示右侧未能显示的图像，如下图所示。

2.5.4 | 使用"缩放工具"浏览页面

在InDesign中，可以使用"缩放工具"放大页面中的对象以便于更好地处理页面中的细节问题，使用该工具时，只需在要缩放的位置单击并拖动鼠标，即可放大该区域。

◎ 素材文件：随书资源\02\素材\20.indd
◎ 最终文件：无

01 打开20.indd，单击工具箱中的"缩放工具"按钮，如下图所示。

02 将鼠标指针移至页面中变为🔍形，单击并拖动鼠标，如下图所示。

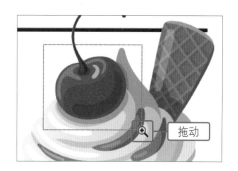

03 释放鼠标后，即可放大显示鼠标拖动区域的图像，如右图所示。

技巧提示

若要缩小显示页面中的区域，则按下Alt键不放，将鼠标指针移到页面中，当鼠标指针变为形时，单击鼠标，缩小显示区域。

实 | 例 | 演 | 练——制作家装画册内页模板

应用模板可以轻松得到相同的版面效果。本实例将学习制作一个简单的杂志内页版面，结合本章所学知识，创建新文档并在其中添加参考线，对页面进行简单的规划，并通过导入图像和文字，完成页面的处理，效果如下图所示。

扫码看视频

Jane European 简欧风格

简欧设计风格其实是经过改良的古典欧式主义风格，欧洲文化丰富的艺术底蕴，开放、创新的设计思想及其尊贵的姿态，一直以来颇受众人喜爱与追求。简欧风格从简单到繁杂、从整体到局部，精雕细琢，镶花刻金都给人一丝不苟的印象。一方面保留了材质、色彩的大致风格，仍然可以很强烈地感受传统的历史痕迹与深厚的文化底蕴，同时又摒弃了过于复杂的肌理和装饰，简化了线条。

为日常居住，首先要考虑到日常生活的功能，不能太艺术化，太乡村化，应多一些实用性功能，而体闲性质的，则可以相对多元化一点，可以营造一种与日常居家不同的感觉，居住风格一般以简雅一些，现代一些甚至带有小资情调，而休闲型则可以扩大化，自然些，乡村风甚至带些原生态的味道。别墅装修风格一定要考虑当地的气候、地理以及地域文化，别墅装修要内外协调，多种装修风格可以混搭，只要有自然协调可。建筑风格、小区环境与室内装饰三者风格相统一。

◎ 素材文件：随书资源\02\素材\21.jpg～23.jpg、24.ai
◎ 最终文件：随书资源\02\源文件\制作家装画册内页模板.indt

01 执行"文件>新建>文档"菜单命令，打开"新建文档"对话框，❶在对话框中设置"页面大小"为"A4"，❷单击"横向"按钮，如下图所示。

02 单击"边距和分栏"按钮，打开"新建边距和分栏"对话框，❶设置边距，❷然后在"栏数"数值框中输入2，如下图所示，单击"确定"按钮。

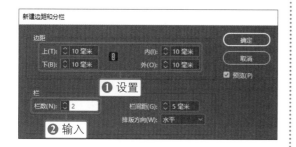

03 根据设置的页面宽度、高度及栏数，创建一个相应的空白文档，如下图所示。

04 移动鼠标指针至水平标尺上，按住鼠标左键并向下拖动，创建一条水平参考线，如下图所示。

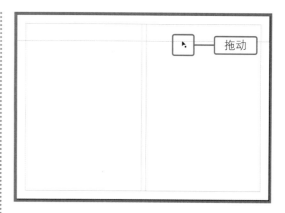

05 继续从标尺处文档页面位置单击并拖动，创建更多水平和垂直的参考线，用于后面对齐页面元素，如下图所示。

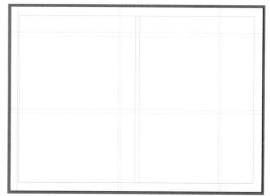

技巧提示

　　在页面中添加参考线以后，单击选中添加的参考线，按下键盘中的Delete键，即可将该参考线删除；如果只是要隐藏参考线，执行"视图>网格和参考线>隐藏参考线"菜单命令即可。

06 应用"矩形工具"绘制一个与页面同等大小的矩形，双击工具箱中的"填色"框，打开"拾色器"对话框，❶输入填充颜色的色值，❷单击"确定"按钮，如下图所示。

07 应用所设置的颜色填充图形，执行"窗口>描边"命令，打开"描边"面板，设置"粗细"为0点，去除描边，如下图所示。

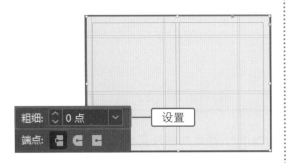

08 单击矩形外的空白区域，取消矩形的选中状态。执行"文件>置入"菜单命令，打开"置入"对话框，在对话框中选中素材21.jpg～23.jpg，单击"打开"按钮，置入图像，如下图所示。

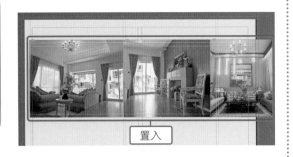

09 接下来利用参考线调整图像的显示范围，移动鼠标指针至框架顶部，当鼠标指针变为双向箭头时，单击并向下拖动，缩小图形框架，如下图所示。

10 再将鼠标指针移至框架右侧边缘位置，当鼠标指针变为双向箭头时，单击并向左拖动，继续使用同样的方法，调整框架控制图像的显示范围，效果如下图所示。

11 执行"文件>置入"菜单命令，打开"置入"对话框，选中素材24.ai，单击"打开"按钮，置入花纹图形，如下图所示。

12 复制置入的花纹图形，执行"对象>变换>垂直翻转"菜单命令，翻转图形，将其移至家居图像23.jpg下方，利用参考线对齐图形，效果如下图所示。

13 选中"矩形工具"，在花纹图形旁边绘制装饰的线条元素，再使用"文字工具"在页面中输入文字信息，如下图所示。

14 完成文档的编辑后，❶单击菜单栏中的"屏幕模式"按钮，❷在展开的列表中选择"预览"选项，以"预览"模式查看文档效果，如下图所示。

15 执行"文件>存储"菜单命令，在打开的"存储为"对话框中设置文件名为"家装画册内页模板"、"保存类型"为"InDesign CC 2017模板"，如下图所示，单击"保存"按钮，将文档存储为模板。

实|例|演|练——制作简单海报效果

通过创建和设置图层属性可以更好地编辑文档中的内容。本实例将创建一个新文档，通过在文档中创建多个图层，并对创建的图层进行命名设置，将与图层名相关的元素添加到相应的图层中，制作简单的音乐节海报效果，最终效果如下图所示。

扫码看视频

◎ 素材文件：随书资源\02\素材\25.jpg
◎ 最终文件：随书资源\02\源文件\制作简单海报效果.indd

01 执行"文件>新建>文档"菜单命令，新建一个文档，执行"版面>创建参考线"菜单命令，打开"创建参考线"对话框，❶在对话框中设置"行数"和"栏数"为2、"行间距"和"栏间距"为0，❷设置完成后单击"确定"按钮，如下图所示。

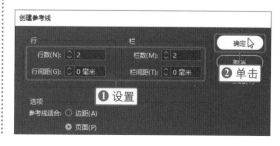

02

根据上一步设置的选项，即可在新建的页面中添加相应数量的参考线，效果如下图所示。

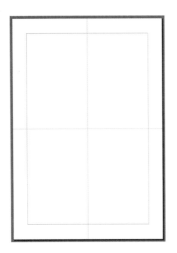

03

确认标尺为显示状态，从水平标尺和垂直标尺中拖出更多的参考线，如下图所示。

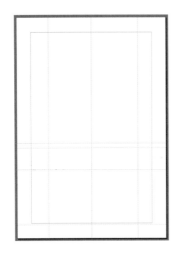

04

打开"图层"面板，❶双击"图层1"图层，打开"图层选项"对话框，❷输入图层名为"背景"，❸单击"确定"按钮，如下图所示。

05

将"图层1"图层重命名为"背景"图层，执行"文件>置入"菜单命令，置入素材25.jpg，作为背景图像，如下图所示。

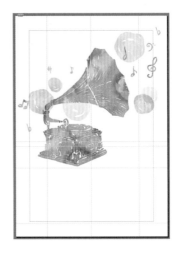

06

打开"图层"面板，❶单击面板底部的"创建新图层"按钮，在"图层"面板中创建"图层2"图层，❷双击创建的"图层2"图层，如下图所示。

07

打开"图层选项"对话框，❶在对话框中输入图层名称为"几何图形"，❷单击"确定"按钮，在"图层"面板中创建"几何图形"图层，如下图所示。

08 选择工具箱中的"钢笔工具"，根据参考线，在文档页面上半部分绘制一个三角形，并将其填充为红色，如下图所示。

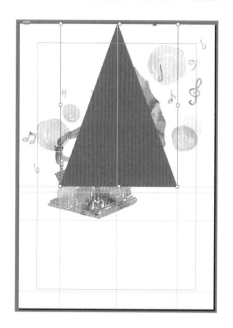

09 选中图层中的红色三角形，打开"效果"面板，设置图层混合模式为"正片叠底"，混合图形与背景图像，如下图所示。

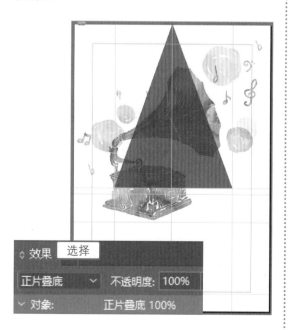

10 继续使用"钢笔工具"和"矩形工具"在页面中绘制出更多的图形，并将绘制的图形填充为黑色，如下图所示。

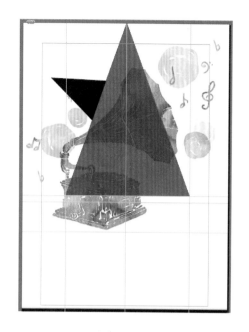

11 打开"图层"面板，❶单击面板右上角的扩展按钮▤，❷在展开的面板菜单中执行"新建图层"命令，如下图所示。

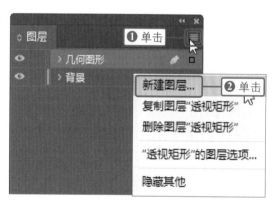

12 打开"图层选项"对话框，❶在对话框中输入图层名称为"海报文字"，❷单击"确定"按钮，在"图层"面板中创建"海报文字"图层，如下图所示。

13 单击工具箱中的"文字工具"按钮 T ，在参考线旁边输入文字，然后结合"字符"面板，调整文本属性，得到主次分明的版面效果，如下图所示。

14 打开"图层"面板，❶单击面板右上角的扩展按钮 ，❷在展开的面板菜单中单击"新建图层"命令，如下图所示。

15 打开"图层选项"对话框，❶在对话框中输入图层名称为"线条"，❷单击"确定"按钮，在"图层"面板中创建"线条"图层，如下图所示。

16 单击工具箱中的"直线工具"按钮 ，在页面中绘制不同长短的直线，结合"描边"面板，调整线条描边粗细，得到如下图所示的效果。

17 制作完成后，❶单击窗口上方的"屏幕模式"按钮 ，❷在展开的列表中选择"预览"选项，隐藏参考线，预览海报效果，如下图所示。

18 执行"文件>存储为"菜单命令，打开"存储为"对话框，❶在对话框中输入文件名为"制作简单海报效果"，选择保存类型为"InDesign CC 2017文档"，❷单击"保存"按钮，如下图所示，保存文件。

第 3 章

应用InDesign进行排版前，需要全面掌握对象的编辑与设置知识，包括选择对象和框架、复制与粘贴对象、旋转对象、对象的锁定与编组等。InDesign提供了许多用于调整和编辑对象的工具和菜单命令，应用这些工具和菜单命令，可以快速选择并调整所选对象。本章主要围绕页面中对象的处理进行详细的讲解。

03

对象的编辑与设置

3.1 选择对象

对页面中的对象进行编辑操作之前，首先要选择编辑的对象。在InDesign中，选择对象的方法有很多种，可以通过"选择工具"单击选择一个对象，或者拖动鼠标同时选取多个对象，也可以应用"直接选择工具"选取对象节点等，为更改对象外形轮廓做准备。

3.1.1 应用"选择工具"选择对象

在InDesign中，对象是页面或粘贴板上的任何可打印元素，如路径或导入的图形。使用"选择工具"选择对象的外框可以执行常规排版任务，例如定位对象和调整对象大小。应用"选择工具"选择对象时，可以分别选中框架或框架内的对象，选中后对象四周会出现8个控制手柄。

◎ 素材文件：随书资源\03\素材\01.indd
◎ 最终文件：无

01 打开01.indd，单击工具箱中的"选择工具"按钮，如下图所示。

02 将鼠标指针移至图像上，当鼠标指针变为实心的箭头▶时，单击即可选中框架及框架中的图像，如下图所示。

技巧提示

应用"选择工具"选择对象时，如果只需选中框架中的对象，则在框架内部双击，当鼠标指针变为手形✋时，即表示选中了框架中的对象。

3.1.2 应用"直接选择工具"选择对象节点

在InDesign中，路径是由锚点、端点和方向线定义的。使用工具箱中的"直接选择工具"可以选择矢量对象上的节点和端点，此外，也可以用于选择导入图像或是输入文字时所创建的框架对象上的节点。

◎ 素材文件：随书资源\03\素材\02.indd
◎ 最终文件：无

01 打开02.indd，单击"直接选择工具"按钮，如下图所示。

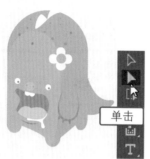

单击

02 将鼠标指针移至需要选择的对象位置，单击即可选中该位置的矢量对象，如下图所示。

03 选择对象后，如果要选取对象上的单个锚点，将鼠标指针移至节点所在位置，单击后即可选中该节点，选中后能看到旁边的控制手柄，如下图所示。

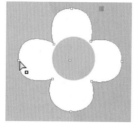 

04 若要选中不相邻的两个节点，则按住Shift键不放，将鼠标指针移到另一个节点位置，如下图所示，单击即可选中该节点。

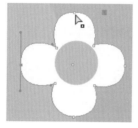 

3.1.3 全选页面中的对象

全选对象是将文档中的图形、文字、表格等所有对象全部选中，通常使用"全选"命令全选页面中的对象，也可以使用"选择工具"，沿页面边缘单击拖动鼠标，全选页面中的对象。

◎ 素材文件：随书资源\03\素材\03.indd
◎ 最终文件：无

01 打开03.indd，执行"编辑>全选"菜单命令，如下图所示。

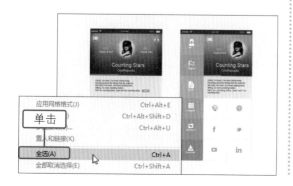

02 可以看到页面中的所有对象都被选中，如下图所示。

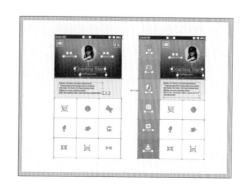

03 执行"编辑>全部取消选择"菜单命令，如下图所示，取消页面中所有对象的选中状态。

04 选择工具箱中的"选择工具"，将鼠标指针移到文档页面外，单击并沿文档边缘拖动鼠标，框选文档中所有的对象，如下图所示。

应用网格格式(J)	Ctrl+Alt+E
直接复制(D)	Ctrl+Alt+Shift+D
多重复制(O)...	Ctrl+Alt+U
置	单击
全选(A)	Ctrl+A
全部取消选择(E)	Ctrl+Shift+A
InCopy(O)	>
编辑原稿	
编辑工具	>

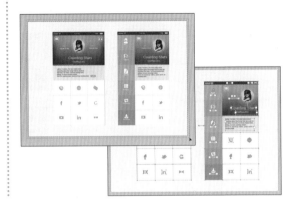

技巧提示

　　要全选文档中的对象，除了应用"全选"命令之外，也可以直接按下快捷键Ctrl+A来实现。全选对象后，按下快捷键Ctrl+Shift+A，则可取消选择。

3.2 复制与粘贴对象

　　在InDesign CC中，通过"复制"命令，可将选定的对象暂时复制到剪贴板中，然后通过"粘贴"命令将其粘贴到当前文档的页面中，通过此操作可以在文档中创建出一个或多个副本对象。

3.2.1 复制对象

　　应用InDesign编排文档时若需要在文档中添加相同的文字或图像，可以应用"复制"命令复制文档中选中的对象。执行"编辑>复制"菜单命令，可以复制选中的对象。

◎ 素材文件：随书资源\03\素材\04.indd
◎ 最终文件：随书资源\03\源文件\复制对象.indd

01 打开04.indd，单击工具箱中的"选择工具"按钮，将鼠标指针移到需要复制的对象上，单击选中对象，如右图所示。

02 执行"编辑>复制"菜单命令，或者右击对象，在弹出的快捷菜单中执行"复制"命令，复制对象，如右图所示，此时原文档不会产生变化。

3.2.2 粘贴对象

在InDesign中可以将复制的对象粘贴到指定的文档中。执行"编辑>粘贴"菜单命令，可以快速粘贴对象到不同的位置上；如果执行"原位粘贴"命令，则会将复制的对象粘贴到与原对象相同的位置上。

◎ 素材文件：随书资源\03\素材\04.indd
◎ 最终文件：随书资源\03\源文件\粘贴对象.indd

01 打开04.indd，选择并复制心形图形，右击对象，在弹出的快捷菜单中单击"原位粘贴"命令，如下图所示。

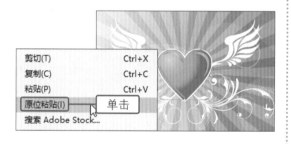

02 此时图形粘贴到当前页面中与复制图形相同的位置，并且粘贴的对象位于最上层，如下图所示。

03 若要将复制的对象粘贴到不同的位置上，可以在复制对象后，执行"编辑>粘贴"菜单命令，如下图所示。

04 执行"粘贴"菜单命令后，在所选对象的旁边会得到另一个相同的对象效果，如下图所示。

对象的编辑与设置

技巧提示

InDesign为对象的复制和粘贴操作提供了相应的快捷键，选中对象后按下快捷键Ctrl+C，可以复制选中的对象，按下快捷键Ctrl+V，可以粘贴对象。

3.3 | 变换对象

InDesign提供了用于调整对象大小或形状的变换工具组，此工具组包含"自由变换工具""旋转工具""缩放工具"和"切变工具"，应用这些工具可以轻松完成对象的调整操作。此外，还可以应用"变换"命令对对象进行相应调整。

3.3.1 | 移动对象

移动对象是指定将对象从原位置移到不同的位置。在移动对象前，需要先使用"选择工具"选中需要移动的对象，然后再通过拖动鼠标或按下键盘中的方向键进行对象的移动操作。

◎ 素材文件：随书资源\03\素材\05.indd
◎ 最终文件：随书资源\03\源文件\移动对象.indd

01 打开05.indd，单击工具箱中的"选择工具"按钮，单击选中页面中需要移动的对象，如下图所示。

02 将选中对象向目标位置拖动，拖动到合适的位置后释放鼠标，完成对象的移动操作，如下图所示。

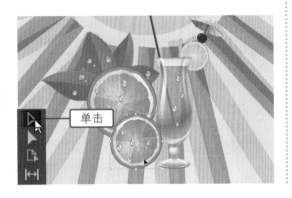

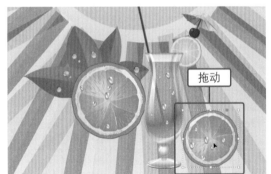

技巧提示

在移动对象时，按下快捷键Ctrl+Alt，单击并拖动选中的对象，释放鼠标后，即可在当前位置复制出一个相同的对象。

3.3.2 | 缩放对象

缩放对象是指相对于指定参考点，在水平方向、垂直方向或者同时在水平和垂直方向上放大或缩小对象。在InDesign中，可以应用"选择工具"缩放对象，也可以应用"变换"面板缩放对象。

◎ 素材文件：随书资源\03\素材\06.indd
◎ 最终文件：随书资源\03\源文件\缩放对象.indd

01 打开06.indd，选中工具箱中的"选择工具"，在页面中单击选中需要缩放的对象，如下图所示。

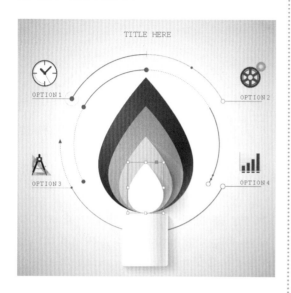

02 单击工具箱中的"缩放工具"按钮 ，将鼠标指针移到对象边缘位置，当鼠标指针变为 形状时，单击并拖动，缩放对象，如下图所示。

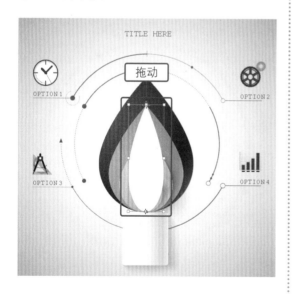

03 如果要按照一定的比例进行缩放，按住键盘中的Shift键不放，然后将鼠标指针移到对象边缘位置，单击并拖动，等比例缩放对象，如下图所示。

04 选择另一个需要缩放的对象，执行"窗口>对象和版面>变换"菜单命令，打开"变换"面板，在"变换"面板中的"X 缩放百分比"或"Y 缩放百分比"框中输入百分比值，然后按Enter键，缩放对象，如下图所示。

05 执行"对象>变换>缩放"菜单命令，打开"缩放"对话框，❶在对话框中的"X缩放"或"Y缩放"数值框中输入百分比值，❷输入后单击对话框右上方的"确定"按钮，缩放对象，如下图所示。

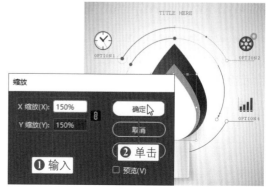

技巧提示

默认情况下，缩放对象时也会缩放描边，此时可以通过取消选择"变换"面板菜单中的"缩放时调整描边粗细"选项，更改默认的描边行为，避免缩放描边。

3.3.3 旋转对象

在InDesign中，可以通过使用"旋转工具""自由变换工具"快速旋转对象，也可以直接输入数值实现对象的精确旋转。下面讲解应用"旋转工具"旋转对象的方法。

◎ 素材文件：随书资源\03\素材\07.indd
◎ 最终文件：随书资源\03\源文件\旋转对象.indd

01 打开07.indd，单击工具箱中的"旋转工具"按钮，然后在需要旋转的图形上单击，这时图像的周围将出现变换控制柄及中心参考点，如下图所示。

02 选择对象后鼠标指针将变成十字状，在参考点上单击并拖动鼠标至所选对象的左下角位置，更改旋转参考点，如下图所示。

03 当鼠标指针变为十字形÷时，单击并向左侧拖动，当拖动到合适的角度时，释放鼠标，旋转对象，在选项栏中会显示旋转的角度值，如右图所示。

第3章

3.3.4 | 切变对象

在InDesign中,可以使用"切变工具"和"变换"面板中的"切变"功能使对象沿着其水平轴或垂直轴倾斜,还可以同时旋转对象的两个轴。切变可用于模拟某些类型的透视、倾斜文本框架、切变对象副本时创建投影等。

◎ 素材文件: 随书资源\03\素材\08.indd
◎ 最终文件: 随书资源\03\源文件\切变对象.indd

01 打开08.indd素材文档,单击工具箱中的"切变工具"按钮 ,在需要倾斜的图形上单击,图形周围将出现变换控制柄,如下图所示。

02 单击并拖动所选对象的切变参考点至对象的左侧边缘位置,如下图所示。

03 将鼠标指针移动至图形右上角位置,❶单击并向上拖动至合适角度后释放鼠标,对象将沿垂直轴倾斜,❷同时在选项栏中会显示倾斜值,如下图所示。

3.3.5 | 顺时针/逆时针90° 旋转对象

应用"顺时针旋转90°"命令可以将所选对象顺时针旋转1/4圈,应用"逆时针旋转90°"则可以将所选对象逆时针旋转1/4圈。

◎ 素材文件: 随书资源\03\素材\09.indd
◎ 最终文件: 随书资源\03\源文件\顺时针旋转90°.indd、逆时针旋转90°.indd

对象的编辑与设置

01 打开09.indd，选择工具箱中的"选择工具"，单击选中需要旋转的对象，如下图所示。

03 执行"对象>变换>逆时针旋转90°"菜单命令，将所选对象按逆时针方向旋转90°，如下图所示。

02 右击对象，在弹出的快捷菜单中执行"对象>变换>顺时针旋转90°"菜单命令，将所选对象按顺时针方向旋转90°，如下图所示。

3.3.6 水平/垂直翻转对象

翻转对象是指在指定参考点处将对象翻转到不可见轴的另一侧。通过应用"水平翻转"命令和"垂直翻转"命令，可以将选定对象以水平轴或垂直轴作为参考点翻转。

◎ 素材文件：随书资源\03\素材\10.indd
◎ 最终文件：随书资源\03\源文件\水平/垂直翻转对象.indd

01 打开10.indd素材文档，选择工具箱中的"选择工具"，单击选中需要翻转的对象，如下图所示。

02 右击对象，在弹出的快捷菜单中执行"变换>垂直翻转"菜单命令，将选择的对象以垂直轴作为参考点翻转，如下图所示。

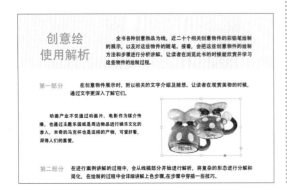

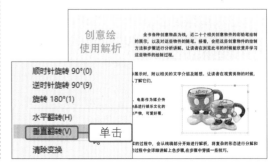

03 右击对象，在弹出的快捷菜单中执行"变换>水平翻转"菜单命令，将选择的对象以水平轴作为参考点翻转，如右图所示。

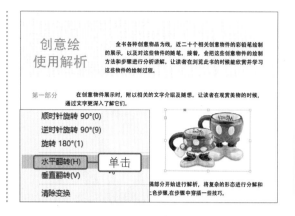

3.4 对齐和分布对象

在文档中添加对象后，还需要将对象按照一定的空间位置进行排序及对齐等。InDesign CC提供了很多种对齐和排列对象的方式，通过将对象以一定的方式对齐或排序，可以呈现更加美观的版面效果。

3.4.1 调整对象排列顺序

InDesign中的排序功能可以将对象按先后顺序排列，使页面中的对象层次更分明。选中需要调整顺序的对象，通过执行"排列"命令，就可以将选定对象按指定的顺序重新排列，例如将对象置于顶层、前移一层、后移一层等。

◎ 素材文件：随书资源\03\素材\11.indd
◎ 最终文件：随书资源\03\源文件\调整对象排列顺序.indd

01 打开11.indd，使用"选择工具"单击选中需要调整顺序的对象，如下图所示。

02 执行"对象>排列>置于顶层"菜单命令，将花纹对象移至页面的最上层，遮挡右侧的人物对象，如下图所示。

03 单击"选择工具"按钮 ▶，单击选中人物对象左侧的花枝对象，右击对象，在弹出的快捷菜单中执行"排列>后移一层"菜单命令，如下图所示。

04 将选中的花枝对象向后移动一层，此时可在页面中看到原来位于人物图像上方的花枝对象被移到了人物对象下方，如下图所示。

3.4.2 对齐对象

在编辑文档的过程中，如果需要将两个或多个对象进行对齐，可以执行"窗口>对象和版面>对齐"菜单命令，打开"对齐"面板，在"对齐"面板中通过单击对齐按钮即可轻松指定对象的对齐方式。

◎ 素材文件：随书资源\03\素材\12.indd
◎ 最终文件：随书资源\03\源文件\对齐对象.indd

01 打开12.indd，选中工具箱中的"选择工具"，按住Shift键不放，依次单击选中需要对齐的多个对象，如下图所示。

03 单击"对齐"面板中的"水平居中对齐"按钮 ，将所选对象的垂直中心全部对齐在同一条垂直线上，如下图所示。

02 执行"窗口>对象和版面>对齐"菜单命令，打开"对齐"面板，在面板中单击"左对齐"按钮 ，将所选对象的左边全部对齐在同一条垂直线上，如下图所示。

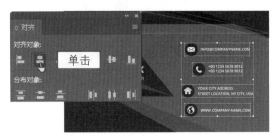

04 单击"对齐"面板中的"右对齐"按钮，将所选对象的右边全部对齐在同一条垂直线上，如右图所示。

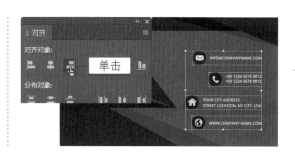

3.4.3 分布对象

分布功能可以将两个或两个以上的对象在对齐和垂直方向上按照要求进行等距离的间隔分布。对象的分布同样可以使用"对齐"面板进行设置。

◎ 素材文件：随书资源\03\素材\13.indd
◎ 最终文件：随书资源\03\源文件\分布对象.indd

01 打开13.indd，使用"选择工具"选择需要分布的多个花朵对象，如下图所示。

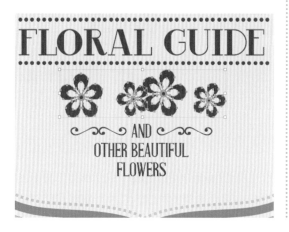

02 打开"对齐"面板，❶在面板中设置"使用间距"为30毫米，❷单击"水平居中分布"按钮，将会沿着选定对象的水平轴均匀分布选定的对象，如下图所示。

3.5 群组和解组对象

群组和解组是针对对象的两项重要操作。群组是对所选中的对象进行编组，形成一个整体，便于同时对组中的多个对象进行相同的操作；而解组则刚好相反，是将组合后的对象拆分为几个单独的对象，便于单独调整某个对象。

3.5.1 群组多个对象

在InDesign中，要将对象编组，可以应用"群组"命令，也可以按下快捷键Ctrl+G。需要注意的是，群组的对象必须是两个或两个以上。群组后的每个对象都将保持原始属性。

◎ 素材文件：随书资源\03\素材\14.indd

◎ 最终文件：随书资源\03\源文件\群组多个对象.indd

01 打开14.indd，选中工具箱中的"选择工具"，按住Shift键，依次单击需要群组的多个对象，如下图所示。

02 执行"对象>群组"菜单命令，将所选对象进行编组，编组后所选对象边缘会显示虚线选择框，如下图所示。

03 选中编组后的对象，拖动鼠标移动对象时，可以看到群组中的所有对象都会一起移动，如右图所示。

技巧提示

选中对象后，右击该对象，在弹出的快捷菜单中执行"编组"命令，同样可以对选中的对象进行编组操作。

3.5.2 群组对象的解组

解散群组是指将群组的对象变为单个的图形对象，在InDesign中可以应用"取消编组"命令或直接按下快捷键Ctrl+Shift+G解散群组。如果该群组对象中包含嵌套的群组，则执行解组群组对象时，会将对象拆分为多个群组，若要将其拆分为单个对象，还需要再次执行"取消编组"操作。

◎ 素材文件：随书资源\03\素材\15.indd

◎ 最终文件：随书资源\03\源文件\群组对象的解组.indd

01 打开15.indd，使用"选择工具"单击选中群组后的对象，如下图所示。

02 执行"对象>取消编组"菜单命令，将编组后的对象拆分为多个独立的对象，如下图所示。

第3章

3.6 对象的锁定和解锁

锁定对象可以防止无意中移动、调整大小、变换、填充或以其他方式更改对象。可以锁定单个、多个或分组的对象，但是不能锁定链接的对象和群组中的对象、链接的群组等。如果要对锁定的对象做进一步的调整，则需要先解除锁定。可以一次解除一个对象的锁定，也可以同时解除对所有对象的锁定。

3.6.1 锁定对象

在InDesign CC中编辑文档时，很容易产生误操作。为了避免这种情况，可以把暂时不需要进行编辑的对象锁定起来，保护对象不被误修改。应用"锁定"命令和快捷键Ctrl+L均可以锁定选中的对象。将对象锁定后，不能对该对象进行任何操作，如调整对象位置、更改对象颜色等。

◎ 素材文件：随书资源\03\素材\16.indd
◎ 最终文件：随书资源\03\源文件\锁定对象.indd

01 打开16.indd，使用"选择工具"单击选中需要锁定的对象，如下图所示。

02 右击选中的对象，在弹出的快捷菜单中执行"锁定"命令，即可将所选对象锁定起来，如下图所示。

技巧提示

锁定图层会将图层中的所有对象都锁定，若要锁定图层中的部分对象，在"图层"面板中单击图层前的倒三角形按钮，展开图层，然后单击对象前方左边第2栏中的空白框，即可锁定对象。

03 锁定对象后，打开"图层"面板，单击图层前面的倒三角形按钮，展开图层，此时可以看到被锁定对象前方会出现锁形图标，如下图所示。

3.6.2 解除锁定对象

完成其他对象的编辑后将锁定的对象解锁。解锁就是将锁定的对象恢复到可编辑的状态。在InDesign中应用"解锁跨页上的所有内容"命令或快捷键Ctrl+Alt+L均可以解除对象的锁定状态。

◎ 素材文件：随书资源\03\素材\17.indd
◎ 最终文件：随书资源\03\源文件\解除锁定对象.indd

01 打开17.indd，打开"图层"面板，单击展开"图层4"图层，可看到"<路径>"前方有锁形图标，表明此对象为锁定状态，不能对该对象进行编辑，如下图所示。

02 移动鼠标指针至"切换页面项目锁定"锁形图标位置，单击该图标，即可解除对象的锁定状态，如下图所示。

03 如果页面中包含多个锁定的对象，则执行"对象>解锁跨页上的所有内容"菜单命令，解除页面中所有对象的锁定状态，如下图所示。

04 解除锁定后，使用"选择工具"选中页面中的人物图像，缩放图像并调整其位置，得到如下图所示的版面效果。

实|例|演|练——绘制超市POP海报

POP海报以其夸张幽默的表现形式，能有效地吸引顾客的视线，唤起其购买欲。本实例中，使用"矩形工具"绘制一个矩形，然后应用"钢笔工具"绘制三角形图形，复制三角形对象，通过复制、旋转复制的对象，创建POP海报背景，再使用"文字工具"添加文字，并调整文字对象的对齐和分布方式，完成POP海报的制作，最终效果如下图所示。

扫码看视频

◎ 素材文件：随书资源\03\素材\18.ai
◎ 最终文件：随书资源\03\源文件\绘
制超市POP海报.indd

01 执行"文件>新建>文档"菜单命令，
打开"新建文档"对话框，在对话框
中设置选项，新建一个纵向的文档页面，如下
图所示。

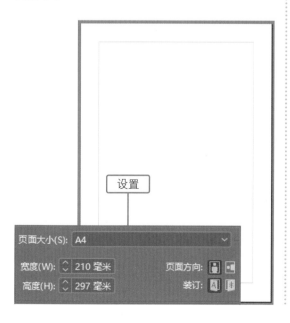

02 选择"矩形工具"，绘制与页面同
等大小的矩形，双击"填色"框，
打开"拾色器"对话框设置填充颜色，单
击"确定"按钮，填充颜色，如下图所示。

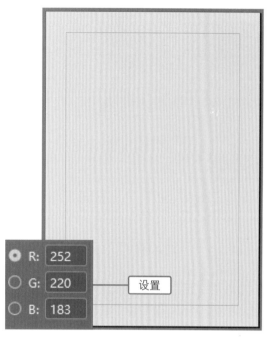

03 使用"钢笔工具"在页面左上角位
置绘制三角形，双击"填色"框，
打开"拾色器"对话框，设置填充颜色，单
击"确定"按钮，填充颜色，如下图所示。

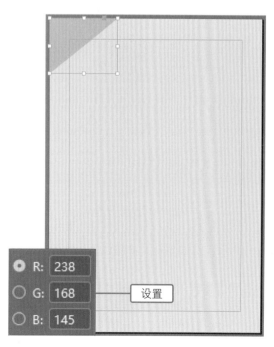

04 执行"编辑>复制"菜单命令，复制图形，再执行"编辑>粘贴"菜单命令，粘贴图形，如下图所示。

05 右击复制的图形，在弹出的快捷菜单中执行"变换>垂直翻转"菜单命令，翻转图形，如下图所示。

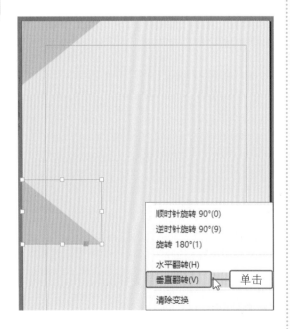

06 将鼠标指针移到翻转后的图形右下角控点处，当鼠标指针变为双向箭头时，单击并向右下方拖动，放大图形，如下图所示。

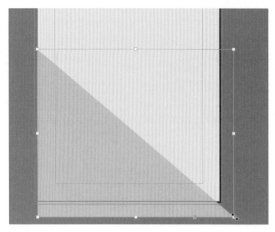

07 ❶移动鼠标指针至右上角控点位置，当鼠标指针变为折线箭头时，单击并向左拖动，❷在选项栏中可查看旋转角度，如下图所示。

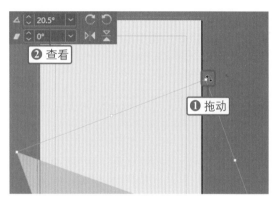

08 确认图形处于选中状态，单击并向左下角位置拖动，调整图形的位置，填满右下角区域，如下图所示。

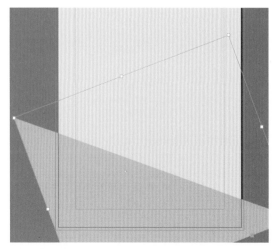

09 继续复制出更多的三角形，然后通过变换复制的三角形，在页面中得到更多不同大小的三角形，如下图所示。

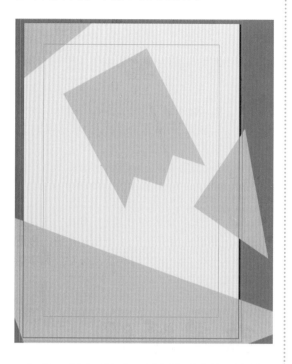

10 结合"文字工具"和"字符"面板，在页面下方输入文字信息，并为其设置合适的大小和颜色，如下图所示。

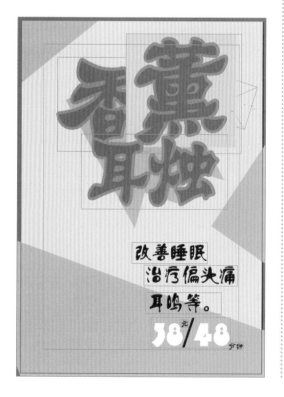

11 单击工具箱中的"选择工具"按钮，按住Shift键不放，依次单击并选中页面下方的文本对象，如下图所示。

12 执行"窗口>对象和版面>对齐"菜单命令，打开"对齐"面板，在面板中单击"左对齐"按钮，所选文本对象的左边将全部对齐在同一条垂直线上，如下图所示。

13 单击工具箱中的"选择工具"按钮，按住Shift键不放，单击文本"元"和"分钟"，同时选中两个文本对象，如下图所示。

14 按下键盘中的向左方向箭头，通过连续按下该键，向左移动文本至数字38和48旁边，如下图所示。

15 单击工具箱中的"选择工具"按钮，按住Shift键不放，单击选中数字对象上方的文本对象，如下图所示。

16 打开"对齐"面板，在面板中勾选"使用间距"复选框，❶输入间距为20毫米，❷单击"垂直居中分布"按钮，将所选对象在垂直方向上进行等距离分布，如下图所示。

17 ❶单击"屏幕模式"按钮，在展开的列表中单击"预览"选项，预览文档，❷使用"钢笔工具"绘制花纹图形，双击"填色"框，设置填充颜色，如下图所示。

第
3
章

18 继续使用"钢笔工具"绘制不同形状的图形，再单击"选择工具"按钮，按住Shift键不放，单击选中所有绘制的花纹图形，如下图所示。

19 右击选中的图形，在弹出的快捷菜单中执行"编组"命令，将选中的对象进行编组，如下图所示。

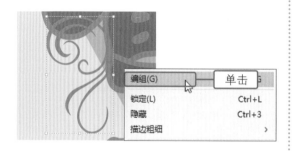

20 执行"编辑>复制"菜单命令，复制图形，再执行"编辑>粘贴"菜单命令，粘贴图形，调整复制的图形的大小和位置等，得到如下图所示的效果。

21 按住Shift键不放，使用"选择工具"依次单击选中文本"香""熏""耳""烛"，右击对象，在弹出的快捷菜单中执行"排列>置于顶层"菜单命令，如下图所示。

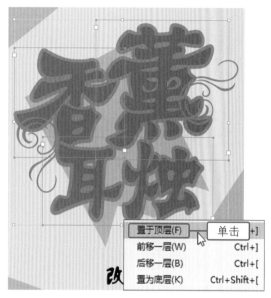

22 将所选的文本对象移到最上层，最后执行"文件>置入"菜单命令，将18.ai卡通图形置入到页面左下角，如下图所示。

实|例|演|练——时尚优惠券设计

随着商家的促销活动越来越多，消费者能收到各种琳琅满目的优惠券，这些优惠券也可以在InDesign中进行制作。本实例将结合本章所学知识制作一组时尚优惠券，首先在页面中绘制图形，对其进行复制和调整后，将对象进行编组，创建不同色调的优惠券效果，如下图所示。

扫码看视频

◎ 素材文件：无
◎ 最终文件：随书资源\03\源文件\时尚优惠券设计.indd

01 执行"文件>新建>文档"菜单命令，新建一个A4尺寸的横向空白文档，使用"矩形工具"绘制一个颜色值为R230、G245、B197的矩形，如右图所示。

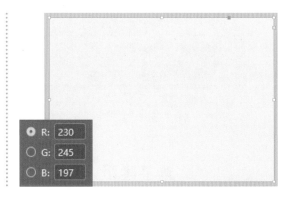

第3章

02 应用"钢笔工具"在背景中绘制两个圆角矩形，并分别将矩形填充颜色为R23、G176、B189，R18、G71、B79，得到如下图所示的效果。

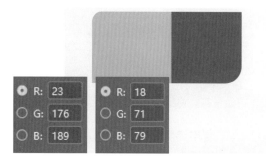

03 使用"钢笔工具"绘制一个多边形花朵形状，并将绘制的图形颜色填充为R204、G51、B64，如下图所示。

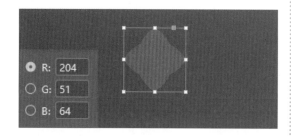

04 选中图形，按下快捷键Ctrl+C，复制图形，再右击图形，在弹出的快捷菜单中执行"原位粘贴"菜单命令，如下图所示。

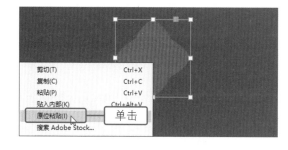

05 选中粘贴的图形，双击工具箱中的"填色"框，打开"拾色器"对话框，更改填充色为R223、G103、B63，单击"确定"按钮。将鼠标指针移到图形右下角位置，再按住快捷键Shift+Alt不放，单击并向外侧拖动，以对象中心为基准点等比例放大图形，如下图所示。

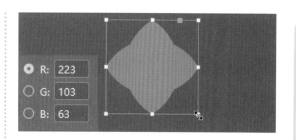

06 右击选中的橙色图形，在弹出的快捷菜单中执行"后移一层"菜单命令，将图形向后移动一层，置于红色图形下方，如下图所示。

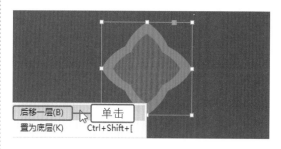

07 选中红色和橙色两个图形，右击选中的图形，在弹出的快捷菜单中执行"编组"命令，将两个图形编组，如下图所示。

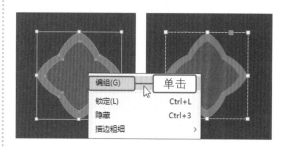

08 使用"钢笔工具"再绘制一个不规则图形，双击"填色"框，打开"拾色器"对话框，设置填充色为R237、G201、B82，填充图形，如下图所示。

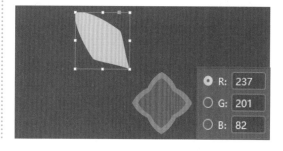

09 选中图形，按下快捷键Ctrl+C，复制选中的图形并右击，在弹出的快捷菜单中执行"原位粘贴"菜单命令，如下图所示。

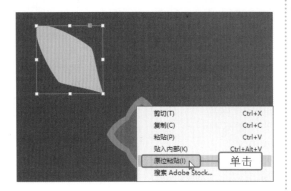

10 复制图形并更改图形填充色为R20、G153、B167，然后移动鼠标指针至图形右下角位置，单击并向内侧拖动，缩小图形，如下图所示。

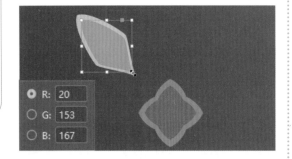

11 选中蓝色和黄色两个图形，右击选中的图形，在弹出的快捷菜单中执行"编组"命令，将两个图形编组，如下图所示。

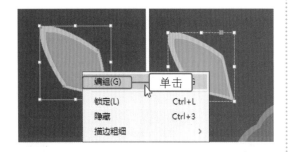

12 复制编组后的图形，将鼠标指针移到图形左上角位置，当鼠标指针变为折线箭头时，单击并拖动，旋转图形，如下图所示。

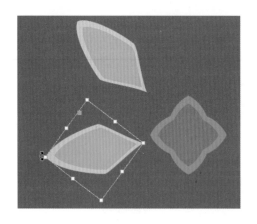

13 使用同样的操作方法，制作出更多的图形。应用"文字工具"在适当的位置输入文字，选中输入的文字对象"$"和"500"，如下图所示。

14 执行"窗口>对象和版面>对齐"菜单命令，打开"对齐"面板，单击面板中的"顶对齐"按钮，对齐对象，如下图所示。

15 选择"文字工具"，在优惠券左侧输入更多的文字，结合"字符"面板，调整文字的大小和字体等，得到更有层次的版面效果，如下图所示。

16 使用"椭圆工具"在使用说明旁边绘制4个同等大小的圆形，并同时选中圆形，单击"对齐"面板中的"右对齐"按钮，对齐对象，如下图所示。

17 ❶在"对齐"面板中输入"使用间距"值为3.5毫米，❷单击"垂直居中分布"按钮，以对象的垂直中心点为基准等距离分布对象，如下图所示。

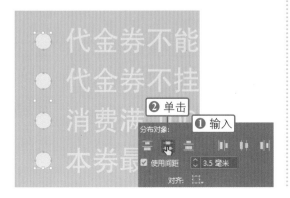

18 结合"椭圆工具"在优惠券底部绘制一个正圆图形，然后使用"钢笔工具"在图形中间绘制白色的网状图形，如下图所示。

19 单击"选择工具"按钮，按住Shift键不放，同时选中两个图形，按下快捷键Ctrl+G，将两个图形编组，如下图所示。

20 复制圆形，然后在圆形上方分别绘制出耳机和邮箱图形，分别将图形与下方的圆形编组，绘制后的效果如下图所示。

21 选中优惠券部分，按下快捷键Ctrl+G，将所选对象编组，再执行"编辑>复制"和"编辑>粘贴"菜单命令，复制粘贴图形，如下图所示。

22 选中复制的优惠券对象，右击对象，在弹出的快捷菜单中执行"取消编组"命令，取消编组，再分别选择不同的图形，调整其颜色，最终效果如下图所示。

实 例 演 练——制作简单信纸效果

信纸是一种切割成一定大小、适合于书信规格的书写纸张。本案例中先将花朵装饰元素添加到信纸边缘位置，并将花朵对象复制到不同的位置上，然后在信纸中绘制直线，并复制线条，使用"对齐"面板调整对象的位置和对齐方式，完成信纸设计。最终效果如下图所示。

扫码看视频

第 3 章

◎ 素材文件：随书资源\03\素材\19.ai～22.ai
◎ 最终文件：随书资源\03\源文件\制作简单信纸效果.indd

01 执行"文件>新建>文档"菜单命令，新建文档，使用"矩形工具"在文档中绘制一个矩形，并为其填充渐变颜色，如下图所示。

02 执行"文件>置入"菜单命令，将19.ai、20.ai花朵素材置入到矩形左下角位置，如下图所示。

03 分别选取绿色和橙色的花朵对象，按下快捷键Ctrl+C和Ctrl+V，复制出多个花朵对象，将复制的对象移到信纸4个角位置，并将其调整至合适的大小，如下图所示。

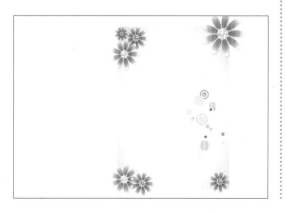

04 单击"选择工具"按钮，选中右上角绿色的花朵对象，将鼠标指针移至框架边缘位置，当鼠标指针变为双向箭头时，单击并向内拖动，裁剪超出信纸部分，如下图所示。

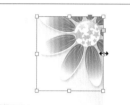

05 应用相同的方法，裁剪掉其他多余的花朵对象。执行"文件>置入"菜单命令，将花纹素材21.ai置入到左下角的花朵对象上方，得到如下图所示的画面效果。

06 使用"选择工具"同时选中绿色和橙色的花朵对象，执行"对象>排列>置于顶层"菜单命令，将花朵对象移到最上层，如下图所示。

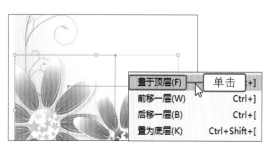

对象的编辑与设置

75

07 选择"椭圆工具"，按住Shift键不放，绘制一个正圆图形。打开"描边"面板，❶设置"粗细"值为4点，❷然后在"拾色器"对话框中设置描边色为R214、G171、B199，得到如下图所示的圆环效果。

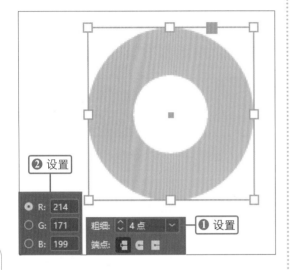

❷ 设置

- ● R: 214
- ○ G: 171
- ○ B: 199

粗细: ↕ 4 点 ∨ ── ❶ 设置

端点:

08 复制圆环图形，移动鼠标指针至复制的对象右下角，按住Alt键不放，单击并向外侧拖动，放大图形，然后在"描边"面板中更改"粗细"值为3点，如下图所示。

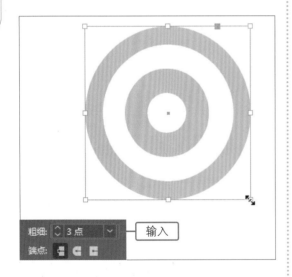

粗细: ↕ 3 点 ∨ ── 输入

端点:

09 使用同样的方法，在页面中绘制更多的图形。选中多个对象并右击，在弹出的快捷菜单中执行"编组"命令，将对象编组，如下图所示。

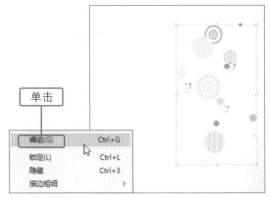

单击

编组(G)	Ctrl+G
锁定(L)	Ctrl+L
隐藏	Ctrl+3
描边粗细	>

10 选择"钢笔工具"，在页面中绘制一条直线，❶双击工具箱中的"描边"按钮，❷在打开的对话框中设置描边色为R138、G138、B138，如下图所示。

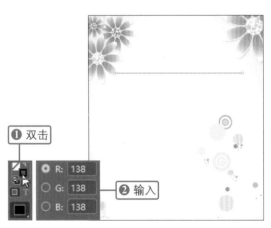

❶ 双击

- ● R: 138
- ○ G: 138
- ○ B: 138

❷ 输入

11 打开"描边"面板，❶设置"粗细"为0.5点，❷设置"类型"为"虚线（4和4）"，如下图所示，更改描边效果。

描边

粗细: ↕ 0.5 点 ∨
端点:
斜接限制: ❶ 设置
连接:
对齐描边:
类型: ∨
起始处/结束处: 无 ∨ ⇄ 无 ∨
缩放: ↕ 1 ❷ 设置 ↕ 100%
对齐:

第3章

12 应用"选择工具"选中描边后的直线对象，按住Alt键不放，单击并拖动，复制出多条相同长短的虚线，如下图所示。

13 按住Shift键不放，依次单击复制的对象，将它们同时选中，如下图所示。

14 执行"窗口>对象和版面>对齐"菜单命令，打开"对齐"面板，单击面板中的"左对齐"按钮，如下图所示，对齐对象。

15 ❶在"对齐"面板输入"使用间距"值为10毫米，❷单击分布对象下的"垂直居中分布"按钮，如下图所示。

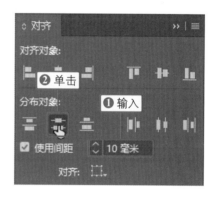

16 将所选的对象以对象之间的垂直中心点为基准等距分布，如下图所示。

17 右击选中的线条对象，在弹出的快捷菜单中执行"编组"命令，将线条对象编组，如下图所示。

18 按住Shift键不放，单击背景矩形，打开"对齐"面板，单击"水平居中对齐"按钮，对齐对象，如下图所示。

19 单击"选择工具"按钮，在文档页面中单击并拖动，框选页面中的所有对象，如下图所示。

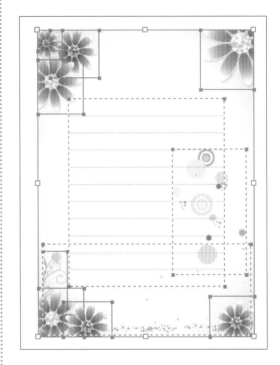

20 按下快捷键Ctrl+G，将所有选中的对象进行编组操作，如下图所示。

21 执行"编辑>复制"菜单命令,复制选中的对象,再执行"编辑>直接复制"菜单命令,复制对象,得到并排的两张信纸效果,如下图所示。

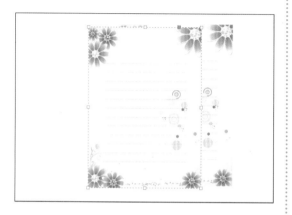

22 分别选中两组信纸对象,在"选择工具"选项栏中输入"旋转角度"为7.5°和30.5°,旋转信纸,再适当调整对象的大小和位置,如下图所示。

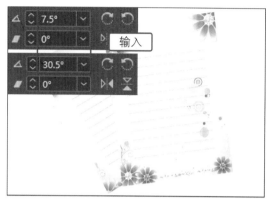

23 同时选中两组信纸对象,执行"对象>效果>投影"菜单命令,在打开的对话框中设置选项,为信纸添加投影效果。执行"文件>置入"菜单命令,置入22.ai背景素材,并将其移至底层,最终效果如右图所示。

读书笔记

第 **4** 章

InDesign最强大的功能在于对文字的编辑与处理，不但可以应用"文字工具"在页面中的任意位置输入文字，还能结合"字符""字符样式"等面板设置不同的文字效果。本章主要介绍如何在页面中输入文字，调整选中文本的字体、大小等属性，为文字添加下画线、删除线等，读者通过本章的学习，能够创建丰富的文字排版效果。

04

文本处理

4.1 | 创建文字

InDesign提供了强大的文字编辑功能，可以在工作页面的任何位置添加文本对象，并且可以根据版面效果，选择以不同的方式排列文档中的文字对象。

4.1.1 | 输入文本

文字可以起到补充说明、修饰版面的作用。在InDesign CC中应用"文字工具"可以在页面指定位置输入文本。需要注意的是，在输入文本前，需要在页面中创建一个文本框，然后在文本框中进行文字的输入操作。

◎ 素材文件：随书资源\04\素材\01.indd
◎ 最终文件：随书资源\04\源文件\输入文本.indd

01 打开01.indd，单击工具箱中的"文字工具"按钮 ，在页面中单击并拖动鼠标，如下图所示。

02 当拖动到一定大小后，释放鼠标，根据拖动轨迹创建文本框，并在文本框左上角出现闪烁的插入点，如下图所示。

03 在创建好的文本框中输入相应文字，输入完成后可以对文字的属性进行设置，得到如右图所示的文字效果。

4.1.2 | 置入文本

在InDesign中，通过"置入"可以将在其他程序中编辑好的文本导入InDesign文档中。

◎ 素材文件：随书资源\04\素材\02.indd、一封写给自己的信.doc
◎ 最终文件：随书资源\04\源文件\置入文本.indd

01 打开02.indd，在页面中绘制一个文本框，然后执行"文件>置入"菜单命令，如下图所示。

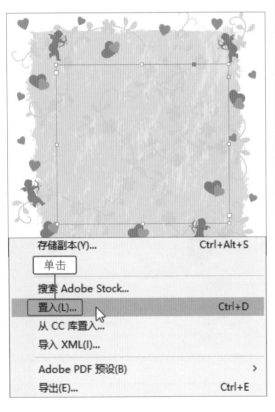

03 返回页面，此时在鼠标指针的右上方会显示已经选取的文本缩览图，在文本框中单击即可将选择的文本置入到文本框中，如下图所示。

02 打开"置入"对话框，❶在对话框中单击选择需要置入的文本对象，❷单击"打开"按钮，如下图所示。

4.1.3 | 更改文字方向

使用"文字工具"在页面中输入文字后，可以通过执行"文字>排列方向"菜单命令快速更改文字的排列方向。

◎ 素材文件：随书资源\04\素材\03.indd
◎ 最终文件：随书资源\04\源文件\更改文字方向.indd

01 打开03.indd，应用"选择工具"单击选中文本框及文本框中的文字对象，如下图所示。

02 执行"文字>排列方向>垂直"菜单命令，将原来水平排列的文字更改为垂直排列效果，如下图所示。

选择

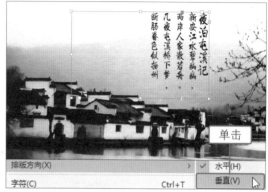

单击

排版方向(X)	>	✓ 水平(H)
字符(C)	Ctrl+T	垂直(V)

4.1.4 创建和编辑路径文本

在InDesign中可以应用"路径文字工具"和"垂直路径文字工具"沿着绘制的工作路径的边缘输入文字，创建路径文字效果。长按或右击工具箱中的"文字工具"按钮，在展开的工具组中即可选择"路径文字工具"或"垂直路径文字工具"。在文档中创建路径文本后，还可以应用"路径文字选项"更改路径文字的排列效果，以创建更为灵活的版面。

◎ 素材文件：随书资源\04\素材\04.indd
◎ 最终文件：随书资源\04\源文件\创建和编辑路径文本.indd

01 打开04.indd，单击工具箱中的"钢笔工具"按钮 ✐，在页面中绘制一条曲线路径，如下图所示。

02 右击工具箱中的"文字工具"按钮，在展开的工具组中选择"路径文字工具"，将鼠标指针移至绘制的路径上方，此时鼠标指针变为 形，如下图所示。

绘制

单击

03
单击路径，在路径上出现路径文字插入点，输入文字，文字将沿路径形状排列，如下图所示。

技巧提示

对于页面中创建的路径文字，可以对文字的起点位置进行调整，选择工具箱中的"直接选择工具"，选择创建的路径和文字，然后将鼠标指针移到文字开头位置，当鼠标指针变为▶形时，单击并拖动即可更改路径文字的起点。

04
应用"选择工具"单击选中路径文本，执行"文字>路径文字>选项"菜单命令，❶在打开的"路径文字选项"对话框中设置各选项，❷设置完成后单击"确定"按钮，如下图所示。

05
返回文档窗口，应用设置的选项调整路径文字排列效果，效果如下图所示。

4.2 | 设置文字属性

在InDesign CC中，主要通过"字符"面板设置文字属性，包括更改文字的字体、大小、颜色及字符间距等。通过设置文字属性，能够创建更为丰富的文字排版效果。

4.2.1 | 选择合适字体

默认情况下，在InDesign中输入的文字都是以"Adobe宋体std"进行显示的，用户可以根据版面需要更改输入的文字字体。使用工具选项栏或"字符"面板中的"字体列表"选项，可以为文字指定不同的字体。单击"字体系列"下拉按钮，在展开的下拉列表中可以单击选择其中一种字体，也可以选中后按下键盘中的方向键，在各种字体之间切换。

◎ 素材文件：随书资源\04\素材\05.indd
◎ 最终文件：随书资源\04\源文件\选择合适字体.indd

01 打开05.indd，使用"文字工具"在输入的文字上单击并拖动，选中要更改的文字，使其反相显示，如下图所示。

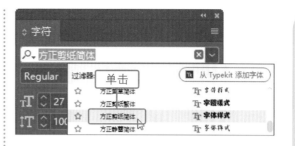

02 执行"文字>字符"菜单命令，打开"字符"面板，单击面板顶部的"字体系列"下拉按钮▾，在展开的列表中选择"方正剪纸简体"字体，如下图所示。

03 设置后退出文字编辑状态，查看更改字体后的文字效果，如下图所示。

4.2.2 调整文字大小

在InDesign中输入文字时，默认的字体大小为12点，可以应用工具选项栏或"字符"面板中的"字体大小"列表，选择预设点数以更改文字大小。除了应用预设的点数来更改文字大小外，也可以直接在数值框中输入数值以调整文字大小。

◎ 素材文件：随书资源\04\素材\06.indd
◎ 最终文件：随书资源\04\源文件\调整文字大小.indd

01 打开06.indd，使用"文字工具"在需要更改字体大小的文字上单击并拖动，选中文字，使其反相显示，如下图所示。

02 单击"字符"面板中的"字体大小"右侧的下拉按钮▾，在展开的列表中选择"30点"，更改文字大小，如下图所示。

文本处理

第 4 章

03 将鼠标指针移到"字体大小"数值框中，单击后显示插入点，输入"字体大小"为16点，效果如右图所示。

4.2.3 更改文本颜色

使用"文字工具"在页面中输入的文字默认显示为黑色，可以根据实际需求更改选中文字的颜色。在InDesign CC中，可以通过"色板"或"颜色"面板对文字颜色进行修改。

◎ 素材文件：随书资源\04\素材\07.indd
◎ 最终文件：随书资源\04\源文件\更改文本颜色.indd

01 打开07.indd，应用"文字工具"选中需要更改的文字，如下图所示。

02 执行"窗口>颜色>色板"菜单命令，打开"色板"面板，单击面板中的一种颜色，如下图所示。

03 单击工具箱中的其他工具，退出文字编辑状态，可以看到原来黑色的文字变为了所选的绿色，如下图所示。

04 确认"文字工具"为选中状态，在文字"三月二十日"上单击并拖动，选中文字，如下图所示。

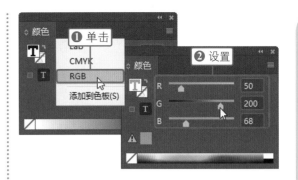

春分，
每年三月二十日或二十一日。
这一天昼夜几乎等长，
从这一天，
北半球昼长夜短。
辽阔的大地上，岸柳青青，
莺飞草长，小麦拔节，
油菜花香，桃红李白迎春黄。

选中

06 设置完成后，单击工具箱中的其他工具或按下Esc键，退出文字编辑状态，查看更改颜色后的文字效果，如下图所示。

春分，
每年三月二十日或二十一日。
这一天昼夜几乎等长，
从这一天起，
北半球昼长夜短。
辽阔的大地上，岸柳青青，
莺飞草长，小麦拔节，
油菜花香，桃红李白迎春黄。

05 打开"颜色"面板，单击扩展按钮▤，❶在展开的面板菜单中选择"RGB"选项，❷然后拖动下方的颜色滑块，如下图所示。

技巧提示

选中文字，双击工具箱中的"填色"框**T**，可在打开的"拾色器"对话框中指定选中文字的填充颜色；双击工具箱中的"描边"按钮▨，则可在打开的"拾色器"对话框中指定选中文字的描边颜色。

4.2.4 | 水平缩放和垂直缩放文本

在"字符"面板中除了可以调整文字大小和颜色外，还可以重新设置文字的缩放比例。应用"字符"面板或工具选项栏中的"水平缩放"和"垂直缩放"选项可以快速实现文本的缩放操作。

◎ 素材文件：随书资源\04\素材\08.indd
◎ 最终文件：随书资源\04\源文件\水平缩放和垂直缩放文本.indd

01 打开08.indd，单击"文字工具"按钮 T ，在文字上单击并拖动，选中文字对象，如下图所示。

02 在"字符"面板中的"水平缩放"数值框中输入50%，设置后选中文字将水平缩放50%，效果如下图所示。

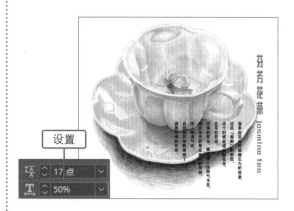

03 在"字符"面板中的"垂直缩放"数值框中输入50%，设置后选中文字将垂直缩放50%，如右图所示。

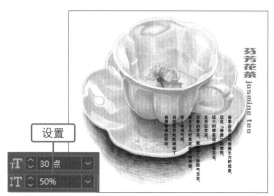

4.2.5 设置文本行距

相邻行文字间的垂直间距称为行距，是通过测量一行文本的基线到上一行文本基线的距离得出的。默认情况下，输入文字时，行距会设置为"自动"，"自动"行距是按文字大小的120%进行设置的。用户可以在"字符"面板或工具选项栏的"行距"列表中重新设置行距值。

◎ 素材文件：随书资源\04\素材\09.indd
◎ 最终文件：随书资源\04\源文件\设置文本行距.indd

01 打开09.indd，在工具箱中单击"选择工具"按钮 ，在页面中单击选中需要更改行距的文本框，如右图所示。

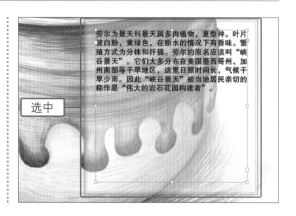

02 打开"字符"面板，单击面板中的"行距"下拉按钮，在展开的下拉列表中选择行距值为"24点"，如下图所示。

03 根据所选行距值，更改所选文本框中的文本行间距，效果如下图所示。

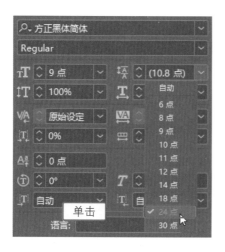

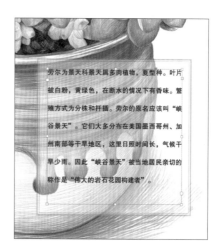

4.2.6 设置文本字间距

文本字间距的调整是指放宽或收紧选定文本或整个文本块中字符之间的间距的过程，使用"字符"面板或工具选项栏中的"字符间距"选项可快速调整所选字符的字间距。默认"字符间距"为0，设置"字符间距"为负值，可缩小文本之间的距离；设置的"字符间距"为正值，可增大文本之间的距离。

◎ 素材文件：随书资源\04\素材\10.indd
◎ 最终文件：随书资源\04\源文件\设置文本字间距.indd

01 打开10.indd，使用"文字工具"在需要调整的文字对象上单击并拖动，选中文字使其反相显示，如下图所示。

02 打开"字符"面板，在面板中单击"字符间距"下拉按钮，在展开的下拉列表中选择间距值为200，增大文字间距，效果如下图所示。

03 将鼠标指针移到工具选项栏中的"字符间距"选项上方，单击"字符间距"下拉按钮，选择间距值为-100，缩小文字间距，效果如下图所示。

4.2.7 调整文本基线

使用"字符"面板或工具选项栏中的"基线偏移"功能，可以相对于周围文本的基线上下移动选定字符。此功能在手动设置分数或调整随文图形的位置时特别有用。设置"基线偏移"值为正值，可将字符的基线移到文字行基线的上方；设置"基线偏移"值为负值，则可将基线移到文字基线的下方。

◎ 素材文件：随书资源\04\素材\11.indd
◎ 最终文件：随书资源\04\源文件\调整文本基线.indd

01 打开11.indd，应用"文字工具"选中文档中需要设置基线偏移的数字"1"，如下图所示。

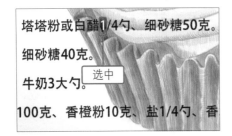

02 按下快捷键Ctrl+T，打开"字符"面板，在面板中的"基线偏移"数值框中输入数值为4点，如下图所示。

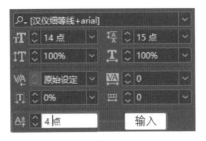

03 设置后即可将所选的数字1的字符基线移到文字行基线的上方，效果如下图所示。

04 应用"文字工具"选中文档中需要设置基线偏移效果的数字"4"，如下图所示。

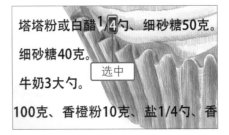

05 打开"字符"面板，在面板中的"基线偏移"数值框中输入数值为-4点，如下图所示。

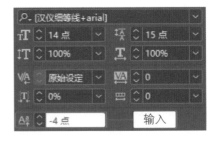

06 即可将所选的数字4的字符基线移到文字行基线的下方，效果如下图所示。

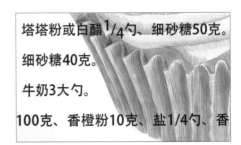

4.3 设置CJK字符格式

在InDesign中不仅可以调整文字的大小、字体、字间距等一些基本属性，也可以为文字添加特殊的CJK字符格式，例如使用直排内横排、添加着重号、对文字应用斜体等。这些格式大多可以通过"字符"面板中的命令来完成。

4.3.1 使用直排内横排

"直排内横排"也称为"纵中横"或"直中横"。应用"直排内横排"选项可通过旋转文本使直排文本框架中的部分文本如数字、日期和短的外语单词等以横排方式显示，以便于阅读。对文字应用直排内横排效果时，还可以通过执行"直排内横排设置"在上、下、左、右四个方向移动横排文本。

◎ 素材文件：随书资源\04\素材\12.indd
◎ 最终文件：随书资源\04\源文件\使用直排内横排.indd

01 打开12.indd，选择"文字工具"，选中需要应用直排内横排的文本，如下图所示。

02 打开"字符"面板，❶单击面板右上角的扩展按钮▤，❷在展开的面板菜单中单击"直排内横排"命令，如下图所示。

03 完成设置后，即可在文档中查看所选的数字"6"应用直排内横排的效果，如下图所示。

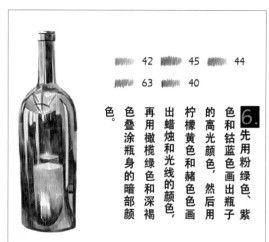

4.3.2 | 应用着重号

着重号指附加在要强调的文本上的点。在InDesign中，既可以从现有着重号形式中选择点的类型，也可以通过调整"着重号"设置，指定着重号的位置、缩放和颜色，以创建并应用更符合实际需求的着重号。

◎ 素材文件：随书资源\04\素材\13.indd
◎ 最终文件：随书资源\04\源文件\应用着重号.indd

01 打开13.indd，选中"文字工具"，在需要添加着重号的文本上单击并拖动，将其选中，如下图所示。

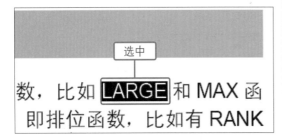

02 打开"字符"面板，❶单击右上角的扩展按钮▤，❷在展开的面板菜单中单击"着重号"选项，❸再选择着重号字符为"鱼眼"，如下图所示。

03 为所选文本添加默认的鱼眼着重号效果，此时着重号颜色为黑色，并位于所选文本的上方，如下图所示。

04 打开"字符"面板，❶单击扩展按钮▤，❷在展开的面板菜单中执行"着重号>着重号"菜单命令，如下图所示，打开"着重号"对话框。

05 在打开的"着重号"对话框中展开"着重号设置"选项卡，在选项卡中设置着重号的偏移、位置、大小、对齐方式等，如下图所示。

06 ❶在对话框中单击"着重号颜色"标签，展开"着重号颜色"选项卡，❷在选项卡中的颜色列表框中单击选择着重号颜色，如下图所示。

第 4 章

07 设置后单击"确定"按钮,应用设置的"着重号"选项更改着重号效果,此时着重号从文本上方移到了文本下方,且颜色也由默认的黑色变为了红色,如右图所示。

4.3.3 | 将斜变体应用于文本

　　斜变体可以创建倾斜的字符效果,与简单的字形倾斜不同,对文字应用斜变体时会对字形进行一定的旋转或缩放处理。利用InDesign中的"斜变体"功能,可以在不更改字形高度的情况下,倾斜文本的中心点调整其大小或角度。

◎ 素材文件:随书资源\04\素材\14.indd
◎ 最终文件:随书资源\04\源文件\将斜变体应用于文本.indd

01 打开14.indd,选中工具箱中的"选择工具",单击选中需要应用斜变体的文本框,如下图所示。

02 打开"字符"面板,❶单击面板右上角的扩展按钮,❷在展开的面板菜单中单击"斜变体"命令,如下图所示。

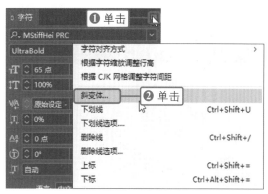

03 打开"斜变体"对话框,在对话框中设置"放大"值为20%、文本旋转"角度"为-25°,如下图所示。

04 设置完成后单击"确定"按钮，应用设置的"放大"和"角度"值，创建的斜变体文字效果如右图所示。

4.3.4 对齐不同大小的文本

当在一行中定位大小不同的字符时，可以使用"字符对齐方式"选项，指定如何将文本与行中的最大字符对齐。字符既可以与全角字框的上边缘、中心或下边缘对齐，也可以与罗马字基线及表意字框的上边缘或下边缘对齐。

◎ 素材文件：随书资源\04\素材\15.indd
◎ 最终文件：随书资源\04\源文件\对齐不同大小的文本.indd

01 打开15.indd，使用"文字工具"在需要对齐的文本对象上单击并拖动，选中文本对象，如下图所示。

03 执行命令后，文本将与表意字框的左边缘对齐，效果如下图所示。

02 打开"字符"面板，❶单击右上角的扩展按钮■，❷在展开的面板菜单中执行"字符对齐方式>表意字框，下/左"命令，如下图所示。

技巧提示

　　InDesign提供了"全角字框，上/右""全角字框，居中""罗马字基线""全角字框，下/左""表意字框，上/右"和"表意字框，下/左"6种对齐不同大小文字的方式。"罗马字基线"用于将一行中的小字符与大字符基线网格对齐；在直排文本框架中，"全角字框，上/右"将文本与全角字框的右边缘对齐；"全角字框，居中"将文本与全角字框居中对齐；"全角字框，下/左"将文本与全角字框的左边缘对齐；"表意字框，上/右"将文本与表意字框的右边缘对齐；"表意字框，下/左"将文本与表意字框的左边缘对齐。

4.3.5　使用下画线和删除线

　　在InDesign中可以为输入的文字添加下画线和删除线。下画线和删除线的默认粗细取决于文字的大小，用户既可以对文字应用预设的下画线和删除线，也可以通过设置"下画线选项"和"删除线选项"指定下画线和删除线的粗细及颜色等。

　　◎　素材文件：随书资源\04\素材\16.indd
　　◎　最终文件：随书资源\04\源文件\使用下画线和删除线.indd

01 打开16.indd，使用"选择工具"单击选取需要添加下画线的文本框架，如下图所示。

02 打开"字符"面板，❶单击右上角的扩展按钮▤，❷在展开的菜单中执行"下画线选项"命令，如下图所示，打开"下画线选项"对话框。

03 ❶在打开的"下画线选项"对话框中勾选"启用下画线"复选框，启用下画线，❷勾选"预览"复选框，❸根据预览效果设置下画线选项，如下图所示。

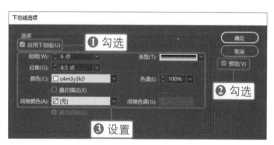

04 设置完成后单击"确定"按钮，返回文档窗口，可以看到在选中的文本对象下方添加了相应的下画线效果，如下图所示。

文本处理

05 单击工具箱中的"文字工具"按钮，在需要添加删除线的文字上单击并拖动，选中文本对象，如下图所示。

06 打开"字符"面板，❶单击右上角的扩展按钮，❷在展开的菜单中执行"删除线选项"命令，如下图所示，打开"删除线选项"对话框。

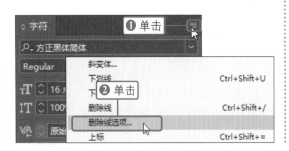

07 ❶在打开的"删除线选项"对话框中勾选"启用删除线"复选框，启用删除线，❷勾选"预览"复选框，❸根据预览效果设置删除线选项，如下图所示。

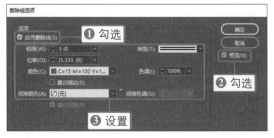

08 设置完成后单击"确定"按钮，返回文档窗口，可以看到在选中的文字下方添加了相应的删除线效果，如下图所示。

4.3.6 更改文字的大小写

　　应用"文字工具"在输入文字后，若输入的英文字母为小写状态，可以应用"全部大写字母"命令将文字更改为全部大写效果；若输入的英文字母为大写状态，则可以通过执行"文字>更改大小写>小写"命令，将文字更改为小写效果。

◎ 素材文件：随书资源\04\素材\17.indd
◎ 最终文件：随书资源\04\源文件\更改文字的大小写.indd

01 打开17.indd，单击"选择工具"按钮，选中需要更改为大写的文本框架，如右图所示。

第
4
章

02 打开"字符"面板，❶单击右上角的扩展按钮，❷在展开的面板菜单中执行"全部大写字母"命令，如下图所示。

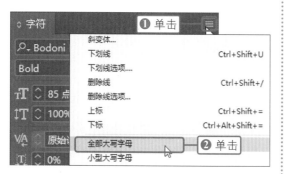

03 所选文本框中的文本全部更改为大写字母，效果如下图所示。

04 应用"选择工具"，选中需要更改为小写的文本框架，如下图所示。

05 执行"文字>更改大小写>小写"菜单命令，将选中的文本更改为小写，效果如下图所示。

06 使用同样的方法，选中左侧的另外几个字母，将其转换为小写，效果如下图所示。

技巧提示

　　"全部大写字母"和"小型大写字母"命令用于更改文本的外观，而非文本本身；而"更改大小写"命令用于更改选定文本本身的大小写设置。

4.4　字形与特殊字符

在InDesign中不但可以插入字母、汉字、数字等，还可以应用"插入字符"命令和"字形"面板在文档中插入特殊的符号或是字形，例如特殊标点符号、货币符号等。通过插入字符或字形，可以获得更精致的版式效果。

4.4.1　插入特殊字符

在InDesign中可以插入常用字符，如全角破折号和半角破折号、注册商标符号和省略号等。执行"文字>插入特殊字符"菜单命令，在弹出的级联菜单中选择要添加的特殊字符类别并选取类别的字符，即可完成特殊字符的添加。

◎　素材文件：随书资源\04\素材\18.indd
◎　最终文件：随书资源\04\源文件\插入特殊字符.indd

01 打开18.indd，选择"文字工具"，将鼠标指针移至需要插入特殊字符的位置，然后单击鼠标放置插入点，如下图所示。

02 选择"文字>插入特殊字符>符号>注册商标符号"菜单命令，在插入点所在位置添加一个注册商标符号，如下图所示。

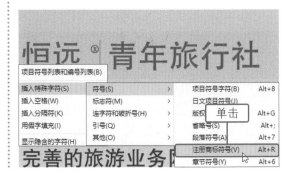

4.4.2　从指定字体中插入字形

字形是特殊形式的字符，在InDesign中，应用"字形"面板可以向文档中添加特殊的字形效果。在添加特殊字形前，需要执行"文字>字形"菜单命令或按下快捷键Alt+Shift+F11，打开"字形"面板，双击面板中的特殊字形即可将该字形添加到插入点所在位置。

◎　素材文件：随书资源\04\素材\19.indd
◎　最终文件：随书资源\04\源文件\从指定字体中插入字形.indd

01 打开19.indd，选择"文字工具"，在要键入字符的位置单击，放置插入点，如下图所示。

02 执行"文字>字形"菜单命令，打开"字形"面板，双击要插入的字符，该字符即会出现在文本插入点处，如下图所示。

03 将鼠标指针移到其他位置，再单击"字形"面板中相同的字符，在页面中添加更多的特殊字形，效果如下图所示。

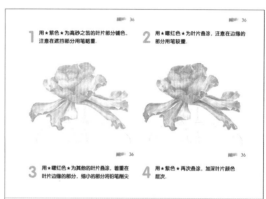

4.4.3 | 插入最近使用的字形

InDesign会自动记录最近插入的35种不同字形，并在"字形"面板第一行"最近使用的字形"下方显示出来。在编辑文档时，如果需要插入相同的字形效果，只需在"最近使用的字形"下方双击该字形，就能在文档中的指定位置添加该字形。

◎ 素材文件：随书资源\04\素材\20.indd
◎ 最终文件：随书资源\04\源文件\插入最近使用的字形.indd

01 打开20.indd，选择"文字工具"，在要键入字形的位置单击，放置插入点，如下图所示。

02 打开"字形"面板，在"最近使用的字形"下双击一种字形，在插入点所在位置会添加该字形，如下图所示。

of the earlier home outdoor
experience activities platform.
listen to the instructions
and do the action
e for age: 6 months or
more
Play: parents in the face of the

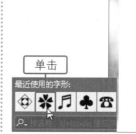

experience; Chengdu is one
of the earlier home outdoor
experience activities platform.
1. listen to the instructions
and do the action
Suitable for age: 6 months or
more
Play: parents in the face of the
baby, a simple instruction, such
as call him clap his hands,
shook his head, or tongue

文本处理

03 将鼠标指针移到其他位置，继续单击"字形"面板中最近使用过的字形，在页面中添加更多同样的字形，如右图所示。

技巧提示

要从"最近使用的字形"中清除某一个字形，需要在"最近使用的字形"中选中并右击该字形，然后在弹出的快捷菜单中执行"从'最近使用的字形'中删除字形"命令；如果要清除最近使用的所有字形，则右击"最近使用的字形"中的某个字形，在弹出的快捷菜单中执行"清除所有最近使用的字形"命令。

outdoor experience activities. Since its inception, has organized various types of outdoor family experience activities more than 560; with rich parent-child planning, activities, organizational experience; Chengdu is one of the earlier home outdoor experience activities platform.

✽ 1. listen to the instructions and do the action
Suitable for age: 6 months or more
Play: parents in the face of the baby, a simple instruction, such as call him clap his hands, shook his head, or tongue smile, said as he personally

language
Tip: parents can gradual increase the difficulty of content, such as asking child to take the newspa for his father and take hi when going out.
✽ 2. cents fruit
Suitable for age: 1 years above
Appliances: common fru (such as apples, banan oranges, etc.), a basket, Play: put all kinds of fruit basket in front of the bab then take out some dolls by the mother, and then to the baby: "big bear to apples, baby, please he

4.4.4 创建和编辑自定字形集

字形集是指定的一个或多个字体的字形集合。字形集并未连接到任何特定文档，它们会随其他InDesign首选项一起存储在一个可共享的文件中。除了使用系统预设的字形集，用户也可以创建和编辑字形集，将常用的字形存储在字形集中，便于快速查找和应用字形，提高工作效率。

01 打开一个空白文档，执行"窗口>文字和表>字形"菜单命令，打开"字形"面板，如下图所示。

02 打开"字符"面板，❶单击右上角的扩展按钮■，❷在展开的面板菜单中执行"新建字形集"命令，如下图所示。

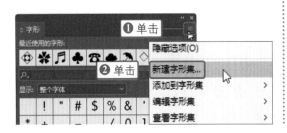

03 打开"新建字形集"对话框，❶在对话框中输入字形集的名称，❷单击"确定"按钮，如下图所示。

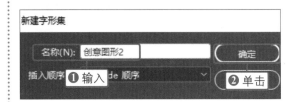

04 ❶在"字形"面板的"显示"列表中选择需要添加的字形的字形集，❷然后在下方单击选中字形，如下图所示。

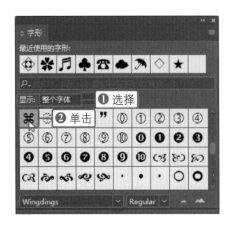

05 打开"字形"面板，❶单击右上角的扩展按钮，❷在弹出的面板菜单中执行"编辑字形集>创意图形2"命令，如下图所示。

06 在"显示"列表中选择创建的"创意图形2"字形集，可以看到选中的字形添加该字形集中，如下图所示。

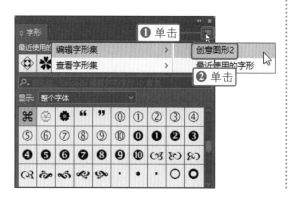

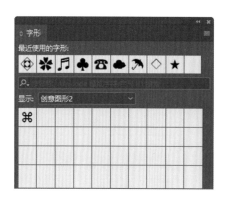

4.4.5 | 插入空格

空格是出现在字符之间的空白区。空格可用于多种不同的用途，如防止两个单词在行尾断开等。执行"文字>插入空格"菜单命令，在弹出的级联菜单中选择要添加的空格类型，即可在文档中插入相应的空格。

◎ 素材文件：随书资源\04\素材\21.indd
◎ 最终文件：随书资源\04\源文件\插入空格.indd

01 打开21.indd，选择"文字工具"，在要插入特定大小的空格的位置单击，放置插入点，如下图所示。

02 执行"文字>插入空格>全角空格"菜单命令，在插入点位置会添加一个全角空格，如下图所示。

毫无疑问这些百搭的踝靴早已受到了许多人的追捧。
中性的颜色加上很好走的鞋跟可以让你穿上好多年。
Isabel Marant Etoile 踝靴（＄650）
B. 夏日楔形凉鞋
春夏将至，让我们把目光转换到凉鞋上。一双好的
楔形鞋会非常好走，并且无论是和晚宴裙子还是随
性的短袖和牛仔裤都会非常搭配。
Dolce Vita 露趾楔形凉鞋（＄169）

插入空格(W)　　　　＞　　　表意字空格(D)
插入分隔符(K)　　　　＞　　　全角空格(M)　　　　Ctrl+Shift+M
毫无疑问这些百搭的踝靴早已受到了许多人的追捧。
中性的颜色加上很好走的鞋跟可以让你穿上好多年。
Isabel Marant Etoile 踝靴（＄650）
　B. 夏日楔形凉鞋
春夏将至，让我们把目光转换到凉鞋上。一双好的
楔形鞋会非常好走，并且无论是和晚宴裙子还是随
性的短袖和牛仔裤都会非常搭配。
Dolce Vita 露趾楔形凉鞋（＄169）

4.5 | 字符样式的应用

字符样式是通过一个操作步骤就可以应用于文本的一系列字符格式属性的集合。使用"字符样式"面板可以创建、修改字符样式，并将其应用于段落内的文本之中。对于已经应用字符样式的文本，如果更改了应用的字符样式，文档中所有应用该样式的文本都会自动更改为新样式。

4.5.1 | 创建字符样式

在InDesign中，要创建新的字符样式，可以单击"字符样式"面板中的"创建新样式"按钮创建，也可以单击应用"字符样式"面板菜单中的"新建字符样式"命令进行创建。不同的是，单击"创建新样式"按钮后，在"字符样式"面板中默认以"字符样式1,2…"的方式命名样式，而应用"新建字符样式"命令创建新样式时，会打开"新建字符样式"对话框，在对话框中可以重新设置样式的名称和属性。

◎ 素材文件：随书资源\04\素材\22.indd
◎ 最终文件：随书资源\04\源文件\创建字符样式.indd

01 打开一个空白文档，执行"文字>字符样式"菜单命令，打开"字符样式"面板，❶单击右上角的扩展按钮，❷在展开的面板菜单中单击"新建字符样式"命令，如下图所示。

02 打开"新建字符样式"对话框，❶在"样式名称"右侧的文本框中输入新样式的名称，❷在"基于"下拉列表中选择当前样式所基于的样式，这里无基础样式，因此选择"无"，如下图所示。

03 若要设置更多的样式，❶可以单击左侧的选项标签，如"着重号设置"选项标签，❷在展开的相应选项卡中进行样式的设置，如下图所示。

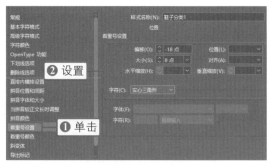

04 设置完成后单击"确定"按钮，返回"字符样式"面板，在面板中可以看到新建的字符样式，如下图所示。

第4章

05 打开22.indd素材文档，在文档中选中要应用样式的文字，如下图所示。

们会把这个作为买鞋子的借口。我们细心总结了
10 款每个女人的鞋柜里都应该有的鞋款，来帮
助你轻松打造各种风格的造型。
1. 基础款芭蕾平底鞋
要想同时达到优雅和修长，穿上一双芭蕾平底鞋
是一种 选中 单的办法。这款鞋既可以很淑女也
可以很随性，这就意味着，我们既可以穿着它搭
配百褶裙、直筒连衣裙甚至是短上衣。
Charles David 皮质平底鞋（$115）

06 单击"字符样式"面板中创建的样式，即可对该文字应用样式效果，如下图所示。

如果按照欲望都市里凯莉布莱德肖的信条，
每个女人永远都不会嫌自己的鞋子多。有时我
们会把这个作为买鞋子的借口。我们细心总结了
10 款每个女人的鞋柜里都应该有的鞋款，来帮
助你轻松打造各种风格的造型。
1. 基础款芭蕾平底鞋
要想同时达到优雅和修长，穿上一双芭蕾平底鞋
是一种非常简单的办法。这款鞋既可以很
可以很随性，这就意味着，我们既可以穿
配百褶裙、直筒连衣裙甚至是短上衣。
Charles David 皮质平底鞋（$115）

4.5.2 | 删除字符样式

在"字符样式"面板中创建字符样式后，如果不再需要该样式，可以将其从"字符样式"面板中删除。如果只是删除样式组中的一种样式，则可以选择将其替换为其他样式以及是否保留其格式；如果要删除样式组，则会删除组中的所有样式，系统会逐个提示是否替换组中的样式。

01 打开"字符样式"面板，❶在面板中选中需要删除的字符样式，❷单击下方的"删除选定样式/组"按钮，如下图所示。

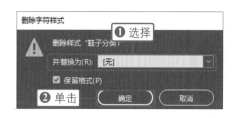

02 打开"删除字符样式"对话框，❶在对话框中选择要用来替换前面所选样式的样式，❷单击"确定"按钮，如下图所示。

03 返回"字符样式"面板，在面板中可看到选中样式已被删除，效果如下图所示。

4.5.3 | 编辑字符样式

对于"字符样式"面板中已有的样式，可以双击样式名称，或者在选择样式后从"样式"面板菜单中选择"样式选项"命令，打开"字符样式选项"对话框，在对话框中更改字符样式属性。更改字符样式后，文档中所有应用该字符样式的文字都会随之改变。

◎ 素材文件：随书资源\04\素材\23.indd
◎ 最终文件：随书资源\04\源文件\编辑字符样式.indd

01 打开23.indd，打开"字符样式"面板，双击面板中已创建的"色彩"字符样式，如下图所示。

02 打开"字符样式选项"对话框，这里要更改字符颜色，单击"字符标签"标签，在展开的选项卡中单击颜色列表中的绿色，如下图所示。

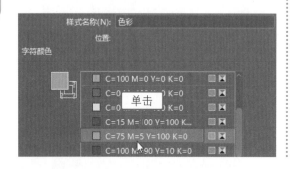

03 设置后单击"确定"按钮，返回文档窗口，此时可看到文档中所有应用字符样式的文本都由原来的洋红色变为了绿色，如下图所示。

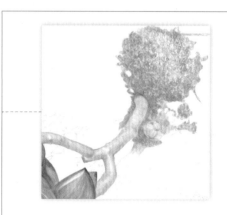

将根须看作一个整体，勾勒出边缘的形状，用灰色绘制茎和根须，再用熟褐色和红褐色绘制出茎和根须的偏向色。

技巧提示

单击"字符样式"面板右上角的扩展按钮，在展开的面板菜单中执行"样式选项"命令，同样可以打开"字符样式选项"对话框。

实 | 例 | 演 | 练——美食杂志内页排版

通过在页面中添加不同样式的文字，能够获得更加丰富完整的版面效果。本实例将使用"文字工具"在页面中绘制文本框，通过"置入"方式向文本框架中添加文字，结合"字符"面板，调整文本框架中的字符属性，完成美食杂志内页排版，效果如下图所示。

扫码看视频

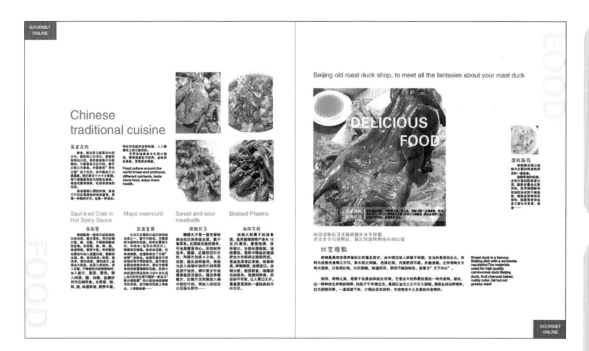

◎ 素材文件：随书资源\04\素材\24.indd
◎ 最终文件：随书资源\04\源文件\美食杂志内页排版.indd

01 打开24.indd，单击工具箱中的"文字工具"按钮 **T**，在图像下方单击并拖动鼠标，绘制文本框，如下图所示。

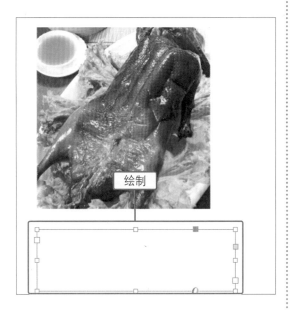

绘制

02 将插入点放置于文本框中，执行"文件>置入"菜单命令，打开"置入"对话框，❶在对话框中选择要置入的文档，❷单击"打开"按钮，如下图所示。

03 返回文档窗口，可看到所选文档已置入到了绘制好的文本框中，效果如下图所示。

北京烤鸭
烤鸭是具有世界声誉的北京著名菜式，由中国汉族人研制于明朝，在当时是宫廷食品。用料为优质肉食鸭北京鸭，果木炭火烤制，色泽红润，肉质肥而不腻，外脆里嫩。北京烤鸭分为两大流派，而北京最著名的烤鸭店也即是两派的代表。它以色泽红艳，肉质细嫩，味道醇厚，

InDesign CC

实战从入门到精通（全彩版）

04 单击工具箱中的"选择工具"按钮，单击选中文本框架，如下图所示。

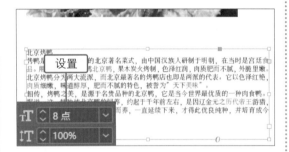

05 打开"字符"面板，设置"字体大小"为8点，缩小文本框中的文字，如下图所示。

06 单击"文字工具"按钮，单击并拖动鼠标，选中文字"北京烤鸭"，打开"字符"面板，更改文字属性，如下图所示。

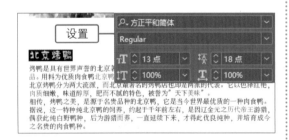

技巧提示

在编辑文本时，如果要选中文本框架中的所有文本对象，选择工具箱中的"选择工具"，单击文本框架即可；如果只需选中文本框架中的部分文字，则选择工具箱中的"文字工具"，在需要选取的文字上单击并拖动进行选择。

07 确认"文字工具"为选中状态，在文字"北京烤鸭"前单击，放置插入点，如下图所示。

08 执行"文字>插入空格>全角空格"菜单命令，在文字前方插入一个全角空格，如下图所示。

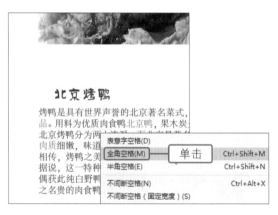

09 选中标题文字"北京烤鸭"，打开"颜色"面板，设置文本颜色为R19、G110、B194，如下图所示。

10 继续执行"文字>插入空格>全角空格"菜单命令，在其他两段文字前分别插入两个全角空格，效果如下图所示。

第 4 章

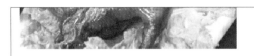

北京烤鸭

烤鸭是具有世界声誉的北京著名菜式，由中国汉族人研制于明朝，在当时是宫廷食品。用料为优质肉食鸭北京鸭，果木炭火烤制，色泽红润，肉质肥而不腻，外脆里嫩。北京烤鸭分为两大流派，以色泽红艳，肉质细嫩，味道醇厚，肥而不腻的特色，被誉为"天下美味"。

相传，烤鸭之美，是源于名贵品种的北京鸭，它是当今世界最优质的一种肉食鸭。据说，这一特种纯北京鸭的饲养，约起于千年前左右，是因辽金元之历代帝王游猎，偶获此纯白野鸭种，后为游猎而养，一直延续下来，才得此优良纯种，并培育成今之名贵的肉食鸭种。

11 应用"文字工具"选中除标题"北京烤鸭"外的所有文字，打开"字符"面板，更改文本属性，如下图所示。

12 应用属性更改文字效果，并在两段文本间插入一空行，单击工具箱中的任意工具，退出文字编辑状态，得到如下图所示的效果。

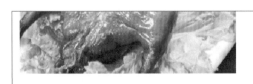

北京烤鸭

烤鸭是具有世界声誉的北京著名菜式，由中国汉族人研制于明朝，在当时是宫廷食品。用料为优质肉食鸭北京鸭，果木炭火烤制，色泽红润，肉质肥而不腻，外脆里嫩。北京烤鸭分为两大流派，以色泽红艳，肉质细嫩，味道醇厚，肥而不腻的特色，被誉为"天下美味"。

相传，烤鸭之美，是源于名贵品种的北京鸭，它是当今世界最优质的一种肉食鸭。据说，这一特种纯北京鸭的饲养，约起于千年前左右，是因辽金元之历代帝王游猎，偶获此纯白野鸭种，后为游猎而养，一直延续下来，才得此优良纯种，并培育成今之名贵的肉食鸭种。

13 选择"文字工具"，在页面中的其他图像旁边绘制文本框，通过执行"置入"菜单命令，在文本框中置入对应的介绍文字，如下图所示。

14 应用前面所讲方法，结合"文本工具"和"字符"面板，调整页面中的文字属性，得到更有层次的版面效果，如下图所示。

15 置入文档后，再使用"文字工具"在页面中绘制出其他的文本框，在文本框中添加相应的说明文字，完成本实例的制作，效果如下图所示。

实|例|演|练——制作绘画社招新海报

简洁的文字信息不但能够增强阅读效果，而且更能引起观者的注意。本实例中通过应用"文字工具"绘制文本框，在文本框中插入特殊字形，创建标注形状的图形，然后结合"文字工具"和"字符"面板，在页面中输入标题和说明文字，并通过置入装饰元素修饰版面，完成文字风格的主题海报设计，效果如下图所示。

扫码看视频

◎ 素材文件：随书资源\04\素材\
　25.ai～33.ai

◎ 最终文件：随书资源\04\源文件\制
　作绘画社招新海报.indd

01 执行"文件>新建>文档"菜单命令，新建一个空白文档，然后使用"矩形工具"绘制一个与页面尺寸相同的矩形，并填充颜色为R59、G168、B181，如下图所示。

02 选择"文字工具"，在选项栏中设置好字体和字体大小，在背景中单击并拖动，绘制一个文本框，如下图所示。

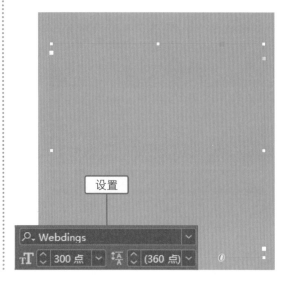

03 执行"文字>字形"菜单命令，打开"字形"面板，在面板中选择"整个字体"，再双击下方的标注字符，如下图所示。

04 在文本框中插入一个黑色的标注形状的特殊字形，如下图所示。

05 确认"文字工具"为选中状态，选中插入的标注形状，打开"字符"面板，设置"垂直缩放"值为140%，缩放字符，如下图所示。

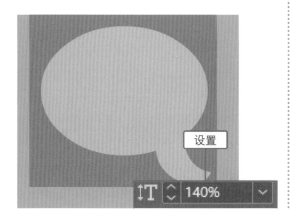

06 双击工具箱中的"填色"框，打开"拾色器"对话框，设置颜色值为R112、G80、B51，更改字形颜色，如下图所示。

07 复制插入的标注字形，然后使用"文字工具"选中字形，打开"颜色"面板，在面板中拖动颜色滑块，如下图所示。

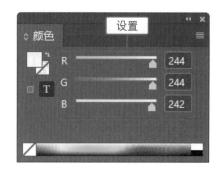

08 更改字形颜色，然后按下键盘中的方向键，调整复制出的特殊字形位置，增加层次效果，如下图所示。

09 应用"文字工具"绘制文本框，并输入文字"绘画社招新啦2017"，单击选项栏中的"居中对齐"按钮▤，如下图所示。

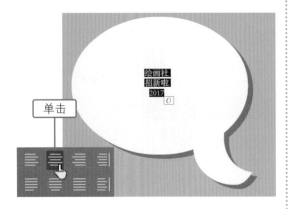

10 选中文字对象，按下快捷键Ctrl+T，打开"字符"面板，在面板中更改文字的字体、大小、水平缩放等选项，如下图所示。

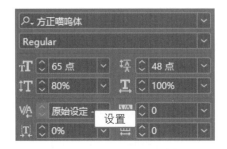

11 更改文字颜色为R112、G80、B51，设置后退出文字编辑状态，查看到调整后的文字效果，如下图所示。

12 单击工具箱中的"选择工具"按钮，单击选中文本框架，在工具选项栏中设置"旋转角度"为10°，旋转文本框架，效果如下图所示。

13 应用"文字工具"绘制文本框，并输入文字"JOIN US GO!GO!GO!"。打开"字符"面板，更改文字字体、大小、水平缩放等选项，如下图所示。

14 应用"文字工具"选中文本对象，单击工具选项栏中的"居中对齐"按钮，将文字以居中对齐的方式排列在文本框中，效果如下图所示。

15 应用"文字工具"选中"GO!GO!-GO!",打开"字符"面板,更改"字体大小"为95点,缩小文字效果,如下图所示。

16 使用"选择工具"选中文本框架,单击工具选项栏中的"投影"按钮,为文字添加逼真的投影效果,如下图所示。

17 继续结合"文字工具"和"字符"面板,在页面下方绘制文本框架,并在框架中输入相关文字信息,效果如下图所示。

18 执行"文件>置入"菜单命令,将25.ai~33.ai素材图像置入到页面中,并设置投影等,完成海报的制作,效果如下图所示。

实│例│演│练——时尚杂志封面设计

InDesign中提供了比较强大的编排功能，应用它可以完成各种杂志封面的排版设计。本实例将学习制作时尚杂志封面，首先使用"文字工具"在图像上输入杂志名称和部分内容简介，通过调整输入文字的颜色和字符等，完成主次分明的杂志封面排版设计，最终效果如下图所示。

扫码看视频

◎ 素材文件：随书资源\04\素材\
　　34.indd

◎ 最终文件：随书资源\04\源文件\
　　时尚杂志封面设计.indd

01 打开34.indd，选择"文字工具"，在页面中绘制文本框，输入文字"时尚"，如下图所示。

02 打开"字符"面板，在面板中设置字体为"方正中倩简体"，调整字体大小及字符间距等，如下图所示。

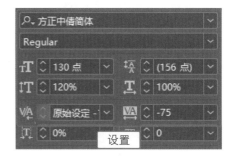

03 完成设置后，返回文档窗口，可以看到应用设置属性后的文字效果，如下图所示。

04 使用"文字工具"单击并拖动，选中文本框中的文字"时尚"，如下图所示。

05 执行"窗口>颜色>色板"命令，在打开的"色板"面板中单击红色，如下图所示。

06 将文本框中黑色的文字更改为红色，退出文字编辑状态，查看效果，如下图所示。

07 使用"文字工具"选中"时尚"，打开"描边"面板，在面板中设置"粗细"值为2点，如下图所示。

08 应用设置的参数为文字添加描边效果，使文字变得更加浑厚，效果如下图所示。

09 使用"文字工具"在"时尚"下方输入文字"伊人风尚"，并结合选项栏调整文字效果，如下图所示。

10 继续使用同样的方法，结合"文字工具"和"字符"面板，在页面中的适当位置添加更多的文字，并根据版面为文字设置不同的颜色，如下图所示。

11 应用"文字工具"选中文字"10分钟·矿物泥膜法"，在"字符"面板菜单中执行"字符对齐方式>全角字框，下/左"命令，调整文字对齐方式，如下图所示。

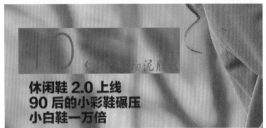

12 用"矩形工具"在左下角的条码上方绘制一个矩形，填充白色并去除轮廓线，再后移一层，置于条码下方。最后为右下角的两排文字添加投影，效果如下图所示。

读书笔记

第4章

第 **5** 章

在InDesign中，除了使用"字符"面板编辑文字属性之外，也可以使用"段落""段落样式"等面板处理较多的文本，通过创建各种样式，例如添加段落线、设置首字下沉等，达到丰富版面的效果。本章主要介绍段落文本的编辑与设置操作。

05

段落文本编辑

5.1 格式化段落文本

在InDesign中，可以使用"段落"面板对段落文本进行格式化应用。首先选取要编辑的段落文本，执行"文字>段落"菜单命令，打开"段落"面板，在面板中进行段落文本的编辑与设置。应用"段落"面板可以设置段落文本的对齐方式，指定段落的缩进效果等。

5.1.1 指定段落对齐方式

不同的段落对齐方式可以表现不同的版面效果。在InDesign中，可以通过单击"段落"面板中的对齐按钮对段落文本进行格式化对齐，以增加文本的可读性，丰富版面效果。

◎ 素材文件：随书资源\05\素材\01.indd
◎ 最终文件：随书资源\05\源文件\指定段落对齐方式.indd

01 打开01.indd，选择工具箱中的"选择工具"，单击选中需要调整对齐方式的段落文本，如下图所示。

02 执行"文字>段落"菜单命令，打开"段落"面板，在面板中单击"双齐末行居中"按钮▤，如下图所示。

03 将选中的段落文本由默认的"左对齐"更改为"双齐末行居中"对齐，此时每个段落最后一行文字均为居中对齐效果，如下图所示。

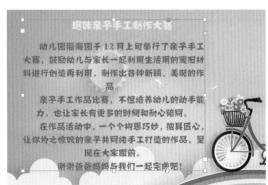

04 单击"段落"面板中的"右对齐"按钮▤，将所选段落文本更改为右对齐效果，如下图所示。

05 单击"段落"面板中的"全部强制对齐"按钮▤，将所选文本沿文本框左、右两侧强制对齐，如右图所示。

5.1.2 | 设置段落缩进

通过设置段落缩进方式，可以将文字从框架的右边缘或左边缘向内做少许移动。InDesign 提供了"左缩进""右缩进""首行左缩进"和"末行右缩进"4种段落缩进方式，可以通过"段落"面板为选中的段落文本设置不同的缩进方式，也可以通过应用"制表符"对话框来设置段落的缩进。

◎ 素材文件：随书资源\05\素材\02.indd
◎ 最终文件：随书资源\05\源文件\设置段落缩进.indd

01 打开02.indd，应用"选择工具"单击页面中的段落文本，将需要设置缩进的文本选中，如下图所示。

02 执行"文字>段落"菜单命令，打开"段落"面板，在"左缩进"文本框中设置缩进的数值为2毫米，缩进后的版面效果如下图所示。

03 确认要缩进的段落文本为选中状态，❶执行"文字>制表符"菜单命令，打开"制表符"对话框，❷拖动最上方的滑块，如下图所示。

04 拖动到一定的位置后释放鼠标，对选中的段落文本进行首行缩进设置，缩进后的版面效果如下图所示。

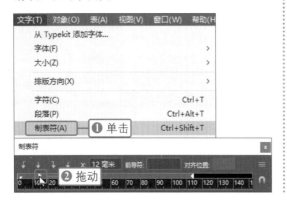

技巧提示

使用"在此缩进对齐"特殊字符，在指定的位置设置段落缩进效果，方法为：选择"文字工具"，在需要缩进处理的位置单击以放置一个插入点，然后执行"文字>插入特殊字符>其他>在此缩进对齐"菜单命令即可。

5.1.3 指定段前和段后间距

在"段落"面板中不但可以指定文本缩进方式，还可以应用"段前间距"和"段后间距"选项调整段落与段落之间的距离。设置的参数值越大，段落与段落之间的距离就越宽，反之则越窄。

◎ 素材文件：随书资源\05\素材\03.indd
◎ 最终文件：随书资源\05\源文件\指定段前和段后间距.indd

01 打开03.indd，应用"选择工具"选中页面中需要设置的段落文本，如下图所示。

02 打开"段落"面板，设置"段前间距"为5毫米、"段后间距"为3毫米，调整间距后的段落文本效果如下图所示。

5.2 设置段落字符下沉

在编辑段落文本时，为了更好地将每个段落区分开来，突出页面中的文本的主次关系，可以应用"段落"面板为选中的段落文本设置首字或多字下沉效果。

5.2.1 设置首字下沉

首字下沉是一种特殊的段落文本格式，使用"段落"面板中的"首字下沉行数"选项可以轻松为段落文本添加首字下沉效果。用户可以根据需要同时对一个或多个段落应用首字下沉效果。

◎ 素材文件：随书资源\05\素材\04.indd
◎ 最终文件：随书资源\05\源文件\设置首字下沉.indd

01 打开04.indd，应用"选择工具"选中需要设置的段落文本，如下图所示。

02 打开"段落"面板，在"首行下沉行数"数值框中输入3，首字下沉字符数自动设置为1，效果如下图所示。

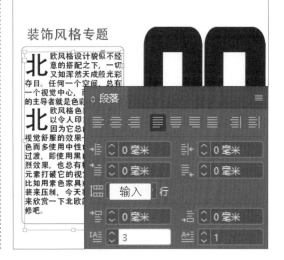

5.2.2 设置多字下沉

在段落文本中，可以将多个字符创建为下沉效果，以突出段落中的前几个字符。创建多字下沉效果的方法与创建首字下沉效果的方法类似，不同的是，创建多字下沉时，需将"首字下沉一个或多个字符"值由1改为其他相应的下沉字符个数。

◎ 素材文件：随书资源\05\素材\05.indd
◎ 最终文件：随书资源\05\源文件\设置多字下沉.indd

01 打开05.indd，使用"选择工具"单击选中需要设置多字下沉的段落文本框，如下图所示。

02 打开"字符"面板，在面板中设置"首字下沉行数"为2、"首字下沉一个或多个字符"为3，效果如下图所示。

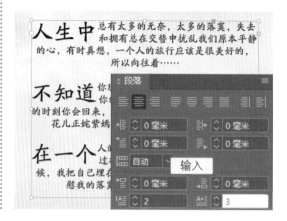

5.2.3 | 删除首字下沉

如果对应用到段落中的首字下沉或多字下沉段落样式不满意，也可以将其删除。要删除字符下沉效果，只需在"段落"面板中将"首字下沉行数"和"首字下沉一个或多个字符"参数恢复为默认值0即可。

◎ 素材文件：随书资源\05\素材\06.indd
◎ 最终文件：随书资源\05\源文件\删除首字下沉.indd

01 打开06.indd，使用"选择工具"选中创建首字下沉的文本对象，打开"段落"面板，显示设置的下沉参数，如下图所示。

02 打开"段落"面板，设置"首字下沉行数"为0、"首字下沉一个或多个字符"为0，即可删除应用在段落文本中的文字下沉效果，如下图所示。

5.3 段落线和段落底纹的设置

在编辑段落文本时,可以在段落文本前后添加段落线,也可以为段落文本设置不同的底纹效果。通过为段落添加段落线和底纹的方式,可以起到突出文本的作用。

5.3.1 添加段前线或段后线

段落线是一种段落属性,它的宽度由栏宽决定,并且会随段落在页面中一起移动并适当调节长短。段落线分为段前线和段后线,这两种段落线都可以应用"段落线"对话框添加,并且在该对话框中还可以指定段落线的粗细、颜色等。

◎ 素材文件:随书资源\05\素材\07.indd
◎ 最终文件:随书资源\05\源文件\添加段前线或段后线.indd

01 打开07.indd,应用"选择工具"单击选中需要添加段落线的文本框架,如下图所示。

02 打开"段落"面板,❶单击右上角的扩展按钮▤,❷在展开的面板菜单中执行"段落线"命令,如下图所示。

03 打开"段落线"对话框,选择"段前线",❶勾选"启用段落线"复选框,❷设置段前线选项,如下图所示。

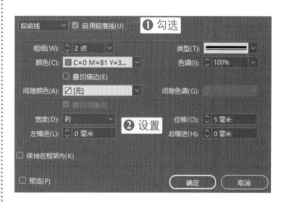

04 勾选"段落线"对话框中的"预览"按钮,预览添加的段前线效果,如下图所示。

05 在"段落线"在对话框中选择"段后线"，❶勾选"启用段落线"复选框，❷设置段后线选项，如下图所示。

06 完成设置后单击"确定"按钮，返回文档窗口，对文档应用段前线和段后线效果，如下图所示。

5.3.2 删除段落线

在文档中添加段落线以后，如果对设置的段落线效果不满意，可以将其从文档中删除。在InDesign中，只需要打开"段落线"对话框，在对话框中取消"启用段落线"复选框的勾选状态，就能快速删除文档中的段落线。

◎ 素材文件：随书资源\05\素材\08.indd
◎ 最终文件：随书资源\05\源文件\删除段落线.indd

01 打开08.indd，使用"文字工具"在包含段落线的段落中单击，如下图所示。

03 打开"段落线"对话框，取消"启用段落线"复选框的勾选状态，单击"确定"按钮，即可删除段落线，如下图所示。

02 打开"段落"面板，❶单击右上角的扩展按钮，❷在展开的面板菜单中执行"段落线"命令，如下图所示。

122

5.3.3 为段落文本添加底纹效果

对于文档中的段落文本，可以为其指定不同的底纹效果。要为段落文本添加底纹效果，可以直接勾选"段落"面板中的"底纹"复选框进行设置，也可以在"段落"面板菜单中执行"底纹"命令，打开"底纹"对话框进行设置。

◎ 素材文件：随书资源\05\素材\09.indd
◎ 最终文件：随书资源\05\源文件\为段落文本添加底纹效果.indd

01 打开09.indd，应用"选择工具"选择需要添加底纹的段落文本，如下图所示。

02 打开"段落"面板，❶勾选"底纹"复选框，❷单击右侧的下拉按钮，❸在展开的色板中单击选择要应用的底纹颜色，如下图所示。

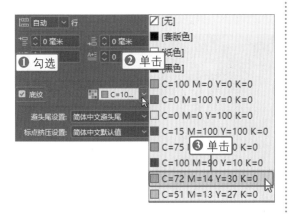

03 此时在文档中可以看到对所选段落文本应用了设置的底纹效果，如下图所示。

04 应用"选择工具"选中右侧需要添加底纹的段落文本框架，如下图所示。

05 打开"段落"面板，❶单击面板右上角的扩展按钮，❷在展开的面板菜单中执行"段落底纹"命令，如下图所示。

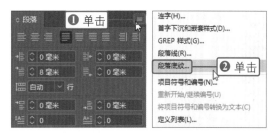

第 5 章

06 打开"段落底纹"对话框，❶勾选"应用底纹"复选框，❷在"颜色"下拉列表中选择底纹颜色，在"位移"选项组中设置底纹位移参数值，如下图所示。

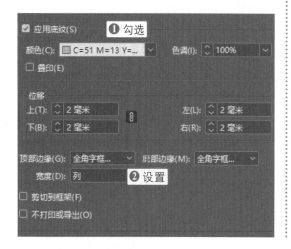

07 设置后单击"确定"按钮，对段落文字应用底纹效果。使用同样的操作方法，为左侧的文字也添加上白色的底纹，完成后的效果如下图所示。

5.3.4 | 去除已添加的底纹

对于已添加底纹的段落文本，也可以将底纹去除，只需要打开"段落底纹"对话框，并取消勾选"应用底纹"复选框，或者直接取消勾选"段落"面板中的"底纹"复选框，均可去除段落文本的底纹。

◎ 素材文件：随书资源\05\素材\10.indd
◎ 最终文件：随书资源\05\源文件\去除已添加的底纹.indd

01 打开10.indd，使用"选择工具"选中已经添加底纹的段落文本，如下图所示。

02 打开"段落"面板，单击取消"底纹"复选框的勾选状态，设置后效果如下图所示。

5.4 | 添加项目符号和编号

　　项目符号和编号都位于段落的开头，项目符号是以特殊的项目符号字符做为开头，而编号则以数字或字母作为开头。在InDesign中不能使用"文字工具"选择文档中的项目符号或编号，但是可以使用"项目符号和编号"对话框或"段落"面板来设置其格式和缩进间距等。

段落文本编辑

5.4.1 | 在页面中添加项目符号

　　项目符号是一种段落级文本格式，大多位于段落文本开始的位置。在InDesign中，可以应用"段落"面板菜单中的"项目符号和编号"命令在指定段落中添加项目符号，并且可以对已创建的项目符号做进一步的调整。

　◎ 素材文件：随书资源\05\素材\11.indd
　◎ 最终文件：随书资源\05\源文件\在页面中添加项目符号.indd

01 打开11.indd，应用"选择工具"单击选中需要添加项目符号的段落文本，如下图所示。

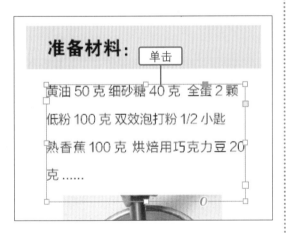

02 打开"段落"面板，❶单击右上角的扩展按钮 ▤，❷在展开的面板菜单中单击"项目符号和编号"命令，如下图所示。

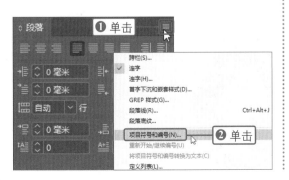

03 打开"项目符号和编号"对话框，❶在对话框中的"列表类型"下拉列表中选择"项目符号"，❷单击选中"项目符号字符"下的某一字符，❸输入"制表符位置"为3毫米，如下图所示。

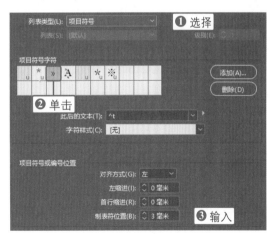

04 设置完成后单击"确定"按钮，返回文档窗口，为选中框架内的文本添加指定的项目符号，效果如下图所示。

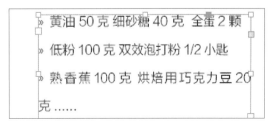

技巧提示

如果不想使用现有字体系列下的项目符号字符，可以将其他字体系列下的字符添加到"项目符号字符"选项中，方法为：单击"项目符号和编号"右侧的"添加"按钮，打开"添加项目符号"对话框，在对话框中选择需要应用的项目符号，单击"确定"按钮，即可将所选项目符号添加到"项目符号字符"选项中。

5.4.2　为段落文本添加编号

在处理文档时，为了更好地区别文字顺序，可以在段落文本前添加编号。在InDesign中，为文本添加编号就是在每一段文本的开始位置添加序号。如果向添加编号的文档中添加新段落或删除段落，其中的编号会自动更新。

◎ 素材文件：随书资源\05\素材\12.indd
◎ 最终文件：随书资源\05\源文件\为段落文本添加编号.indd

01 打开12.indd，应用"选择工具"单击选中需要添加项目符号的段落文本，如下图所示。

02 打开"段落"面板，❶单击右上角的扩展按钮，❷在展开的面板菜单中执行"项目符号和编号"命令，如下图所示。

03 打开"项目符号和编号"对话框，❶在对话框中的"列表类型"下拉列表中选择"编号"，❷单击"格式"下拉按钮，选择一种编号格式，❸设置"制表符位置"为7毫米，如下图所示。

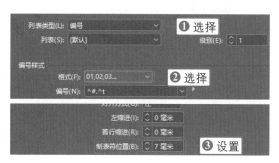

04 设置完成后单击"确定"按钮，返回文档窗口，可看到选中框架内的段落文本添加了指定的编号，效果如下图所示。

5.4.3 | 转换项目符号或编号为普通文本

　　添加项目符号或编号后，可以将这些项目符号和编号转换为普通文本，然后使用"文字工具"对这些文本进行编辑与设置。在InDesign中，使用"文字"菜单中的"将项目符号和编号转换为普通文本"命令，可快速完成项目符号、编号与文本之间的转换操作。

◎ 素材文件：随书资源\05\素材\13.indd
◎ 最终文件：随书资源\05\源文件\转换项目符号或编号为普通文本.indd

01 打开13.indd，使用"选择工具"选中添加了编号的段落文本，如下图所示。

03 将段落中的编号转换为普通文本，使用"文字工具"选中部分编号，更改颜色，效果如下图所示。

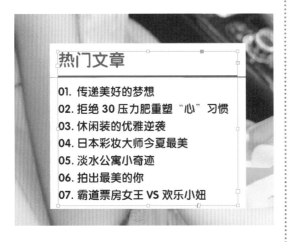

02 执行"文字>项目符号列表和编号列表>将编号转换为文本"菜单命令，如下图所示。

5.4.4 | 删除创建的项目符号和编号

　　在InDesign中，也可以将段落中添加的项目符号和编号删除。通过执行"移去项目符号"或"移去编号"菜单命令，即可去掉段落中已经添加的项目符号或编号。

◎ 素材文件：随书资源\05\素材\14.indd
◎ 最终文件：随书资源\05\源文件\删除创建的项目符号和编号.indd

01 打开14.indd，使用"选择工具"单击选中需要删除项目符号的文本框架，如下图所示。

02 执行"文字>项目符号列表和编号列表>移去项目符号"菜单命令，移去段落文本中的项目符号，效果如下图所示。

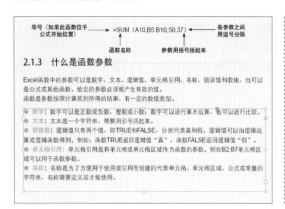

第 5 章

5.5 使用段落样式

段落样式包括字符和段落格式属性，它既可应用于一个段落，也可应用于某一范围内的段落。InDesign提供了一个专门用于创建和编辑段落样式的"段落样式"面板，通过单击面板中的按钮或执行面板菜单命令，可以在文档中创建多种不同的段落样式。

5.5.1 创建并应用段落样式

使用"段落样式"面板可以轻松创建段落样式。创建段落样式后，如果要将创建的段落样式应用于选择的段落文本，只需要单击"段落样式"面板中的样式名即可。

◎ 素材文件：随书资源\05\素材\15.indd
◎ 最终文件：随书资源\05\源文件\创建并应用段落样式.indd

01 打开一个空白文档，执行"文字>段落样式"菜单命令，打开"段落样式"面板，❶单击右上角的扩展按钮■，❷在展开的面板菜单中执行"新建段落样式"命令，如下图所示。

02 打开"新建段落样式"对话框，展开"常规"选项卡，在选项卡右侧的"样式名称"文本框中输入段落样式的名称为"绘制步骤"，其他选项不变，如下图所示。

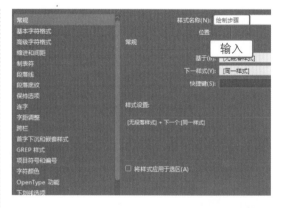

03 若要设置更多的样式，可以单击左侧的选项标签，展开相应的选项卡进行设置。❶单击"段落底纹"标签，❷在展开选项卡中勾选"应用底纹"复选框，设置底纹选项，如下图所示。

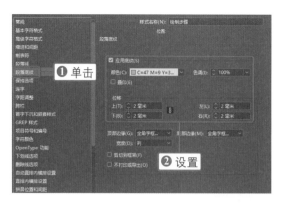

❶ 单击

❷ 设置

04 设置完成后单击"确定"按钮，返回"段落样式"面板，在面板中可以看到新建的段落样式"绘制步骤"，如右图所示。

06 单击"段落样式"面板中创建的样式，即可对段落文字应用该样式，效果如下图所示。

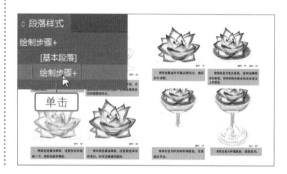

单击

05 打开15.indd素材文档，在文档中选中要应用样式的段落文本框架，如下图所示。

5.5.2 更改段落样式

对于"段落样式"面板中已有的样式，可以双击样式名称，或者在选择样式后从"样式"面板菜单中选择"样式选项"命令，打开"段落样式选项"对话框，更改段落样式属性。更改段落样式后，文档中所有应用该样式的段落文本都会随之改变。

◎ **素材文件：**随书资源\05\素材\16.indd
◎ **最终文件：**随书资源\05\源文件\更改段落样式.indd

01 打开16.indd，打开"段落样式"面板，双击面板中的"作品介绍"段落样式，如下图所示。

双击

02 打开"段落样式选项"对话框，单击"段落线"标签，在展开的选项卡中设置"颜色"为绿色，如下图所示。

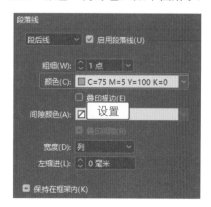

设置

03 单击"确定"按钮，更改段落样式，返回文档窗口，文档中应用该样式的黑色段落线变为了绿色，效果如右图所示。

5.5.3 删除已有段落样式

对于"段落样式"面板中多余的段落样式，可以将它删掉。单击"段落样式"面板底部的"删除选定样式/组"按钮，可以删除选定的段落样式；执行"段落样式"面板菜单中的"删除样式"命令也可以删除段落样式。删除段落样式时，可以选择用其他的样式来替换被删除的段落样式。

01 继续上小节操作，打开"段落样式"面板，❶选中需要删除的段落样式，❷单击"删除选定样式/组"按钮🗑，如右图所示。

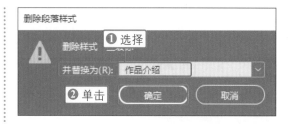

02 打开"删除段落样式"对话框，❶在对话框中选择用来替换前面所选样式的样式，❷单击"确定"按钮，如下图所示。

03 返回"段落样式"面板，在面板中可看到选中样式已被删除，效果如右图所示。

实 | 例 | 演 | 练——网站页面设计

应用InDesign的文字编辑功能，可以完成各种风格的网站页面排版设计。本实例将学习制作一个美食类网站页面，首先应用"文字工具"绘制文本框并导入段落文本，为其设置合适的字体与大小，然后为段落文本添加段落线，并在对应的食品文字介绍信息中添加项目符号和编号，突出食物的层次关系等，完成后的效果如下图所示。

扫码看视频

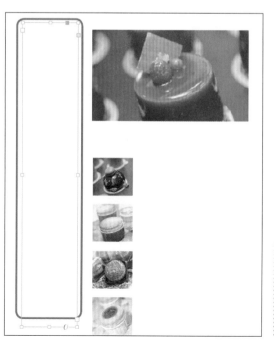

◎ 素材文件：随书资源\05\素材\
　　17.indd、菜品分类.doc
◎ 最终文件：随书资源\05\源文件\
　　网站页面设计.indd

01 打开17.indd，选择"文字工具"，在页面中绘制文本框，如下图所示。

02 执行"文件>置入"菜单命令，打开"置入"对话框，❶在对话框中单击选择文档，❷单击"打开"按钮，如下图所示。

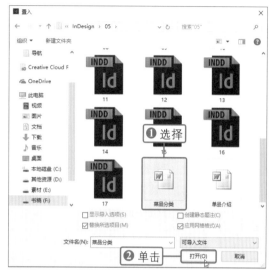

03 返回文档窗口，在绘制的文本框中置入"菜品分类.doc"，如下图所示。

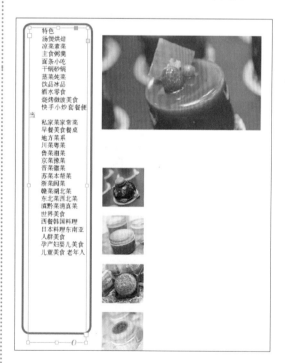

04 应用"字符"面板调整文字属性，并为文本设置不同的颜色，如下图所示。

第
5
章

05 打开"段落"面板，❶单击右上角的扩展按钮▤，❷在展开的面板菜单中执行"段落线"命令，如下图所示。

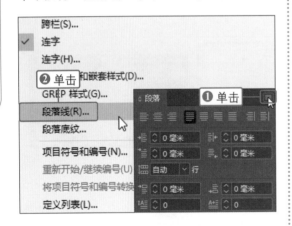

06 打开"段落线"对话框，在对话框中选择"段后线"，勾选"启用段落线"复选框，如右图所示。

07 启用段落线，❶设置段落线"粗细"为0.5点、"类型"为虚线，❷设置"位移"为0.5毫米，其他参数不变，如下图所示。

08 单击"段落线"对话框中的"确定"按钮，应用设置为选中的段落文本添加段落虚线效果，如下图所示。

09 选择"文字工具"，在页面右侧单击并拖动，绘制文本框，并在文本框中输入段落文字，结合"字符"面板设置文字属性，如下图所示。

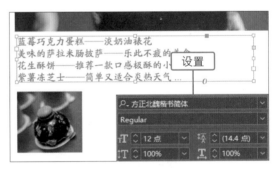

10 打开"段落"面板，❶单击右上角的扩展按钮▤，❷在展开面板菜单中执行"项目符号和编号"命令，如下图所示。

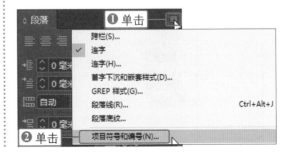

11 打开"项目符号和编号"对话框，❶选择列表类型为"编号"，❷然后选择一种编号样式，❸设置"制表符位置"为8毫米，如下图所示。

12 设置后单击"确定"按钮，应用设置为选中的段落文字添加编号，效果如下图所示。

13 结合"文字工具"和"字符"面板，在页面右侧的蛋糕图像旁边绘制文本框，并输入文字，如下图所示。

14 打开"段落"面板，设置"首行左缩进"值为8毫米，如右图所示。

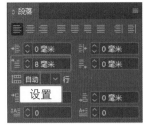

15 根据设置，对选中的段落文本应用首行缩进效果，如下图所示。

16 使用"文字工具"单击并拖动选中标题文字"蓝莓巧克力蛋糕"，如下图所示。

第
5
章

17 打开"段落"面板，❶单击面板右上角的扩展按钮▤，❷在展开的面板菜单中执行"项目符号和编号"命令，如下图所示。

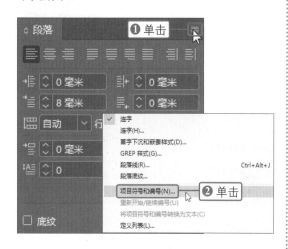

18 打开"项目符号和编号"对话框，❶在对话框中选择列表类型为"项目符号"，❷单击"添加"按钮，如下图所示。

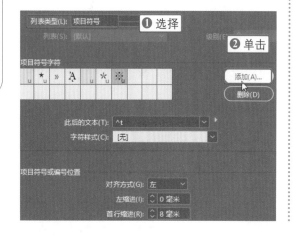

19 打开"添加项目符号"对话框，单击"字体系列"下拉按钮，❶在展开的下拉列表中选择Webdings字体系列，❷在该字体中单击选中要添加的项目符号，❸单击"添加"按钮，如下图所示。

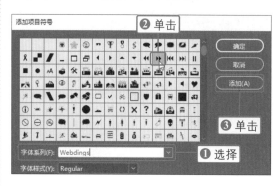

20 将选中的项目符号添加到"项目符号字符"之中，❶单击添加的项目符号字符，❷输入"制表符位置"为9毫米，单击"确定"按钮，添加项目符号。应用同样的方法完成更多段落文本的设置，最终效果如下图所示。

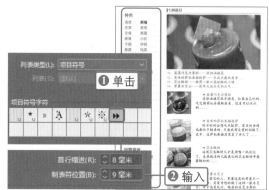

实|例|演|练——时尚杂志内页设计

在杂志内页中，如果需要对不同页面中的对象应用相同的字符或段落样式，可以使用InDesign中的样式功能进行编辑。本实例通过在"字符样式"和"段落样式"面板中分别创建文档中需要应用的字符和段落样式，然后使用"文字工具"在文档中输入文字，并选取文字，对其应用相应的字符和段落样式，完成页面的版式设计，效果如下图所示。

扫码看视频

◎ 素材文件：随书资源\05\素材\18.indd
◎ 最终文件：随书资源\05\源文件\时尚杂志内页设计.indd

01 打开18.indd，选择"文字工具"，在左侧的图像上绘制文本框，输入文字"毕业入职场穿搭得提早准备"，设置文字颜色为白色，如下图所示。

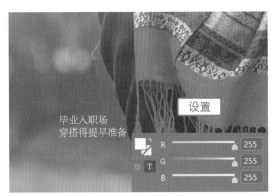

02 确定"文字工具"为选中状态，在文字"毕业入职场"上方单击并拖动，选中文字，在工具选项栏中更改文字字体、大小等，调整文字效果，如下图所示。

03 使用"文字工具"在文字"穿搭得提早准备"上单击并拖动，选中文字，在工具选项栏中更改文字字体、大小等，调整文字效果，如下图所示。

04 应用"选择工具"单击选中段落文字，打开"段落"面板，单击面板中的"居中对齐"按钮 ，对齐文本，如下图所示。

05 使用相同的方法，在页面下方输入更多的文字，然后使用"选择工具"选中中间一段文本，如下图所示。

06 打开"段落"面板，设置"首字下沉行数"为2、"首字下沉一个或多个字符"为1，如下图所示，为文本应用首字下沉效果。

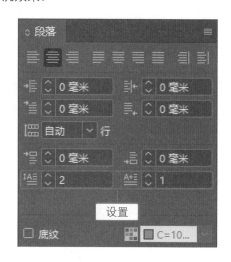

07 打开"字符样式"面板，❶单击右上角的扩展按钮 ，❷在展开的面板菜单中执行"新建字符样式"命令，如下图所示。

08 打开"新建字符样式"对话框，❶单击"基本字符格式"标签，切换到"基本字符格式"选项卡，❷在"样式名称"文本框中输入"数字"，❸在选项卡中设置字体系列、字体大小等选项，如下图所示。

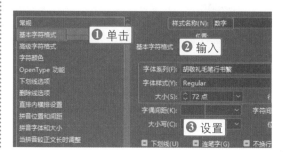

09 单击"字符颜色"标签，切换到"字符颜色"选项卡，在颜色列表中单击选择字符颜色，如下图所示，单击"确定"按钮，完成"数字"字符样式的创建。

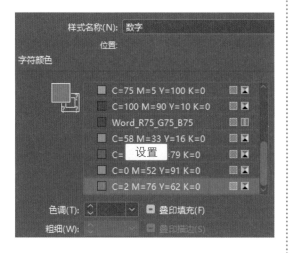

10 继续在"字符样式"面板中单击扩展按钮，在面板菜单中执行"新建字符样式"命令，打开"新建字符样式"对话框，❶在对话框中输入样式名为"英文"，❷单击"基本字符格式"标签，切换到"基本字符格式"选项卡，❸设置字体和字体大小，如下图所示。

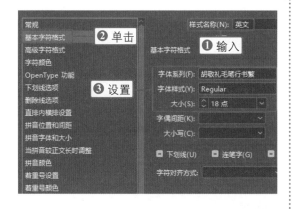

11 设置完成后，单击"确定"按钮，在"字符样式"面板中得到"数字"和"英文"样式，如右图所示。

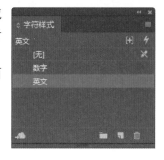

12 打开"段落样式"面板，❶单击右上角的扩展按钮，❷在展开的面板菜单中执行"新建段落样式"命令，如下图所示。

13 打开"新建段落样式"对话框，❶输入样式名称为"搭配建议"，❷在"基本字符格式"选项卡中设置字体系列、字体大小等选项，如下图所示。

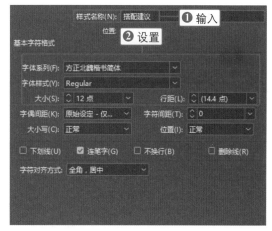

14 ❶在"新建段落样式"对话框中单击"缩进和间距"标签，切换到"缩进和间距"选项卡，❷输入"首行缩进"为8毫米，如下图所示。

15 ❶在"新建段落样式"对话框中单击"首字下沉和嵌套样式"标签，❷在展开的选项卡中设置首字下沉"行数"为2、"字数"为1，如下图所示。

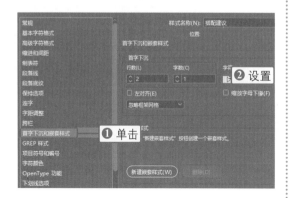

16 ❶在"新建段落样式"对话框中单击"字符颜色"标签，切换到"字符颜色"选项卡，❷单击颜色列表中的"纸色"色板，如下图所示，设置后单击"确定"按钮，完成"搭配建议"样式的创建。

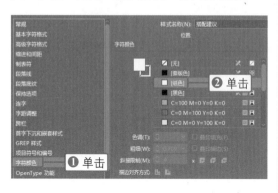

17 在面板菜单中再次执行"新建段落样式"命令，打开"新建段落样式"对话框，❶输入样式名为"服饰介绍"，❷单击"基本字符格式"标签，❸在展开的选项卡中选择字体、大小等，如下图所示。

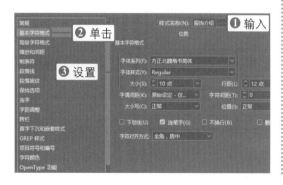

18 ❶在"新建段落样式"对话框中单击"缩进和间距"标签，切换到"缩进和间距"选项卡，❷选择对齐方式为"居中"，如下图所示。

19 ❶在"新建段落样式"对话框中单击"段落底纹"标签，切换到"段落底纹"选项卡，❷勾选"应用底纹"复选框，设置底纹颜色和位移值，如下图所示，完成后单击"确定"按钮。

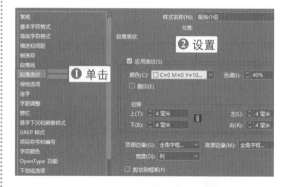

20 返回"段落样式"面板，在面板中得到"服饰介绍"和"搭配建议"两种段落样式，如右图所示。

21 使用"文字工具"在人物图像左上角位置单击并拖动鼠标，绘制多个文本框，并输入相应的段落文字，如下图所示。

22 使用"选择工具"选中数字1，单击"字符样式"面板中的"数字"样式，对文字应用该样式效果，如下图所示。

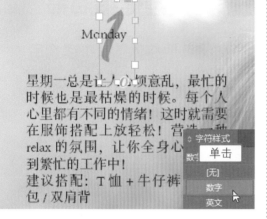

23 使用"选择工具"选中英文"Monday"文本框架，单击"字符样式"面板中的"英文"样式，对文字应用该样式效果，如下图所示。

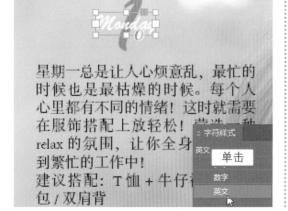

24 使用"选择工具"选中"1"下方的段落文本框架，单击"段落样式"面板中的"搭配建议"样式，应用该段落样式，效果如下图所示。

25 选中段落中的第二段文字，打开"段落"面板，设置"首字下沉行数"为0、"首字下沉一个或多个字符"为0，删除首字下沉效果，如下图所示。

26 应用"文字工具"选中第一段第一个字"星"，在选项栏中更改文字字体为"李旭科毛笔行书"，如下图所示。

27 选择工具箱中的"矩形工具"，❶在文字"星"上方绘制一个矩形，选中矩形下方的段落文本，❷执行"对象>排列>置于顶层"菜单命令，将段落文本移至图形上方，如下图所示。

28 选用"文字工具"，在右侧的图像上绘制文本框，输入对应的文字信息，选取文本对象，结合"字符样式"和"段落样式"编辑文字，完成杂志内页的排版，如下图所示。

实|例|演|练——制作夏季特卖会促销海报

商场促销海报要将活动内容清楚地表现出来，就需要应用到文字。本实例将学习制作促销海报，使用"文字工具"在页面中输入文字，应用"段落"面板将段落文字设置为居中对齐，并在需要着重显示的标题文字下方添加蓝色底纹，以吸引消费者的眼球，效果如下图所示。

扫码看视频

◎ 素材文件：随书资源\05\素材\19.indd、20.ai
◎ 最终文件：随书资源\05\源文件\制作夏季特卖会促销海报.indd

01 打开19.indd，使用"文字工具"在页面左上角绘制文本框，输入文字，如下图所示。

02 分别选取两排文字，打开"字符"面板，在面板中为文字设置不同的字体、大小等属性，如下图所示。

03 使用"文字工具"在文档右上角绘制文本框，输入文字，结合"字符"面板调整文字属性，如下图所示。

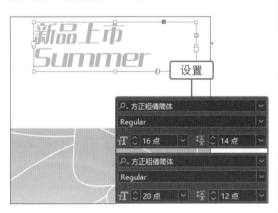

04 应用"选择工具"单击选中右上角的绿色文本，打开"段落"面板，单击面板中的"右对齐"按钮，对齐段落文本，如下图所示。

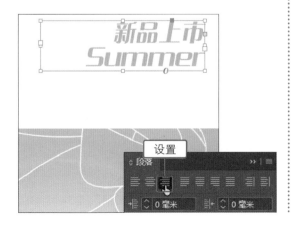

05 使用"文字工具"在对齐的文字右边再绘制一个文本框，输入文字"夏"，并结合工具选项栏，调整输入文字的字体和大小，如下图所示。

06 使用"文字工具"在文档中间位置单击并拖动鼠标，绘制一个文本框，在文本框中输入活动内容，根据版面适当调整文字属性，得到如下图所示的效果。

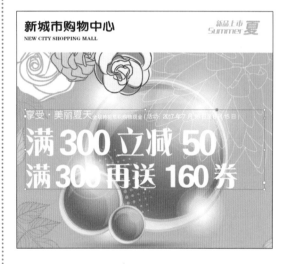

07 应用"选择工具"单击选中文本框，打开"段落"面板，单击面板中的"居中对齐"按钮，对齐段落文本，如下图所示。

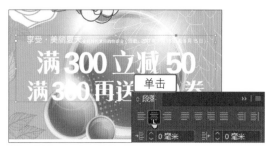

08 打开"段落"面板，❶单击右上角的扩展按钮▤，❷在展开的面板菜单中执行"段落底纹"命令，如下图所示。

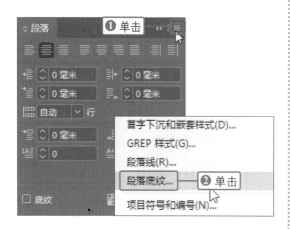

09 打开"段落底纹"对话框，❶在对话框中勾选"应用底纹"复选框，❷然后设置底纹颜色和位移值，如下图所示。

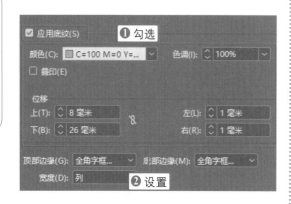

10 单击"确定"按钮，为选中的段落文本添加蓝色底纹，并调整段落文本框架同页面宽度一致，效果如下图所示。

11 继续使用"文字工具"在文档下方输入文字，并设置为相同的居中对齐效果，然后使用"文字工具"选中其中一排文字，如下图所示。

12 打开"段落"面板，❶单击右上角的扩展按钮▤，❷在展开的面板菜单中执行"段落线"命令，如下图所示。

13 打开"段落线"对话框，❶在对话框中勾选"启用段落线"复选框，启用段落线条，❷设置段落线"粗细"为2点、颜色为"文本颜色"，如下图所示。

14 设置完成后单击"确定"按钮，返回文档，即可看到在选中的段落文本上方添加的段落线效果，如下图所示。

15 单击"文字工具"按钮，在下面的3排文字上单击并拖动，选中段落文本，使其反相显示，如下图所示。

16 在"段落"面板菜单中执行"段落线"命令，打开"段落线"对话框，选择"段后线"，❶勾选"启用段落线"复选框，启用段落线条，❷然后在下方设置段落线粗细、颜色等选项，如下图所示。

17 单击"确定"按钮，返回文档，应用设置的选项，在选中的段落文本下方添加段落线，效果如下图所示。

18 使用文字工具和图形绘制工具在文档中绘制矩形和线条，修饰版面效果，最后在矩形上方置入20.ai鞋子素材，完成本实例的制作，如下图所示。

第 **6** 章

在InDesign中编辑文档时，为文档中的对象设置不同的颜色可以丰富版面效果。用户可以直接使用软件预设的颜色填充对象，也可以根据实际需求重新定义颜色，并为对象应用填充或描边。本章主要介绍如何应用"色板""颜色"和"渐变"面板设置和应用颜色。

06

颜色管理与应用

6.1 使用"色板"面板

InDesign中预设了一些颜色，如黑色、套版色、纸色、青色、洋红色等，这些颜色均排列在"色板"面板中。在编辑文档时，可以应用"色板"中的颜色为图形或文字填充颜色，也可以根据需要自定义色板颜色用于对象的填充或描边设置。

6.1.1 创建颜色色板

用户可以应用"色板"面板中的预设颜色填充或描边对象，也可以创建新的颜色色板进行颜色的应用。在InDesign中，既可通过单击"色板"面板中的"新建色板"按钮创建，也可以执行面板菜单中的"新建颜色色板"命令创建新的颜色色板。

01 新建一个空白文档，打开"色板"面板，在面板中选中一种预设颜色，按住Alt键不放，单击面板下方的"新建色板"按钮■，如下图所示。

02 打开"新建颜色色板"对话框，❶在对话框中根据需要设置具体的颜色值，❷设置后单击"确定"按钮，如下图所示。

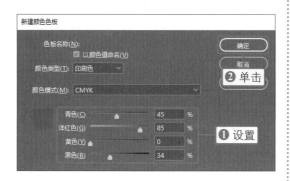

03 返回"色板"面板，可以看到新建色板位于"色板"面板原色板之下，如下图所示。

04 ❶单击"色板"面板右上角的扩展按钮■，❷在展开的面板菜单中执行"新建颜色色板"命令，如下图所示。

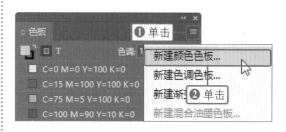

05 打开"新建颜色色板"对话框，❶在对话框中设置颜色名称和具体的颜色值，❷设置后单击"确定"按钮，如下图所示。

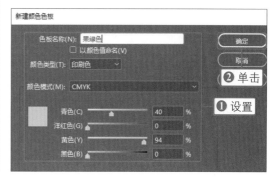

06 返回"色板"面板，可以看到新建的"果绿色"色板，如右图所示。

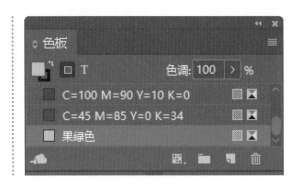

6.1.2 根据对象的颜色创建色板

在InDesign中，除了可以定义任意颜色色板，也可以根据选择的对象创建相应的颜色色板。如果所选对象为渐变颜色，则创建的色板为渐变色板；如果所选对象为纯色，则创建的色板为单色色板。

◎ 素材文件：随书资源\06\素材\01.indd
◎ 最终文件：随书资源\06\源文件\根据对象的颜色创建色板.indd

01 打开01.indd，应用"选择工具"单击文档中的对象，如下图所示。

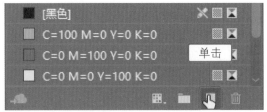

03 根据所选对象的填充颜色，创建新色板，此时在"色板"面板下方将显示新建的色板，如下图所示。

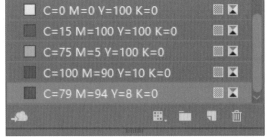

02 打开"色板"面板，单击面板中的"新建色板"按钮，如下图所示。

6.1.3 编辑与存储色板

在InDesign中，可以应用"色板选项"对话框更改默认在新文档中显示的色板，并且还能编辑混合油墨色板，以在混合油墨组时提供附加选项。更改"色板"面板中的颜色后，可以将调整后的色板存储起来，以便下次应用相同的颜色编辑对象。

◎ 素材文件：随书资源\06\素材\02.indd
◎ 最终文件：随书资源\06\源文件\花朵配色.ase

01 打开02.indd，打开"色板"面板，在面板中双击任意一种颜色，如下图所示，打开"色板选项"对话框。

02 打开"色板选项"对话框，❶在对话框中的"色板名称"文本框中输入"橙色"，❷设置颜色模式为RGB，拖动颜色滑块，设置颜色，如下图所示。

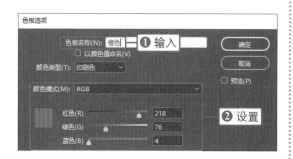

03 设置完成后单击"确定"按钮，返回"色板"面板，在面板中可看到编辑后的色板名称和色板，如下图所示。

04 ❶单击"色板"面板右上角的扩展按钮▤，❷在展开的面板菜单中执行"存储色板"命令，如下图所示。

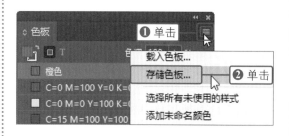

05 打开"另存为"对话框，❶在对话框中设置色板存储的位置和色板名称，❷单击"保存"按钮，如下图所示。

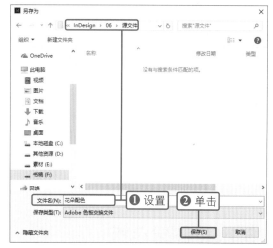

06 存储色板后，打开存储色板的文件夹，即可看到新存储的色板文件，如下图所示。

颜色管理与应用

147

6.1.4 | 导入色板

在InDeisgn中，可以通过执行"色板"面板菜单中的"载入色板"命令，从其他InDesign、Illustrator或Photoshop创建的文件中导入颜色和渐变，并将所有或部分色板添加到"色板"面板中。

◎ 素材文件：随书资源\06\素材\02.indd
◎ 最终文件：无

01 新建一个空白文档，打开"色板"面板，❶单击右上角的扩展按钮▤，❷在展开的面板菜单中执行"载入色板"命令，如下图所示。

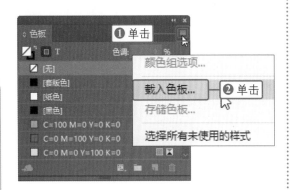

03 返回"色板"面板，即可在面板下方看到新载入的颜色，如下图所示。

02 打开"打开文件"对话框，❶在对话框中选择02.indd文件，❷单击"打开"按钮，如下图所示。

6.1.5 | 删除色板

在InDesign中，用户可以根据需要对"色板"中的颜色进行任意的添加与删除操作。删除已应用于文档中对象的色板时，软件会提示用户为删除的色板颜色指定一个现有色板或未命名色板。在"色板"面板中选中相应色板后，单击面板下方的"删除选定的色板/组"按钮或执行面板菜单中的"删除色板"命令都可以删除该色板。

◎ 素材文件：随书资源\06\素材\02.indd
◎ 最终文件：无

第 6 章

01 打开02.indd，打开的文档效果如下图所示。

02 打开"色板"面板，选中要删除的色板，单击下方的"删除选定的色板/组"按钮🗑，如下图所示。

03 单击按钮后，删除"色板"面板中选中的色板颜色，效果如下图所示。

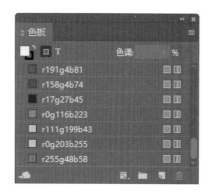

技巧提示

在"色板"面板中选中颜色色板，将其拖动到"删除选定的色板/组"按钮上，释放鼠标后同样可以删除色板。删除色板时不能删除文档中置入图形所使用的专色，如果一定要删除，需要先将图形删除后再删除图形中使用的专色。

6.1.6 │ 使用"颜色"面板创建色板

在InDesign中，还可以应用"颜色"面板菜单中的"添加到色板"按钮，将面板中所设置的颜色添加到"色板"面板中。

01 创建一个空白文档，打开"颜色"面板，在面板菜单中选择颜色模式为CMYK，然后拖动下方的颜色滑块，设置颜色，如下图所示。

02 在"颜色"面板中单击右上角的扩展按钮☰，在展开的面板菜单中执行"添加到色板"命令，如下图所示。

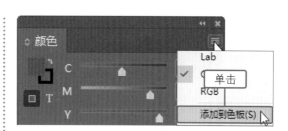

03 将"颜色"面板中设置的颜色添加到"色板"面板，新创建的色板将显示于原色板下方，如下图所示。

6.2 颜色的应用

在InDesign中，可以通过工具箱、工具选项栏、"色板"和"颜色"面板、"拾色器"对话框等为对象应用颜色。使用这些工具应用颜色时，可以指定将颜色应用于对象的描边还是填色，如果将颜色应用于描边，则会将颜色填充于对象的轮廓线条，如果指定为填充，则会为对象填充相应颜色。

6.2.1 使用拾色器选择颜色

使用"拾色器"可以从色域中选择颜色，或设置具体参数值指定颜色，从而快速更改图形或文本的颜色。双击工具箱或"颜色"面板中的"填色"或"描边"框，均可以打开"拾色器"对话框，在对话框中可以使用RGB、Lab或CMYK颜色模型来定义和设置颜色。

◎ 素材文件：随书资源\06\素材\03.indd
◎ 最终文件：随书资源\06\源文件\使用拾色器选择颜色.indd

01 打开03.indd，应用"文字工具"选中文字对象"精通"，如下图所示。

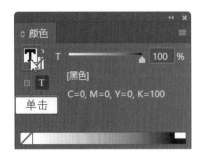

02 打开"颜色"面板，双击面板中的"填色"框，如下图所示。

03 打开"拾色器"对话框，❶在对话框中设置具体的颜色值，❷单击"确定"按钮，如下图所示。

04 即可为所选文字应用设置的颜色，效果如下图所示。

6.2.2 | 使用"颜色"面板应用颜色

在InDesign中，可以通过"颜色"面板混合颜色，并将混合后的颜色作用于所选的对象。在"颜色"面板中设置颜色后，可以将其添加到"色板"面板，以便将其应用到不同的对象上。

◎ 素材文件：随书资源\06\素材\04.indd
◎ 最终文件：随书资源\06\源文件\使用"颜色"面板应用颜色.indd

01 打开04.indd，使用"选择工具"选中需要调整颜色的对象，如下图所示。

03 拖动颜色滑块后，可以看到所选对象应用了"颜色"面板中设置的新颜色，效果如右图所示。

02 打开"颜色"面板，在面板中单击"填色"框，然后拖动下方的颜色滑块设置颜色，如下图所示。

> **技巧提示**
>
> 在设置颜色时，如果显示"超出色域警告"图标⚠，并且用户也希望使用与最初指定的颜色最接近的CMYK颜色值，则可以单击警告图标旁边的小颜色框，修复颜色。

6.2.3 | 使用"吸管工具"应用颜色

在InDesign文档中为文本或图形填充或描边后，如果想要快速应用文档中已使用过的颜色，可以使用"吸管工具"吸取颜色。使用"吸管工具"可以复制InDesign文档中的任何对象的填色和描边属性。默认情况下，运用"吸管工具"在对象上单击时，将会载入对象的所有可用的填色和描边属性，并为任何新绘制对象设置默认填色和描边属性。

◎ 素材文件：随书资源\06\素材\05.indd
◎ 最终文件：随书资源\06\源文件\使用"吸管工具"应用颜色.indd

01 打开05.indd，应用"选择工具"选中文档中需要更改其填充颜色的对象，如下图所示。

03 此时将显示一个加载了属性的吸管，并会自动将所单击对象的填色和描边属性应用于所选对象，如下图所示。

02 单击工具箱中的"吸管工具"按钮 🖋，单击要将其填色和描边属性作为样本的任何对象，如下图所示。

6.2.4 | 创建颜色主题并应用颜色

使用"颜色主题工具"可以从InDesign文档的选定区域、图像或对象中创建颜色主题。应用"颜色主题工具"所创建的颜色主题由5种不同的颜色组成，用户可以将单个颜色或主题应用于新对象，也可以将主题中的颜色添加到"色板"面板。

◎ 素材文件：随书资源\06\素材\06.indd、07.indd
◎ 最终文件：随书资源\06\源文件\创建颜色主题并应用颜色.indd

01 打开06.indd，右击工具箱中的"吸管工具"按钮，在展开的工具组中单击选择"颜色主题工具"，如下图所示。

02 单击文档中需要提取为颜色主题的部分，软件会自动创建颜色主题，如下图所示。

03 打开07.indd，应用"选择工具"选择一个对象，单击选择"颜色主题"工具栏上的一种颜色，如下图所示。

04 将鼠标指针移到需要应用颜色的对象上，当鼠标指针变为吸管形状时，单击即可对所选对象应用主题颜色，如下图所示。

05 单击"颜色主题"工具右侧的"将当前颜色主题添加到色板"按钮，如下图所示。

06 将选定颜色主题下的所有颜色都添加到"色板"面板，并在面板下方对应的"彩色_主题"色板，如下图所示。

6.2.5 | 移去填色或描边颜色

对于已经设置填充或描边颜色的对象，可以移去填充和描边颜色。只需要选中对象后，在"色板"面板中选择"无"选项，或者单击工具箱中的"无"按钮，即可快速移除填充或描边颜色。

◎ 素材文件：随书资源\06\素材\08.indd
◎ 最终文件：随书资源\06\源文件\移去填色或描边颜色.indd

01 打开08.indd，应用"选择工具"选择要移去其颜色的对象，如下图所示。

02 打开"色板"面板，这里要移去填充色，单击"填色"框，然后单击下方的"无"色板，此时可以看到文档中选中对象的填充颜色被移去，如下图所示。

6.3 渐变颜色的设置

渐变是两种或多种颜色之间或同一颜色的两个色调之间的逐渐混和。渐变主要是通过渐变条中的一系列色标定义的，并由渐变条下的彩色方块标示。在InDesign中，既可以应用"色板"面板创建渐变，也可以应用"渐变"面板指定渐变色标颜色和位置，创建渐变。

6.3.1 创建渐变色板

在InDesign中可以使用处理纯色和色调的"色板"面板来创建、命名和编辑渐变。应用"色板"面板创建渐变的操作方法与创建纯色色板的方法类似。

01 创建空白文档，打开"色板"面板，❶单击右上角的扩展按钮▤，❷在展开的面板菜单中执行"新建渐变色板"命令，如下图所示。

02 打开"新建渐变色板"对话框，❶在对话框中输入渐变的名称为"云层渐变"，❷选择"类型"为"线性"，如下图所示。

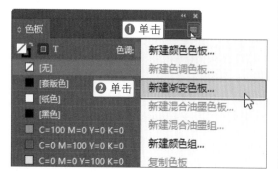

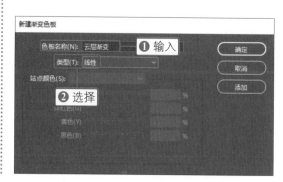

第6章

03 单击选择渐变中的第一个色标，激活颜色滑块，❶选择颜色模式，❷输入颜色值或拖动滑块，设置颜色，如下图所示。

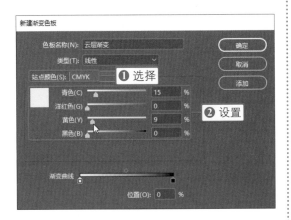

04 单击选择渐变条右侧的色标，此时选择"站点颜色"为"色板"，单击色板列表中的颜色，如下图所示。

05 设置渐变色后，调整渐变中点位置，单击选中渐变条上方的菱形图标，将其拖到需要设置的中点位置，如下图所示。

06 完成设置后单击"确定"按钮，设置的渐变连同其名称将存储并显示在"色板"面板中，如下图所示。

颜色管理与应用

技巧提示

在"新建渐变色板"对话框中，在渐变条下方单击，可以添加渐变色标；若要删除渐变条上的色标，则单击选中色标，并将其拖动到旁边空白区域即可。

6.3.2 使用"渐变"面板来应用未命名的渐变

除了使用"色板"面板，还可以使用"渐变"色标来创建和编辑渐变颜色。执行"窗口>颜色>渐变"菜单命令，即可打开"渐变"面板，在面板中可以为不同的色标指定合适的颜色，并且可以随时将当前渐变添加到"色板"面板中。

01 执行"窗口>颜色>渐变"菜单命令，或双击工具箱中的"渐变色板工具"按钮 ，打开"渐变"面板，如下图所示。

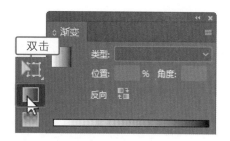

02 将鼠标指针移到渐变条上，在渐变条最左侧位置单击，添加色标，定义渐变的起始颜色，如下图所示。

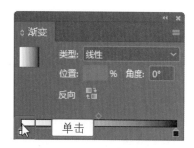

03 打开"颜色"面板，在面板中单击并拖动颜色滑块，设置颜色，如下图所示。

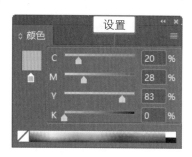

04 返回"渐变"面板，可看到起始位置的色标颜色的变化，如下图所示。

05 将鼠标指针移到右侧的色标位置，单击选中色标，定义渐变的终止颜色，如下图所示。

06 打开"颜色"面板，选择一种颜色模式，单击并拖动颜色滑块，设置颜色，如下图所示。

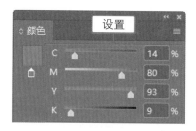

07 返回"渐变"面板，可以看到起始位置的色标颜色变为所设置的颜色，如下图所示。

08 单击"类型"右侧的下拉按钮，在展开的列表中选择"径向"选项，设置渐变类型，如下图所示。

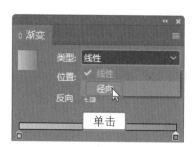

6.3.3 | 在"渐变"面板中修改渐变

对于已经设置的渐变颜色，可以通过添加颜色以创建多色渐变或者通过调整色标和中点位置来修改渐变。若该渐变色已应用于对象填色，修改渐变时可通过对象即时预览渐变效果。

01 打开"渐变"面板，移动鼠标指针至渐变条中间需要添加色标的位置，如下图所示。

02 单击鼠标定义一个新色标，新色标将由现有渐变上该位置处的颜色值自动定义，如下图所示。

03 双击工具箱中的"填色"框，打开"拾色器"对话框，设置颜色，返回"渐变"面板，查看新的色标颜色，如下图所示。

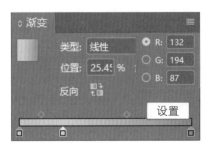

04 将鼠标指针移至渐变条的另一位置单击，添加新的色标，如下图所示。

05 打开"颜色"面板，在面板中单击并拖动颜色滑块，设置颜色，如下图所示。

06 返回"渐变"面板，应用设置的颜色，单击"反向"按钮，反转渐变方向，如下图所示。

技巧提示

编辑渐变时，如果要应用"色板"面板中已有的颜色创建渐变，可以选中"色板"面板中的色板颜色，然后将其拖动至"渐变"面板中的色标上。

6.3.4 | 使用"渐变色板工具"调整渐变

　　为文档中的对象填充了渐变后，可以使用"渐变色板工具"调整渐变。使用"渐变色板工具"可以更改渐变的方向、渐变的起始点和结束点，还可以跨多个对象应用渐变。

◎ 素材文件：随书资源\06\素材\09.indd
◎ 最终文件：随书资源\06\源文件\使用"渐变色板工具"调整渐变.indd

01 打开09.indd，在工具箱中单击"选择工具"按钮，选中文档中已应用了渐变的对象，如下图所示。

02 单击工具箱中的"渐变色板工具"按钮 ▣，将其置于要定义渐变起始点的位置，然后沿着要应用渐变的方向拖动，如下图所示。

03 当拖动到要定义为渐变结束点的位置后，释放鼠标，更改应用到对象上的渐变效果，如右图所示。

技巧提示

　　除了使用"渐变色板工具"调整渐变效果，也可以使用"渐变羽化工具"调整渐变，应用该工具可以沿拖动的方向柔化渐变。其操作方法与"渐变色板工具"命令方法相同，只需将鼠标指针置于要定义渐变起始点的位置，然后往要应用渐变的方向拖动即可。

6.3.5 | 将渐变应用于文本

在单个文本框架中，可以创建多个渐变文本范围。对文本框中的文本对象填充渐变颜色时，渐变的端点始终根据渐变路径或文本框架的定界框而对其进行定位，并显示各个文本字符所在位置的渐变颜色。如果调整文本框架的大小或进行其他可导致文本字符重排的更改，则会在渐变中重新分配字符，并且各个字符的颜色也会相应更改。

◎ 素材文件：随书资源\06\素材\10.indd
◎ 最终文件：随书资源\06\源文件\将渐变应用于文本.indd

01 打开10.indd，使用"文字工具"选中需要应用渐变颜色的文字对象，如下图所示。

02 打开"渐变"面板，单击面板下方的渐变条，激活渐变条，单击选中起始点色标，如下图所示。

03 双击工具箱中的"拾色器"按钮，打开"拾色器"对话框，在对话框中根据需要设置渐变颜色，如下图所示。

04 单击"确定"按钮，返回"渐变"面板，在面板中单击选中渐变条右侧的终点色标，如下图所示。

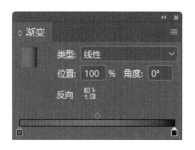

05 打开"颜色"面板，在面板中选择一种颜色模式，并拖动下方颜色滑块，设置色标颜色，如下图所示。

06 继续使用同样的方法添加色标并设置颜色，设置后可看到对所选文字应用对应的渐变色填充，效果如下图所示。

159

实 例 演 练——创建并定义颜色制作创意插画

在InDesign中，可以结合不同面板对图形、文本进行着色，并且可以将颜色存储下来，方便以后进行相同颜色的填充与描边设置。本实例学习制作节日活动插画，首先使用绘图工具绘制不同形状的图形，然后结合"颜色"和"色板"面板为绘制的图形填充颜色，使用"吸管工具"吸取图形颜色，并将其应用到不同的对象上，最终效果如下图所示。

扫码看视频

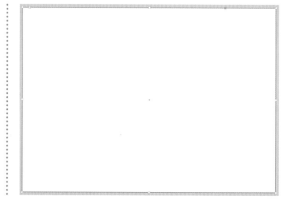

◎ 素材文件：随书资源\06\素材\11.ai
◎ 最终文件：随书资源\06\源文件\创建并定义颜色制作创意插画.indd

01 执行"文件>新建>文档"菜单命令，新建文档，使用"矩形工具"绘制一个与文档同等大小的矩形，如右图所示。

02 打开"颜色"面板，选择RGB颜色模式，设置颜色值为R227、G237、B236，为矩形填充颜色，如下图所示。

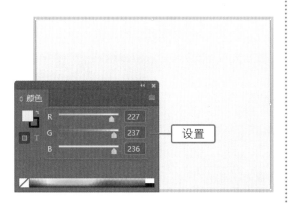

设置

技巧提示

　　默认情况下，当前选择的颜色在"颜色"面板中会以CMYK颜色模式显示颜色值，单击"颜色"面板右上角的扩展按钮，在展开的面板菜单中可选择除CMYK模式外的Lab和RGB颜色模式显示颜色值。

03 选中填充了颜色的矩形，打开"色板"面板，按住Alt键不放，单击"新建色板"按钮，如下图所示。

按住Alt键单击

04 打开"新建颜色色板"对话框，可以看到对话框中显示矩形的填充颜色值，单击"确定"按钮，如下图所示。

单击

05 根据设置创建新的色板，存储文档中使用的颜色信息，如下图所示。

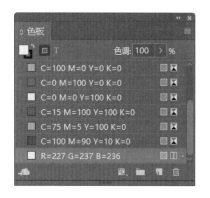

06 ❶在"色板"面板中选择"描边"框，❷单击下方的"无"色板，去除矩形描边颜色，如下图所示。

❶ 选择

❷ 单击

07 单击工具箱中的"钢笔工具"按钮，在文档中绘制一个云朵形状的图形，如下图所示。

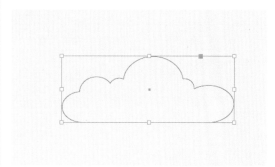

颜色管理与应用

08 打开"色板"面板，选择"填色"框，❶单击面板中的"纸色"色板，❷再选择"描边"框，单击"无"色板，如下图所示。

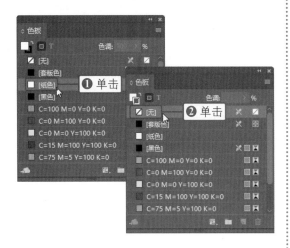

09 根据设置即可将绘制的云朵图形填充为白色，并去除描边颜色，效果如下图所示。

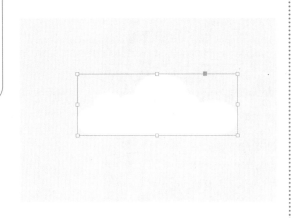

10 应用"选择工具"选中云朵图形，按住Alt键不放，单击并向右拖动图形，复制出另一个白色的云朵图形，如下图所示。

11 双击工具箱中的"填色"框，打开"拾色器"对话框，❶在对话框中输入颜色值为R128、G176、B173，❷单击"添加RGB色板"按钮，如下图所示。

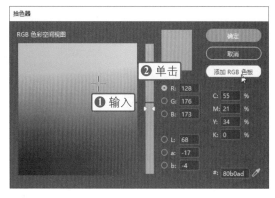

12 按住Alt键单击并拖动，复制一个云朵图形，并适当放大图形，如下图所示。

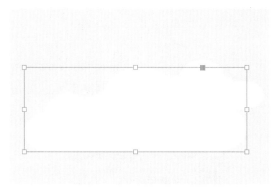

13 打开"色板"面板，单击面板中新创建的色板，更改云朵填充颜色，如下图所示。

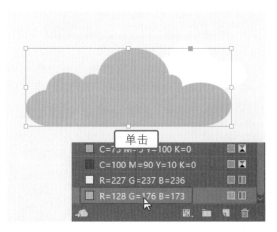

第6章

14 选用"椭圆工具"绘制正圆形，打开"颜色"面板，设置填充和描边颜色均为R196、G217、B135，填充图形，如下图所示。

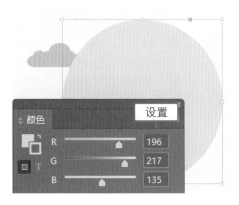

15 单击工具箱中的"钢笔工具"按钮，在圆形中间再绘制一个不规则图形，如下图所示。

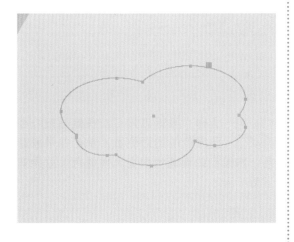

16 打开"颜色"面板，在面板中设置颜色值为R102、G171、B48，如下图所示。

17 打开"颜色"面板，❶单击右上角的扩展按钮，❷在展开的面板菜单中执行"添加到色板"命令，如下图所示。

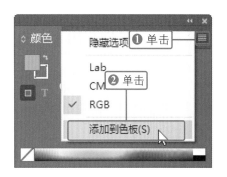

18 打开"色板"面板，将该颜色添加到"色板"面板，选择"填色"框，单击面板下方新创建的色板，如下图所示。

19 为绘制的图形填充"色板"面板中新添加的颜色，填充后的效果如下图所示。

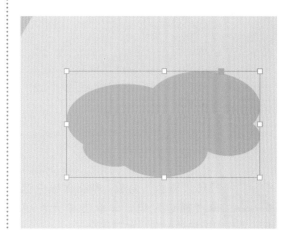

20 使用"钢笔工具"绘制一个不规则图形，选择工具箱中的"吸管工具"，将鼠标指针移至左侧绿色的图形位置，如下图所示。

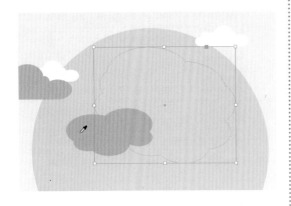

技巧提示

　　在"色板"面板中，如果需要删除多个连续的色板，可以按住Shift键不放，分别单击需要删除的第一个和最后一个色板颜色，然后单击面板右下角的"删除选定的色板/组"按钮，删除色板；如果要删除多个不连续的色板，则按住Ctrl键不放，依次单击需要删除的色板，再单击"色板"面板右下角的"删除选定的色板/组"按钮进行删除。

21 单击鼠标吸取颜色，并应用该颜色填充新绘制的图形，得到相同颜色的图形效果，如下图所示。

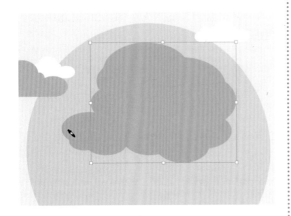

22 打开"颜色"面板，❶在面板中选择"描边"框，❷单击"无"色板，去除图形描边效果，如下图所示。

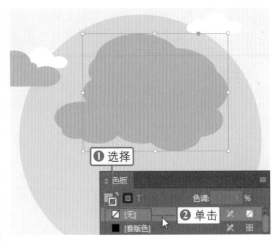

23 单击工具箱中的"椭圆工具"按钮◯，在文档中单击并拖动鼠标，绘制椭圆图形，如下图所示。

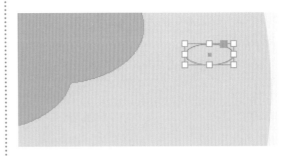

24 选择"吸管工具"，将鼠标指针移到绿色的图形位置，单击并吸取颜色，将绘制的椭圆也填充为浅绿色，效果如下图所示。

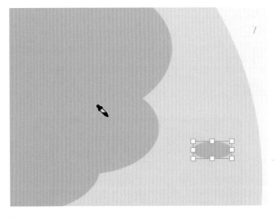

25 继续使用同样的方法，绘制更多图形，再执行"文件>置入"菜单命令，置入11.ai素材文件，效果如下图所示。

27 应用"文字工具"单击并拖动，❶选中文本框中的文字，打开"色板"面板，❷选择"填色"框，单击"纸色"色板，如下图所示。

28 将输入的文本颜色更改为白色，最后应用同样的方法，输入更多文字，并结合"色板"面板将文字均填充为白色，效果如下图所示。

26 选择"文字工具"，在页面中间位置单击并输入文字"踏"，此时输入的文本颜色为黑色，如下图所示。

技巧提示

　　更改文本颜色时，需要使用"文字工具"选中文本框中的文字对象，再单击"色板"面板中的颜色；如果使用"选择工具"直接选中文本框，单击"色板"中的颜色时，会将文本框填充或描边更改为相应的颜色。

实|例|演|练——潮流音乐派对海报设计

　　前面介绍了纯色文字的应用，但在很多时候，为了让版面呈现更丰富的视觉效果，也会在文字中应用渐变颜色填充。本实例中通过应用"文字工具"在文档中输入文字，然后在"渐变"面板中添加多个色标，并为其指定不同的颜色，创建颜色渐变效果，然后选取文本框中的文字对象，为其应用渐变填充，打开"色板"面板，创建渐变色板，存储文档中所应用的渐变颜色，完成潮流音乐派对海报设计，效果如下图所示。

扫码看视频

颜色管理与应用

◎ 素材文件：随书资源\06\素材\
12.indd
◎ 最终文件：随书资源\06\源文件\
潮流音乐派对海报设
计.indd

01 打开12.indd，使用"文字工具"
在文档上方绘制文本框，输入英
文"MUSIC"，并调整文字字体和大小，如
下图所示。

02 应用"选择工具"选中文本框架并
右击，在弹出的快捷菜单中执行
"变换>切变"菜单命令，如下图所示。

03 打开"切变"对话框，❶单击"垂
直"单选按钮，❷设置"切变角度"
为6°，❸单击"确定"按钮，如下图所示。

04 根据设置的参数，创建倾斜的文本效
果。使用"文字工具"选中文本，双
击工具箱中的"渐变色板工具"按钮▣，如下
图所示。

05 打开"渐变"面板，单击激活渐变条，选中渐变条左侧的白色色标，将其拖动到25%位置，如下图所示。

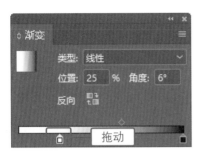

06 打开"颜色"面板，在面板中选择RGB颜色模式，拖动颜色滑块，设置颜色值为R250、G255、B213，如下图所示。

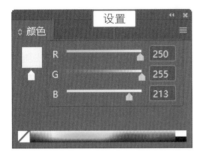

07 单击选中渐变条最右侧的色标，将其拖动到90.9%位置，如下图所示。

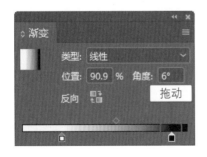

08 打开"颜色"面板，在面板中拖动滑块，设置颜色值为R251、G193、B117，如下图所示。

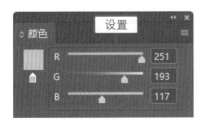

09 返回"渐变"面板，将鼠标指针移至渐变条中间位置，单击鼠标，在56.81%位置添加一个色标，如下图所示。

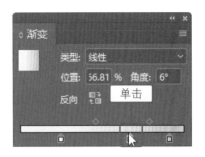

10 打开"颜色"面板，在面板中拖动滑块，设置颜色值为R189、G72、B3，如下图所示。

11 返回"渐变"面板，确认渐变类型为"线性"，输入"角度"为-84°，如下图所示。

12 设置完成后，可以看到为输入的文字应用渐变的效果，如下图所示。

13 选中文本框架，双击工具箱中的"渐变羽化工具"按钮▣，打开"效果"对话框，❶勾选"投影"复选框，❷设置投影选项，如下图所示。

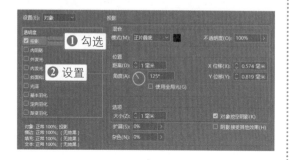

14 设置后单击"确定"按钮，根据设置为文本框中的文字添加逼真的投影效果，增强文字立体感，如下图所示。

15 选择"椭圆工具"，按住Shift键不放，单击并拖动鼠标，绘制一个正圆图形，并应用前面设置的渐变填充图形，如下图所示。

16 打开"色板"面板，选择"填色"框，单击下方的"黑色"色板，将绘制的圆形填充为黑色，如下图所示。

17 打开"色板"面板，❶单击选择"描边"框，❷然后单击下方的"无"色板，去除描边颜色，如下图所示。

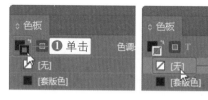

18 打开"效果"面板，在面板中设置混合模式为"正片叠底"、"不透明度"为60%，混合图形，如下图所示。

19 使用"文字工具"在圆形上方输入文本，右击文本框架，在弹出的快捷菜单中执行"变换>切变"菜单命令，如下图所示。

20 打开"切变"对话框，在对话框中输入"切变角度"为4°，单击"确定"按钮，得到倾斜的文本效果，如下图所示。

21 打开"渐变"面板，在面板的渐变条中分别将色标颜色设置为R253、G231、B38，R254、G25、B64，R255、G241、B0，如下图所示。

22 打开"色板"面板，单击面板底部的"新建色板"按钮，创建新色板，并将色板命名为"渐变色板1"，如下图所示。

23 使用"文字工具"选中文本框中的文字，单击"色板"面板中的"渐变色板1"，为文字填充渐变颜色，如下图所示。

24 继续使用同样的方法，在文档中输入更多的文字，然后结合"渐变"面板和"色板"面板，为文字填充不同渐变颜色，完成后的效果如下图所示。

第**7**章

在实际排版工作中，常常需要将不同格式的图形、图像添加到页面中。InDesign允许用户将多种不同格式的文件置入到页面指定的位置，并且可以应用框架和效果功能修饰图像外观，创建更精美的版面效果。在InDesign中，置入图像时会自动建立图像与文档之间的链接，以保证最准确的输出结果。本章主要围绕置入图像、裁剪图像及为图像添加效果等内容进行详细讲解。

07

图像管理与应用

创建用于放置图像的框架

在InDesign中置入图形前，需要在文档中创建用于放置图像的框架。可以使用"矩形框架工具""椭圆框架工具"创建外形相对规则的框架，也可以通过输入文字，将其转换为框架，以获取外形稍复杂的框架。

7.1.1 创建矩形框架

使用"矩形框架工具"可以在文档中创建规则的矩形置框架。选择工具箱中的"矩形框架工具"，在需要置入图像的位置单击并拖动，即可创建矩形框架。

◎ 素材文件：随书资源\07\素材\01.indd
◎ 最终文件：随书资源\07\源文件\创建矩形框架.indd

01 打开01.indd，单击工具箱中的"矩形框架工具"按钮⊠，如下图所示。

03 拖动到合适位置后释放鼠标，即可根据拖动轨迹创建矩形框架，效果如下图所示。

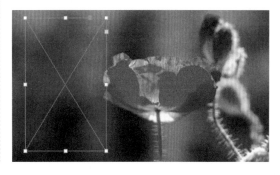

02 将鼠标指针移至文档中，当鼠标指针变为十字形时，单击并向对角位置拖动，如下图所示。

7.1.2 创建椭圆形框架

在InDesign中，应用"椭圆形框架工具"可以绘制椭圆形框架。应用"椭圆框架工具"绘制框架时，按住Shift键单击并拖动鼠标，可以沿鼠标拖动的方向创建正圆形框架。

◎ 素材文件：随书资源\07\素材\02.indd
◎ 最终文件：随书资源\07\源文件\创建椭圆形框架.indd

01 打开02.indd，在工具箱中选中"椭圆框架工具"，如下图所示。

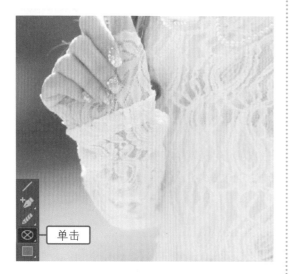

02 将鼠标指针移至文档中，当鼠标指针变为十字形时，单击并拖动，如下图所示。

03 释放鼠标，即可根据拖动的轨迹在页面中绘制一个椭圆形框架，如下图所示。

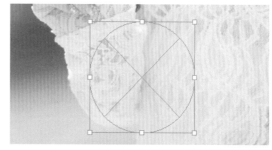

7.1.3 创建多边形框架

在InDesign中，除了可以创建矩形或椭圆形的框架，也可以创建多边形框架。选择工具箱中的"多边形框架工具"，然后在图像中单击并拖动即可创建多边形框架。应用"多边形框架工具"创建框架时，可以双击工具按钮，在打开的对话框中指定多边形的边数、星形内陷效果。

◎ 素材文件：随书资源\07\素材\03.indd
◎ 最终文件：随书资源\07\源文件\创建多边形框架.indd

01 打开03.indd，❶双击"多边形框架工具"按钮，❷在打开的"多边形设置"对话框中设置"星形内陷"为20%，如下图所示。

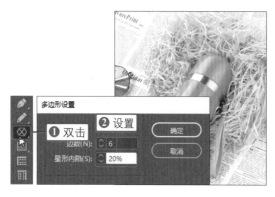

02 按下【Enter】键，确认设置，将鼠标指针移至文档中需要绘制多边形框架的位置，当鼠标指针变为十字形时，单击并拖动鼠标，如下图所示。

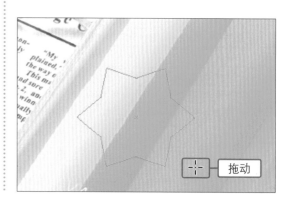

03 释放鼠标，即可根据拖动的轨迹在页面中绘制一个多边形框架，如右图所示。

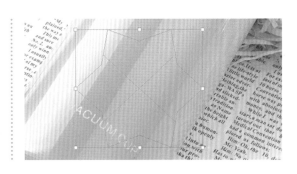

7.1.4 将文字转换为图形框架

在InDesign中还可以应用"文字工具"输入文字，然后将文字转换为形状，创建外形相对复杂的框架。将文字转换为框架后，可以向框架中添加任意图像，并且只显示文字中间部分的图像。

◎ 素材文件：随书资源\07\素材\04.indd、05.indd
◎ 最终文件：随书资源\07\源文件\将文字转换为图形框架.indd

01 打开04.indd，选择"文字工具"，在文档中输入文字，如下图所示。

02 应用"文字工具"在文本框中的文字上单击并拖动，选中框架中的文字，如下图所示。

技巧提示

如果要将文本框中的所有文字都创建为图形，可以直接选中工具箱中的"选择工具"，然后单击选中文本框即可。

03 执行"文字>创建轮廓"菜单命令，将文字转换为图形框架，使用"直接选择工具"显示框架上的节点，如下图所示。

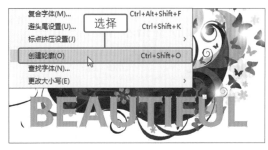

04 打开05.indd，复制文档中的图像，右击图形框架，在弹出的快捷菜单中执行"贴入内部"命令，粘贴图像，效果如下图所示。

7.2 | 置入与定位图像

创建放置图像的框架后，接下来就可以置入图像了。在InDesign中可以通过多种方法置入图像，并且可以调整置入到框架中的图像的大小、位置等，还能调整框架使其适合置入的图像。

7.2.1 | 在框架中置入图像

InDesign支持多种格式的图像置入，在置入图像时，会自动创建链接。在InDesign中，可以通过执行"文件>置入"菜单命令或直接按下快捷键Ctrl+D，打开"置入"对话框，选择并置入图像。

◎ 素材文件：随书资源\07\素材\06.indd、07.jpg
◎ 最终文件：随书资源\07\源文件\在框架中置入图像.indd

01 打开06.indd，应用"选择工具"选择需要置入图像的框架，如下图所示。

02 执行"文件>置入"菜单命令，打开"置入"对话框，在对话框中❶单击选择需要置入的素材图像07.jpg，❷单击"打开"按钮，如下图所示。

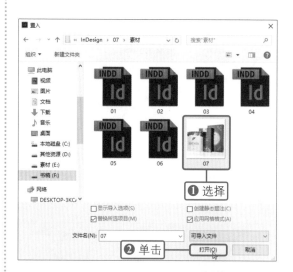

03 系统将关闭"置入"对话框，并将所选图像置入到选中的框架中，如右图所示。

7.2.2 │ 翻转框架内的图像

在InDesign中，应用选项栏中的"水平翻转"按钮▣和"垂直翻转"按钮▣，能够对框架内的图像快速进行水平或垂直翻转操作。要翻转框架中的图像，需要使用"直接选择工具"选中框架中的图像，如果使用"选择工具"单击选择框架对象，执行翻转操作时，则会将框架中的对象和框架一同进行翻转。

◎ 素材文件：随书资源\07\素材\08.indd
◎ 最终文件：随书资源\07\源文件\翻转框架内的图像.indd

01 打开07.indd，单击工具箱中的"直接选择工具"按钮，移至框架中的图像上，单击选中图像，如下图所示。

02 单击工具箱中的"水平翻转"按钮▣，快速翻转框架中的图像，效果如下图所示。

7.2.3 │ 调整框架中的图像位置

将图像置入到框架中以后，既可以调整框架及框架中图像的位置，也可以在不更改框架的情况下单独调整框架内的图像。要调整框架中的图像，需要使用"直接选择工具"选中框架内的图像之后，再进行图像的调整操作。

◎ 素材文件：随书资源\07\素材\09.indd
◎ 最终文件：随书资源\07\源文件\调整框架中的图像位置.indd

01 打开09.indd，单击工具箱中的"直接选择工具"按钮▣，将鼠标指针移至需要调整图像位置的框架上方，此时鼠标指针呈🖑形，如右图所示。

02 在图像上单击并拖动，此时鼠标指针呈▷形，如下图所示。

03 拖动到合适的位置后，释放鼠标，完成框架中的图像位置的调整操作，可以看到调整位置后的图像效果，如下图所示。

7.2.4 使对象适合框架

　　置入图像后，如果置入的图像与框架的大小不同，可以使用"适合"命令实现框架与对象的完美吻合。执行"对象>适合"菜单命令，在打开的级联菜单中执行相应的命令调整框架或图像的大小即可。

◎ 素材文件：随书资源\07\素材\10.indd
◎ 最终文件：随书资源\07\源文件\使对象适合框架.indd

01 打开10.indd，应用工具箱中的"选择工具"选中右下角的框架及框架中的图像，如下图所示。

02 执行"对象>适合>按比例填充框架"菜单命令，调整图像大小以适合框架，此时图像和框架之间没有任何空隙，如下图所示。

03 执行"对象>适合>使框架适合内容"菜单命令，调整框架大小以正好包围图形，设置后将文字向上移动，得到如右图所示的效果。

技巧提示

如果想要快速调整框架大小以使其适合内容，除了执行菜单命令外，还可以双击框架上的任一角的控制点，框架将向远离单击点的方向调整大小。如果单击框架边线的中心控制点，则框架仅在该维空间调整大小。

7.3 裁剪置入的图像

置入到文档窗口中的图像都会包含在对应的图像框架中。如果在置入前未选择框架而直接置入图像，InDesign也会根据置入图像大小自动创建对应的框架。置入图像后，可以应用框架或是路径裁剪所置入的图像，使其更适合版面整体需要。

7.3.1 应用框架裁剪图像

框架不但可以用于放置置入的图像，而且可以用于图像的裁剪操作。应用"选择工具"选中框架后，通过拖动框架边框线就能快速裁剪框架内的图像。

◎ 素材文件：随书资源\07\素材\11.indd
◎ 最终文件：随书资源\07\源文件\应用框架裁剪图像.indd

01 打开11.indd，使用"选择工具"单击选中框架对象，此时会在框架边缘显示多个控制节点，如下图所示。

02 移动鼠标指针至框架右侧的边线中点位置，当鼠标指针变为双向箭头↔时，单击并向左侧拖动，裁剪图像，如下图所示。

03 将鼠标指针移至框架顶部的边线中点位置，当鼠标指针变为双向箭头↕时，单击并向下拖动，裁剪框架内的图像，如下图所示。

04 选中右侧框架，将鼠标指针移到框架左侧边线中点位置，当鼠标指针变为双向箭头↔时，单击并向右侧拖动，裁剪图像，如下图所示。

05 将鼠标指针移至框架顶部的边线中点位置，当鼠标指针变为双向箭头↕时，单击并向下拖动，裁剪框架内的图像，如右图所示。

7.3.2 绘制路径裁剪图像

剪切路径会裁剪掉部分图像，以使图稿只有一部分透过创建的形状显示出来。需要注意的是，通过路径裁剪图像时，需要先在文档中创建一个路径，或者是选中文档页面中已有的路径，再通过"贴入内部"命令将图形粘贴到路径中，完成图像的裁剪操作。

◎ 素材文件：随书资源\07\素材\12.indd
◎ 最终文件：随书资源\07\源文件\绘制路径裁剪图像.indd

01 打开12.indd，应用"钢笔工具"在文档中绘制一个用于裁剪图像的路径，如右图所示。

02 应用"选择工具"选择文档中要应用裁剪的对象,执行"编辑>剪切"菜单命令,如下图所示。

03 选中前面绘制的路径,执行"编辑>贴入内部"菜单命令,超出路径边缘的部分图像将被裁掉,效果如下图所示。

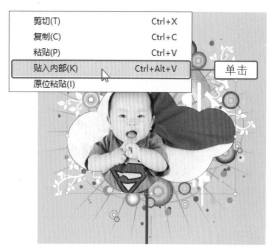

7.3.3 | 应用"剪切路径"自动检测裁剪图像

如果要裁剪掉图像中多余的背景,可以使用"剪切路径"对话框中的"检测边缘"选项自动检测置入图像的边缘,然后根据检测到的边缘裁剪掉多余的部分。"检测边缘"功能将隐藏图形中颜色最亮或最暗的区域,因此当主体设置为非纯白或纯黑的背景时,可以获得最佳的裁剪效果。

◎ 素材文件:随书资源\07\素材\13.indd
◎ 最终文件:随书资源\07\源文件\应用"剪切路径"自动检测裁剪图像.indd

01 打开13.indd,选中文档中需要进行裁剪的图像,如下图所示。

02 执行"对象>剪切路径>选项"菜单命令,❶在打开的"剪切路径"对话框中选择"检测边缘"类型,❷调整下方的"阈值"和"容差"值,如下图所示。

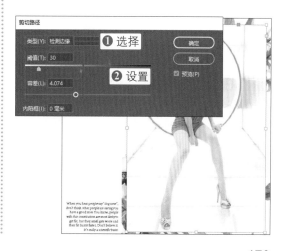

03 设置后单击对话框右上角的"确定"按钮，应用设置，根据检测到的图像边缘创建剪切路径，裁剪路径以外的图像，如右图所示。

技巧提示

在"剪切路径"对话框中，"阈值"选项用于指定将定义生成的剪贴路径的最暗像素值，设置的参数越大，被剪贴的对象范围就越大；"容差"选项用于指定像素被剪贴路径隐藏前的亮度值与"阈值"的接近程度，设置的参数值越大，在图像边缘所生成的节点越密集，裁剪得到的图像边缘越精确，反之，在图像边缘生成的节点越少，图像边缘越平滑。

7.4 链接图像

在InDesign中置入图像时，会自动创建图像与文档之间的链接，通过"链接"面板显示出来。执行"窗口>链接"菜单命令，即可打开"链接"面板，在面板中列出了文档中置入的所有图像，用户可以使用它来检查任一图像的链接状态，选择是否重新链接或嵌入链接图像等。

7.4.1 将图像嵌入到文档中

在InDesign中可以将"链接"面板中所链接的图像嵌入到当前文档中。嵌入图像时，将断开指向原始文件的链接，此时，如果原始文件发生更改，"链接"面板不会向用户发出提示警告，并且系统将无法自动更新相应文件。

◎ 素材文件：随书资源\07\素材\14.indd
◎ 最终文件：随书资源\07\源文件\将图像嵌入到文档中.indd

01 打开14.indd，打开"链接"面板，在面板中选择一个链接文件，如下图所示。

02 ❶在"链接"面板中单击右上角的扩展按钮▤，❷在展开的面板菜单中执行"嵌入链接"命令，如下图所示。

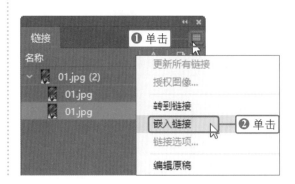

03 此时文件将保留在"链接"面板中，并在状态一栏标记嵌入式链接图标，表示该链接图像已嵌入，如右图所示。

技巧提示

如果该文档包含多个链接文件，要同时嵌入链接文件，可以按住Ctrl键不放，依次单击需要嵌入的链接文件，然后在"链接"面板菜单中执行"嵌入链接"命令，嵌入多个文件。

7.4.2 更新、恢复和替换链接

使用"链接"面板可以检查文档中任一链接的状态，如果当前文件中有缺失或修改过的链接文件，则会在文件名后标记"修改的链接"图标⚠，提醒用户是否需要选择更新、恢复链接文件。当然，用户可以选用新的链接文件替换原链接文件。

◎ 素材文件：随书资源\07\素材\15.indd
◎ 最终文件：随书资源\07\源文件\更新、恢复和替换链接.indd

01 打开15.indd，打开"链接"面板，❶在面板中选中需要更新的链接文件，❷单击"更新链接"按钮 ⟳ ，如下图所示。

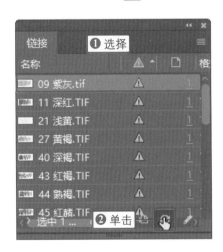

02 InDesign会在原链接图像文件夹中查找链接，找到链接文件后，创建图像与文档之间的链接，同时"修改的链接"图标消失，如下图所示。

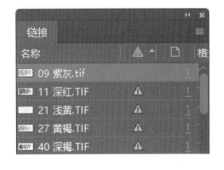

03 如果需要更改所有链接文件，❶单击"链接"面板右上角的扩展按钮，❷在展开的面板菜单中执行"更新所有链接"命令，如下图所示。

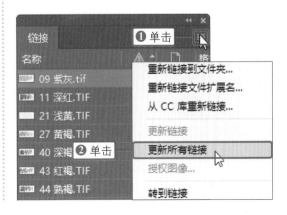

技巧提示

要更改文档中所有的链接文件，还可以在按住Alt键的同时，单击"链接"面板中的"更新链接"按钮进行更新。

04 InDesign根据链接文件的名称，在原链接图像所在的文件夹中查找相应的链接文件，创建图像与文档之间的链接，链接文件后，文件名后的"修改的链接"图标消失，如下图所示。

05 如果需要替换文档中的链接文件，❶在"链接"面板中选中需要替换链接的文件名，❷单击面板下方的"重新链接"按钮，如下图所示。

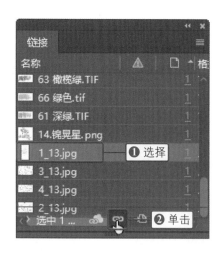

06 打开"重新链接"对话框，❶在对话框中找到要替换文件所在的文件夹，❷单击选中需要重新链接的文件，❸然后单击下方的"打开"按钮，如下图所示。

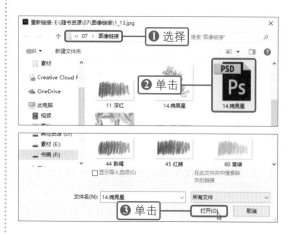

07 应用"重新链接"对话框中所选择的文件替换链接文件，得到如下图所示的版面效果。

技巧提示

若要恢复文档中缺失的链接，可以在"链接"面板中选择任何标记有缺失链接图标 ? 的链接，单击"重新链接"按钮，在打开的"定位"对话框中找到缺失的链接图像，以重新建立文档与图像的链接。

7.5 为图像添加艺术效果

InDesign可以通过"效果"对话框为置入的图像添加投影、内阴影、外发光等艺术化效果。选中需要添加艺术效果的图像，双击工具箱中的"渐变羽化工具"按钮，或者右击图像，在弹出的快捷菜单中执行"效果"命令，都可以打开"效果"对话框，在对话框中通过单击不同的标签进行设置即可。

7.5.1 添加阴影效果

在InDesign中，可以为图像添加逼真的投影和内阴影效果，其中投影是在图像的外侧产生光照的阴影效果，而内阴影则是在图像的内侧产生光照的阴影效果。

◎ 素材文件：随书资源\07\素材\16.indd
◎ 最终文件：随书资源\07\源文件\创建投影和内阴影效果.indd

01 打开16.indd，使用"选择工具"选中文档中需要添加投影的图像，如下图所示。

02 右击选中的图像，在弹出的快捷菜单中执行"效果>投影"命令，如下图所示，打开"效果"对话框。

03 在对话框中已勾选"投影"复选框，❶输入"不透明度"为65%，❷设置投影"距离"为3毫米、"角度"为58°、"大小"为3毫米，如下图所示。

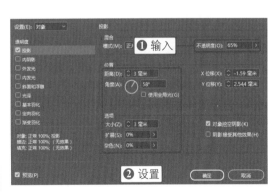

04 设置完成后，单击右下角的"确定"按钮，为所选图像添加投影效果，如下图所示。

图像管理与应用

05 应用"选择工具"选中需要添加内阴影的图像，执行"对象>效果>内阴影"菜单命令，如下图所示。

07 设置完成后，单击"确定"按钮，为图像添加内阴影效果，如下图所示。

06 打开"效果"对话框，并勾选"内阴影"复选框，此时在对话框右侧显示"内阴影"选项，❶输入内阴影"距离"为3毫米，❷"大小"为5毫米，其他参数不变，如下图所示。

7.5.2 添加发光效果

在InDesign中，应用"效果"对话框中的"内发光"和"外发光"选项可以快速为对象应用发光效果。外发光效果会在选定对象的外侧产生发光的效果，内发光效果则会在选定对象内侧产生发生的效果。在"效果"面板中分别选择"内发光"或"外发光"选项，并设置相应的参数，就可以为选中的对象应用发光效果，并且可以在同一对象中同时应用两种不同的发光效果。

◎ 素材文件：随书资源\07\素材\17.indd
◎ 最终文件：随书资源\07\源文件\添加"内发光"和"外发光"效果.indd

01 打开17.indd，使用"选择工具"选中文档中需要添加外发光效果的图像，如下图所示。

02 执行"对象>效果>外发光"菜单命令，打开"效果"对话框，❶选择模式为"变亮"，❷输入"不透明度"为100%，❸"大小"为50毫米，如下图所示。

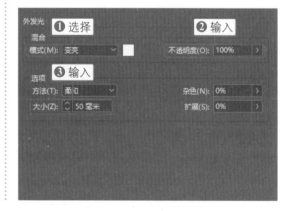

03 ❶单击勾选"内发光"复选框，❷选择"叠加"模式，❸输入"不透明度"为45%，❹"大小"为15毫米，如下图所示。

04 设置完成后，单击"确定"按钮，应用设置为所选图像添加内发光和外发光效果，如下图所示。

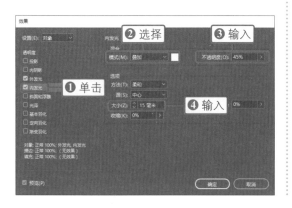

7.5.3 | 设置"斜面和浮雕"效果

使用"斜面和浮雕"效果可以赋予对象逼真的三维外观。选中文档中需要添加斜面和浮雕效果的对象后，打开"效果"对话框，通过勾选对话框中的"斜面和浮雕"复选框，并结合右侧的选项设置浮雕样式、浮雕方向、角度等，就能够轻松为选中的图像添加浮雕效果，使图像看起来更有立体感。

◎ 素材文件：随书资源\07\素材\18.indd
◎ 最终文件：随书资源\07\源文件\设置"斜面和浮雕"效果.indd

01 打开18.indd，使用"选择工具"选中需要添加斜面和浮雕效果的图像，如下图所示。

02 执行"对象>效果>斜面和浮雕"菜单命令，打开"效果"对话框，在右侧设置斜面和浮雕选项，如下图所示。

03 设置后单击"确定"按钮，应用设置的参数为图像添加斜面和浮雕效果，如右图所示。

7.5.4 设置羽化效果

为了让图像形成比较柔和的过渡效果，InDesign提供了基本羽化、定向羽化和渐变羽化3种不同的羽化效果。基本羽化可按照指定的距离柔化对象的边缘；定向羽化可使对象的边缘沿指定的方向渐隐为透明，从而实现边缘柔化；渐变羽化可以使对象所在区域渐隐为透明，从而实现此区域的柔化。

◎ 素材文件：随书资源\07\素材\19.indd
◎ 最终文件：随书资源\07\源文件\设置羽化效果.indd

01 打开19.indd，使用"选择工具"选中需要设置羽化效果的图像，如下图所示。

02 执行"对象>效果>渐变羽化"菜单命令，打开"效果"对话框，❶设置类型为"径向"，❷拖动上方的渐变滑块，设置完成后，如下图所示。

　　单击"效果"面板右上角的扩展按钮，在展开的面板菜单中执行"效果"命令，或者双击工具箱中的"渐变羽化工具"按钮 ，都可以打开"效果"对话框。

7.5.5 | 设置"混合模式"融合图像

　　使用"效果"面板可以指定对象或组的混合模式。InDesign提供了多种不同类型的混合模式，默认选择"正常"混合模式，通过单击"效果"面板中的"混合模式"下拉按钮，可在展开的下拉列表中选择并设置其他图像混合模式。

◎ 素材文件：随书资源\07\素材\20.indd
◎ 最终文件：随书资源\07\源文件\应用"混合模式"融合图像.indd

01 打开20.indd，使用"选择工具"选中需要更改混合模式的图像，如下图所示。

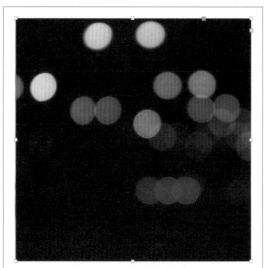

03 应用选择的"滤色"混合模式混合图像，混合后的效果如下图所示。

02 执行"窗口>效果"菜单命令，打开"效果"面板，❶单击"混合模式"下拉按钮，❷在展开的下拉列表中单击选择"滤色"模式，如下图所示。

7.5.6 | 设置透明度效果

应用"效果"面板中的"不透明度"选项可以确定效果的不透明度，用户可以通过拖动滑块或输入数值进行操作，设置的"不透明度"值越小，得到的图像越接近于透明。在InDesign中，可以将透明度应用于单一对象或选定的对象，但不能应用于个别文本字符或图层。

◎ 素材文件：随书资源\07\素材\21.indd
◎ 最终文件：随书资源\07\源文件\设置透明度效果.indd

01 打开21.indd，按住Ctrl键不放，使用"选择工具"单击选择下方的两幅图像，如下图所示。

02 打开"效果"面板，❶单击"不透明度"右侧的下拉按钮，❷然后拖动下方的滑块，设置不透明度，如下图所示。

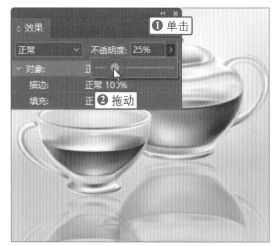

技巧提示

在"效果"面板中包括了4个级别的透明度设置，分别为"对象""描边""填充"和"文本"，默认情况为"对象"级别，此时可同时更改对象描边和填充不透明度值。如果只更改其中一项的不透明度，则在面板下方单击选中相应级别，然后再拖动上方的"不透明度"滑块即可。

实 | 例 | 演 | 练——汽车杂志内页排版

设计杂志内页效果时，为了让版面更有新意，常常需要应用一些特殊效果。本实例首先使用"钢笔工具"在页面中绘制图形和线条，创建"渐变羽化"效果，使图形与线条自然地融入背景中。然后将汽车图像置入到页面中，并为其添加逼真的投影效果。为让画面更为协调，在绘制圆形后，同样使用"投影"功能为绘制的圆形也添加不同颜色的阴影，完成后的效果如下图所示。

扫码看视频

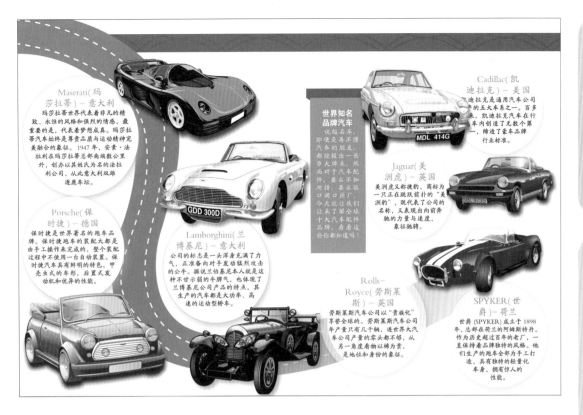

◎ 素材文件：随书资源\07\素材\22.ai～28.ai、29.jpg
◎ 最终文件：随书资源\07\源文件\汽车杂志内页排版.indd

01 执行"文件>新建>文档"菜单命令，新建文档，选择"钢笔工具"，在新建的文档中间绘制图形，并将图形填充为灰色，如下图所示。

03 单击"效果"对话框中的"确定"按钮，对图像应用所设置的渐变羽化效果，如下图所示。

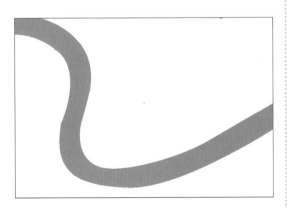

02 选中图形，双击工具箱中的"渐变羽化工具"按钮，打开"效果"对话框，拖动渐变色标下方的色标滑块，调整渐变颜色，如下图所示。

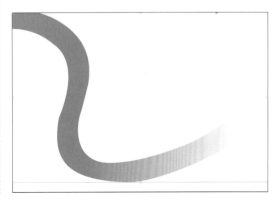

04 选择工具箱中的"钢笔工具"，再绘制两条曲线路径，如下图所示。

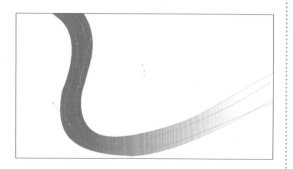

技巧提示

在"效果"对话框中对图像设置"渐变羽化"效果时，在对话框右侧的渐变条下方单击，可以在鼠标单击位置添加一个色标。若要将已添加的色标从渐变条上移去，只需单击选中色标，将它拖动到对话框空白区域即可。

05 打开"描边"面板，❶设置"粗细"为2点，❷类型为"虚线（4和4）"，如下图所示。

06 打开"色板"面板，❶选择"描边"框，❷单击"纸色"色板，如下图所示。

07 根据设置的"描边"选项和颜色，为绘制的曲线添加描边效果，如下图所示。

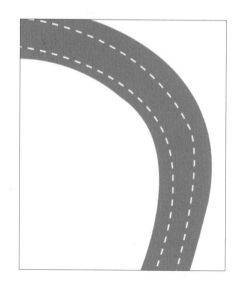

08 选择工具箱中的"选择工具"，按住Shift键不放，分别单击两条白色的虚线，将它们同时选中，如下图所示。

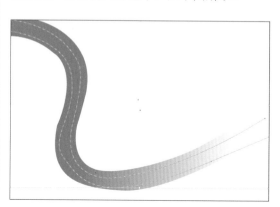

09 双击工具箱中的"渐变羽化工具"按钮，打开"效果"对话框，在右侧面板中的"渐变色标"组中单击选中起始色标，将其拖到38%位置，如下图所示，单击"确定"按钮。

10 执行"文件>置入"菜单命令，打开"置入"对话框，❶在对话框中单击选中素材文件22.ai，❷单击"打开"按钮，如下图所示。

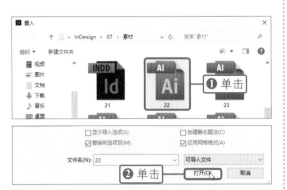

11 返回文档窗口，将鼠标指针移到页面左下角位置，单击并拖动鼠标，将所选图像置入到页面中，效果如下图所示。

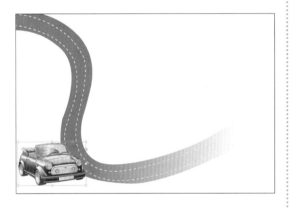

12 执行"对象>效果>投影"菜单命令，打开"效果"对话框，❶在对话框中设置"不透明度"为87%，❷"距离"为3毫米，"角度"为96°，❸"大小"为2毫米，如下图所示。

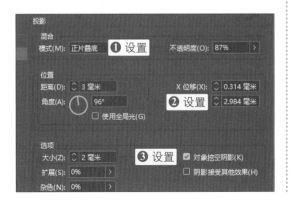

13 设置完成后单击右下角的"确定"按钮，为置入的汽车图像添加逼真的投影效果，如下图所示。

14 继续通过执行"文件>置入"菜单命令，置入更多的汽车图像，然后分别为这些图像添加合适的投影效果，如下图所示。

15 选择工具箱中的"椭圆工具"，按住Shift键不放，单击并拖动鼠标，绘制正圆形，然后在选项栏中设置填充和描边效果，如下图所示。

图像管理与应用

191

16 执行"对象>效果>投影"菜单命令，打开"效果"对话框，❶设置投影模式为"正常"、"不透明度"为58%，❷"距离"为2毫米、"角度"为119°，❸设置"大小"为3毫米，如下图所示。

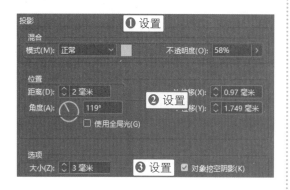

17 确认设置，为圆形添加投影。按下快捷键Ctrl+C，复制圆形，执行"编辑>原位粘贴"菜单命令，粘贴图像，然后按住快捷键Shift+Alt不放，单击并向内侧拖动，等比例缩小图形，如下图所示。

18 选中中间较小一些的圆形，打开"效果"面板，❶单击右上角的扩展按钮，❷在展开的面板菜单中执行"清除效果"命令，如下图所示。

19 清除应用于圆形的"投影"效果，然后选择"文字工具"，在圆形中间单击，输入相应的文字，如下图所示。

20 使用"选择工具"选中添加文字后的圆形图形，打开"色板"面板，选择"描边"框，单击"无"色板，去除描边线条，如下图所示。

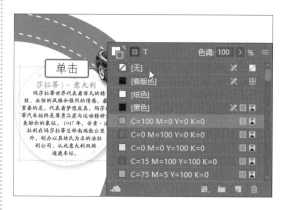

21 继续使用同样的方法，绘制更多图形，并为图形添加合适的投影。使用"文字工具"在图形中输入文字信息，如下图所示。

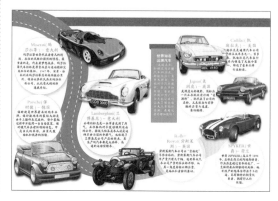

22 选中页面顶部的红色矩形，执行"文件>置入"菜单命令，置入29.jpg素材图像，如下图所示。

23 应用"选择工具"选中框架中的图像，打开"效果"面板，单击"混合模式"下拉按钮，选择"叠加"选项，更改混合模式，如下图所示。

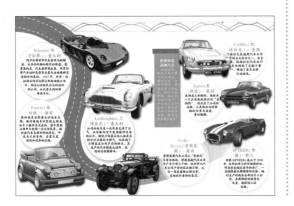
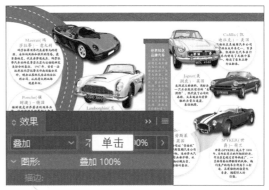

实|例|演|练——网店节日促销广告

网店装修中经常会需要制作一些漂亮的促销广告，这些广告同样可以应用InDesign制作。本实例中，使用"矩形工具"在文档中绘制矩形图形，通过应用"定向羽化"创建渐隐的图形效果，再将人物图像置入到页面中，创建并编辑剪贴路径，抠出人物图像，并置入与主题相关的商品图像，完成广告的制作，效果如下图所示。

扫码看视频

◎ 素材文件：随书资源\07\素材\30jpg、31.ai～35.ai
◎ 最终文件：随书资源\07\源文件\网店节日促销广告.indd

第7章

01 执行"文件>新建>文档"菜单命令，新建文档，使用"矩形工具"绘制一个同页面大小一致的矩形，并填充为蓝色，作为广告背景，如下图所示。

02 执行"文件>置入"菜单命令，打开"置入"对话框，❶在对话框中单击选中素材图像30.jpg，❷单击对话框下方的"打开"按钮，如下图所示。

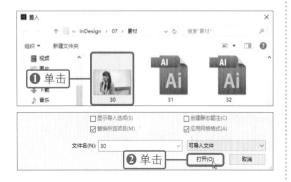

03 返回文档窗口，在页面右侧单击并拖动鼠标，置入人物图像，如下图所示，应用"选择工具"选中置入的图像。

04 执行"对象>剪切路径>选项"菜单命令，打开"剪切路径"对话框，❶在对话框单击"类型"下拉按钮，选择"检测边缘"选项，❷输入"阈值"为56、❸"容差"为2.761、❹"内陷框"为1毫米，单击"确定"按钮，如下图所示。

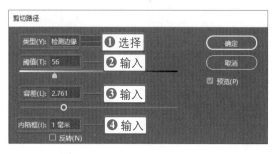

05 根据设置的选项，检测人物图像边缘，并创建剪贴路径，将路径外的多余部分隐藏起来，效果如下图所示。

06 选择工具箱中的"删除锚点工具"，将鼠标指针移到人物脸旁的锚点所在位置，单击删除该路径锚点，如下图所示。

07 应用同样的方法，删除更多的路径锚点，再选择"转换方向点工具"，在需要转换为锚点的位置单击，将直角点转换为曲线点，并拖动锚点旁边的控制手柄，如下图所示。

08 继续使用同样的方法，调整人物边缘的更多锚点，使剪贴路径与人物图像边缘重合，调整后的效果如下图所示。

09 选中人物图像，执行"对象>效果>投影"菜单命令，打开"效果"对话框，❶设置投影的"不透明度"为27%，❷"距离"为4毫米，❸"大小"为4毫米，如下图所示，设置后单击"确定"按钮。

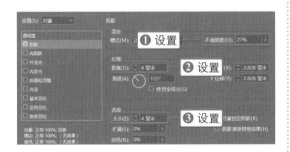

10 选用"椭圆工具"和"矩形工具"在图像上方绘制圆形和矩形图形，并为其填充合适的颜色。然后使用"选择工具"单击选中下方玫红色的矩形图形，如下图所示。

11 双击工具箱中的"渐变羽化工具"按钮，打开"效果"对话框，❶勾选"定向羽化"复选框，在"羽化宽度"选项组中，❷设置"左"为15毫米、"右"为10毫米，如下图所示。

12 设置后单击"确定"按钮，应用设置的羽化值对矩形的左、右两侧进行羽化处理，效果如下图所示。

13 选中蓝、绿色渐变矩形，执行"对象>效果>定向羽化"菜单命令，打开"效果"对话框，在"羽化宽度"选项组下设置"左"为80毫米、"右"为40毫米，如下图所示。

图像管理与应用

195

14 设置后单击"确定"按钮，应用设置的羽化值对矩形的左、右两侧进行羽化处理，使矩形与蓝色背景自然融合，效果如下图所示。

15 执行"文件>置入"菜单命令，打开"置入"对话框，按住Ctrl键，依次单击素材文件31.ai～35.ai，选中文件，单击"打开"按钮，如下图所示。

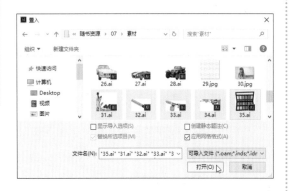

16 返回文档窗口，连续单击置入图像。然后结合图形框架，调整置入图像的大小，再将调整后的图像分别移到不同的位置上，得到更丰富的版面效果，如下图所示。

17 使用"选择工具"选中右上方的口红图像，执行"窗口>效果"菜单命令，打开"效果"面板，在面板中设置"不透明度"为63%，降低图像的不透明度，如下图所示。

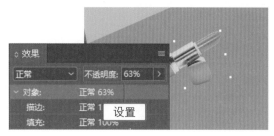

技巧提示

在图像上添加投影、内阴影等特殊效果后，如果对添加的效果不满意，可以将其清除。选中已应用效果的对象，单击"效果"面板右上角的扩展按钮，在展开的面板菜单中执行"清除效果"命令，就可以去除图像上的特殊效果。

18 双击"渐变羽化工具"按钮，打开"效果"对话框，勾选"投影"复选框，❶设置投影"不透明度"为25%，❷设置"距离"为3毫米、"角度"为135°，❸设置"大小"为2毫米，如下图所示。

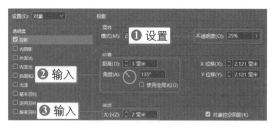

19 完成设置后单击"确定"按钮，应用所设置的"投影"选项，为选中的口红图像添加逼真的投影效果，如下图所示。

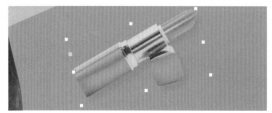

第7章

20 继续结合"效果"面板和"效果"对话框，为其他商品图像添加投影并设置透明度效果，效果如下图所示。

21 最后为让画面更完整，使用"文字工具"在页面中输入文字，然后调整文字与图形的排列顺序，完成本实例的制作，效果如下图所示。

实|例|演|练——制作商品分类导航效果

在浏览网页时，导航用于方便顾客快速跳转到需要查看的内容。在本实例中，首先应用"矩形框架工具"和"椭圆框架工具"在文档中绘制出矩形和圆形框架，然后在绘制的框架中置入相应的商品图像，并添加文字介绍，制作的分类导航效果如下图所示。

扫码看视频

◎ 素材文件：随书资源\07\素材\36.jpg～44.jpg
◎ 最终文件：随书资源\07\源文件\制作商品分类导航效果.indd

01 执行"文件>新建>文档"菜单命令，新建一个空白文档，单击工具箱中的"矩形框架工具"按钮，在文档页面左上角位置单击并拖动，绘制一个矩形框架，如下图所示。

02 执行"文件>置入"菜单命令，打开"置入"对话框，❶在对话框中单击选中鞋子图像36.jpg，❷单击对话框下方的"打开"按钮，如下图所示。

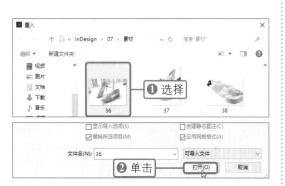

03 返回文档窗口，将选中的图像置入到矩形框架中，此时未完全显示框架中的鞋子图像，右击框架内的图像，在弹出的快捷菜单中执行"适合>按比例填充框架"命令，如下图所示。

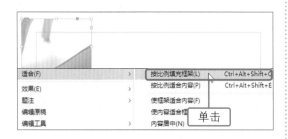

04 按照绘制的矩形框架大小，等比例缩小框架中置入的图像，显示完整的鞋子图像，效果如下图所示。

05 继续使用"矩形框架工具"在文档中绘制3个同等高度的矩形框架，打开"对齐"面板，单击"顶对齐"按钮，对齐框架，如下图所示。

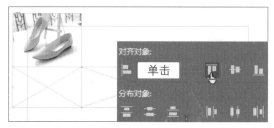

06 执行"文件>置入"菜单命令，打开"置入"对话框，❶在对话框中单击选中鞋子图像37.jpg，❷单击对话框下方的"打开"按钮，如下图所示。

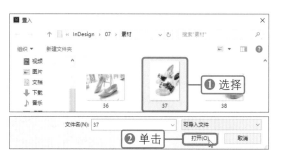

07 将选中的图像置入到框架中，❶单击工具箱中的"直接选择工具"按钮，❷将鼠标指针移至框架上方，单击选中框架中的图像，将其适当缩小，并将鞋子图像移至合适的位置，如下图所示。

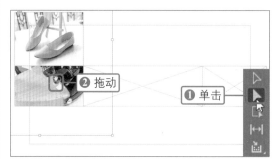

08 执行"文件>置入"菜单命令，将素材图像39.jpg、40.jpg置入到另外两个矩形框架中，然后根据需要选中并调整框架中的图像，得到如下图所示的页面效果。

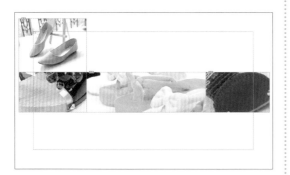

09 选择工具箱中的"椭圆框架工具"，在文档下方绘制5个同等大小的椭圆形框架，打开"对齐"面板，单击面板中的"底对齐"按钮，对齐框架，如下图所示。

10 同时选中圆形框架，❶在选项栏中设置描边颜色为黑色、粗细为4点。打开"颜色"面板，❷在面板中单击并向左拖动色标，设置颜色深度为30%，应用设置为圆形框架添加灰色边框效果，如下图所示。

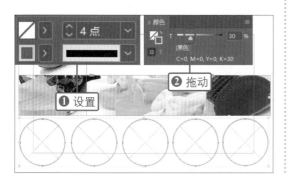

11 应用"选择工具"选中最左侧的圆形框架，执行"文件>置入"菜单命令，打开"置入"对话框，❶在对话框中单击选中鞋子图像40.jpg，❷单击底部的"打开"按钮，如下图所示，将图像置入框架中。

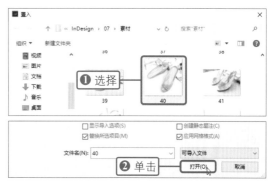

12 应用"选择工具"选中框架，执行"对象>适合>按比例填充框架"菜单命令，根据框架大小，等比例缩小框架内的图像，如下图所示。

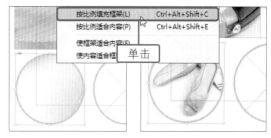

13 使用同样的方法，在另外几个圆形框架中也置入不同的鞋子图像，最后结合"文字工具"和"矩形工具"在页面中绘制图形并添加相应的文字，完成后的效果如下图所示。

199

第 8 章

合理地编排页面中的文字与图形，是优秀版式设计的关键所在。InDesign作为专业的排版软件，不但可以对文字和图形进行单独的创建和编辑，还能通过多个文本框架串接文本、指定文本与图像的绕排设计等。本章主要围绕图文排版知识进行讲解，包括创建文本框架、统计框架中的字数、串联文本框架、在串联框架中添加新框架等内容。

08

图文排版

在InDesign中，可以使用"水平网格工具"或"垂直网格工具"在页面中创建框架网格，然后在创建的框架网格中输入文字，并且可以调整框架属性，控制框架中的文字排列效果。

8.1.1 创建水平/垂直文本框架

在InDesign中，使用"水平网格工具"可以在文档中创建水平方向上的框架网格，应用该工具创建框架网格时，框架内的文本从左向右排列，并在下一行自动续接；使用"垂直网格工具"可以在文档中创建垂直方向上的框架网格，应用该工具创建框架网格时，框架中的文本从上向下排列，并在左侧的下一行自动续接。

◎ 素材文件：随书资源\08\素材\01.indd
◎ 最终文件：随书资源\08\源文件\创建水平/垂直文本框架.indd

01 打开01.indd，打开后的图像效果如下图所示。

02 ❶单击工具箱中的"水平网格工具"按钮▦，❷在图像中间单击并拖动鼠标，如下图所示。

03 当拖动到合适的大小时，释放鼠标，创建文本框架网格，在框架中输入文字，效果如下图所示。

04 ❶单击工具箱中的"垂直网格工具"按钮，将鼠标指针移至需要绘制框架的位置，❷单击并拖动鼠标，如下图所示。

05 释放鼠标，在图像中创建垂直框架网格，在网格中输入文字，得到垂直排列的文字效果，如右图所示。

8.1.2 | 显示/隐藏框架网格字数统计

使用框架网格编辑文档时，可以对框架中的文本进行字数统计。框架网格中的字数统计显示在网格的底部，包括框架中的文本的字符数、行数、单元格的总数及实际字符数的值等。通过执行"显示/隐藏框架字数统计"命令可以对框架网格右下角的字数统计进行显示或隐藏操作。

◎ 素材文件：随书资源\08\素材\02.indd
◎ 最终文件：随书资源\08\源文件\显示/隐藏框架网格字数统计.indd

01 打开01.indd，打开后的图像效果如下图所示。

02 执行"视图>网格和参考线>隐藏框架字数统计"菜单命令，隐藏框架网格右下角的字数统计，效果如下图所示。

8.1.3 | 更改文本框架属性

在InDesign中创建的框架网格，其默认字符属性都是由文档默认值、应用程序默认值和版面网格确定的。编辑框架网格时可以重新对框架网格的默认值进行设置，包括为所有新建文档设置框架网格值和只为当前文档设置默认值。

◎ 素材文件：随书资源\08\素材\03.indd
◎ 最终文件：随书资源\08\源文件\更改文本框架属性.indd

01 打开03.indd，应用"选择工具"选中文档中创建的框架网格，如下图所示。

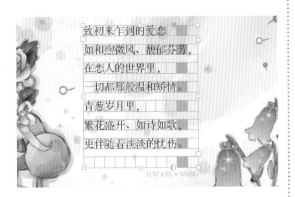

02 执行"对象>框架网格选项"菜单命令，打开"框架网格"对话框，在对话框中重新指定框架中的字体、大小等属性，如下图所示。

03 设置后单击对话框右上角的"确定"按钮，对选中文本框架中的文字应用设置的属性，效果如下图所示。

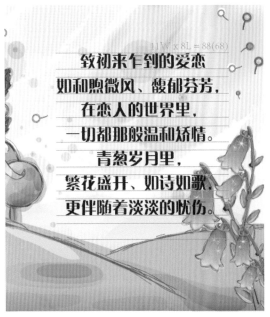

技巧提示

对于文档中创建的框架网格，可以在完成编辑后将它隐藏起来。执行"视图>网格和参考线>隐藏框架网格"菜单命令即可隐藏文档中选中的框架网格；若要再次显示该框架网格，需要执行"视图>网格和参考线>显示框架网格"菜单命令。

8.2 | 串联文本框架

在框架之间连接文本的过程称为串接文本，也称为链接文本框架或链接文本框。在InDesign中，框架中的文本可独立于其他框架，也可在多个框架之间连续排文。要在多个框架之间连续排文，必须先连接这些框架。连接的框架可位于同一页或跨页，也可位于文档的其他页面。

8.2.1 | 向串接中添加新框架

在InDesign中编辑长文本时，如果不能在一个文本框架中将文本完全显示出来，在框架右下角就会显示一个红色的加号图标，这时就需要添加新框架，进行文本框架的串接操作，以显示未完全显示出来的文本内容。

◎ 素材文件：随书资源\08\素材\04.indd

◎ 最终文件：随书资源\08\源文件\向串接中添加新框架.indd

01 打开06.indd，应用"选择工具"单击选中图像左侧的文本框架，如下图所示。

03 载入文本图标，将载入的文本图标放置到需要显示新文本框架的位置，然后单击并拖动鼠标，如下图所示。

02 将鼠标指针移至框架右下角的红色溢流文本标志位置，单击鼠标，如下图所示。

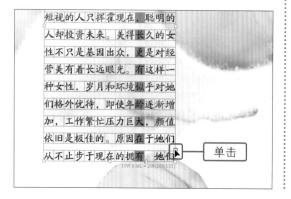

04 拖至合适的大小后，释放鼠标，在所选框架之后添加一个框架，同样对文本进行串接设置，如下图所示。

8.2.2 | 向串接中添加现有框架

如果已经在页面中创建了多个文本框架，则可以直接在创建好的框架中进行框架文本的串接操作。通过在现有的框架中进行文本的续排，能够更好地控制框架及框架中的文本排列效果。

◎ 素材文件：随书资源\08\素材\05.indd

◎ 最终文件：随书资源\08\源文件\向串接中添加现有框架.indd

01 打开05.indd，应用"选择工具"选中页面中的一个文本框架，如下图所示。

02 将鼠标指针移至框架右下角的红色溢流文本标志位置，单击鼠标，如下图所示。

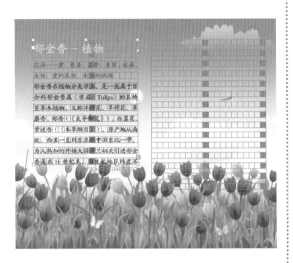

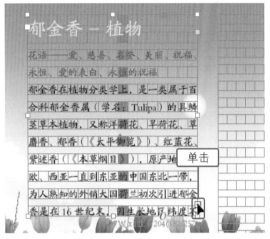

03 载入文本图标 ，将载入的文本图标移至要连接到的框架上，在框架内部单击将其串接到第一个框架，如右图所示。

8.2.3 在串接框架序列中添加框架

在进行框架串接操作时，可以向串接的框架序列中插入一个新的框架，将框架中未显示的文本在新插入的框架中完全显示出来。

◎ 素材文件：随书资源\08\素材\06.indd
◎ 最终文件：随书资源\08\源文件\在串接框架序列中添加框架.indd

01 打开06.indd，使用"选择工具"选中图像左上角的框架网格，如下图所示。

02 将鼠标指针移到第一个框架的出口位置，如下图所示，单击鼠标后，鼠标指针自动转换为载入文本图标 。

图文排版

第8章

03 将鼠标移到已有框架的中间位置，单击并拖动鼠标创建新框架，如下图所示。

04 释放鼠标，即可将框架串接到包含该文章的链接框架序列中，如下图所示。

拖动

8.2.4 取消串接文本框架

在InDesign中，不但可以串接文本框架，也可以取消串接的文本框架。取消串接文本框架时，将断开该框架与串接中的所有后续框架之间的连接，并且以前显示在这些框架中的所有文本都将成为溢流文本，但不会删除框架中的文本。

◎ 素材文件：随书资源\08\素材\07.indd
◎ 最终文件：随书资源\08\源文件\取消串接文本框架.indd

01 打开07.indd，在包含框架网格的页面中单击第一个框架的出口，如下图所示。

02 将载入的文本图标放置到上一个框架或者下一个框架中，显示取消串接图标，如下图所示。

03 单击鼠标取消串接的框架，并在第一个框架右下角显示红色加号，表示框架中存在溢流文本，如右图所示。

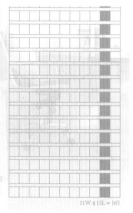

技巧提示

单击第一个框架的出口或者是第二个框架的入口以载入文本图标，然后单击另一框架对象，都能取消串接的文本框架。

8.2.5 | 剪切或删除串接文本框架

在页面中创建框架后,可以对串接的单个或多个框架进行剪切或删除操作。在剪切或删除文本框架时不会删除文本,框架中的文本仍包含在串接中,成为溢流文本。

◎ 素材文件: 随书资源\08\素材\08.indd
◎ 最终文件: 随书资源\08\源文件\剪切或删除串接文本框架.indd

01 打开08.indd,应用"选择工具"选中文档中需要剪切的框架对象,如下图所示。

02 执行"编辑>剪切"菜单命令,选中的框架即会消失,其中包含的所有文本都排列到该串接文本内的下一框架中,如下图所示。

03 应用"选择工具"选中文档中需要删除的串接框架,如下图所示。

04 按下键盘中的Delete键,删除所选的串接框架,框架中的文本成为溢流文本,如下图所示。

8.3 | 文本绕排

在InDesign中,可以将文本绕排在任何对象周围,例如文本框架、导入的图像及绘制的图形等。对对象应用文本绕排时,InDesign会在对象周围创建一个阻止文本进入的边界,其中文本所围绕的对象称为绕排对象。

8.3.1 | 创建简单的文本绕排

在InDesign中，使用"文本绕排"面板可以为指定的对象创建文本绕排效果。"文本绕排"面板中提供了沿定界框绕排、沿对象形状绕排等文本绕排设置按钮，用户通过单击按钮，可以为所选对象指定不同的文本绕排样式。

◎ 素材文件：随书资源\08\素材\09.indd
◎ 最终文件：随书资源\08\源文件\创建简单的文本绕排.indd

01 打开09.indd，使用"选择工具"单击需要设置绕排样式的对象，如下图所示。

02 执行"窗口>文本绕排"菜单命令，打开"文本绕排"面板，单击面板中的"沿对象形状绕排"按钮，此时创建与所选框架形状相同的文本绕排边界，如下图所示。

> **技巧提示**
>
> 在"文本绕排"面板中单击"沿定界框绕排"按钮▦，将创建一个矩形绕排，其宽度和高度由所选对象的定界框确定；单击"沿对象形状绕排"按钮▦，将创建与所选框架形状相同的文本绕排边界；单击"上下型绕排"按钮▦，可以使文本不出现在框架两侧的任何可用空间中；单击"下型绕排"按钮▦，将强制周围的段落显示在下一栏或下一文本框架的顶部。

8.3.2 | 定义文本绕排边缘

设置文本绕排样式后，可以使用"文本绕排"面板中的"上位移""下位移""左位移"和"右位移"选项为绕排的文本对象边缘指定特定的边缘大小，设置的参数越大，文本边缘与对象之间的距离也就越宽。当设置位移为正值时将绕排背向框架移动，设置为负值时将绕排移入框架。

第8章

◎ 素材文件：随书资源\08\素材\10.indd
◎ 最终文件：随书资源\08\源文件\定义文本绕排边缘.indd

01 打开10.indd，使用"选择工具"选中要设置文本绕排的对象，如下图所示。

02 打开"文本绕排"面板，在面板中单击"沿定界框绕排"按钮，并在位移数值框中重新输入位移值，如下图所示。

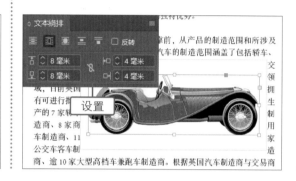

8.3.3 创建反转文本绕排

在"文本绕排"面板中提供了一个"反转"复选框，通过勾选该复选框，可以对选中的文本绕排的对象进行反转设置，通常与"沿对象形状绕排"样式结合使用。对于已经应用反转操作的绕排文本，则可以取消"反转"复选框的勾选状态，将绕排的文本恢复到反转前的效果。

◎ 素材文件：随书资源\08\素材\11.indd
◎ 最终文件：随书资源\08\源文件\创建翻转文本绕排.indd

01 打开11.indd，使用"选择工具"选中应用了文本绕排的对象，如下图所示。

02 打开"文本绕排"面板，在面板中单击勾选"反转"复选框，如下图所示。

8.3.4 | 更改文本绕排的形状

应用"文本绕排"面板为页面中的对象设置绕排效果后，可以再对绕排的形状进行编辑。要编辑文本绕排形状，需要应用"直接选择工具"选中绕排图形，然后通过编辑锚点或曲线，即可更改文档中已应用的绕排效果。

◎ 素材文件：随书资源\08\素材\12.indd

◎ 最终文件：随书资源\08\源文件\更改文本绕排的形状.indd

01 打开12.indd，使用"直接选择工具"单击应用了文本绕排的对象，如下图所示。

02 将鼠标指针移至对象边缘的路径锚点位置，单击选中路径上的锚点，并拖动锚点和锚边旁边的控制手柄，如下图所示。

03 此时可以看到应用了文本绕排的对象根据调整后的路径更改了绕排效果，如右图所示。

实|例|演|练——茶艺宣传画册内页设计

图文排版主要应用于书籍、画册页面的设计中，本实例中，首先将茶具、墨迹图像置入到文档页面中，应用"剪切路径"裁剪图像，去掉多余的背景，应用"水平网格工具"绘制文本框架，向框架中置入文字，再选择抠出的图像，为其设置文本绕排效果，完成画册内页的制作，效果如下图所示。

扫码看视频

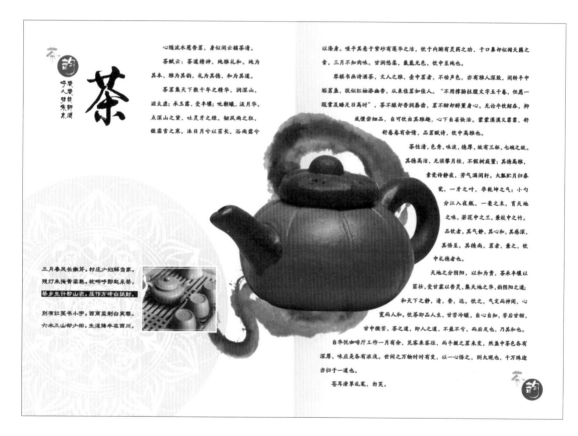

◎ 素材文件：随书资源\08\素材\13.jpg～16.jpg
◎ 最终文件：随书资源\08\源文件\茶艺宣传画册内页设计.indd

01 执行"文件>新建>文档"菜单命令，新建文档，❶选择默认的A4页面大小，❷单击"横向"按钮，如右图所示，新建一个空白文档，并转换到"预览"屏幕模式。

用途：	打印
页数(P)： 1	☑ 对页(F)
起始页码(A)： 1	☐ 主文本框架(M)
	❷ 单击
页面大小(S)： A4	❶ 选择
宽度(W)： 297 毫米	页面方向：
高度(H)： 210 毫米	装订：

第
8
章

02 选择"矩形工具"，在页面右侧绘制一个矩形，打开"颜色"面板，❶设置填充色为C0、M0、Y0、K16，将矩形填充为灰色，双击"渐变羽化工具"，❷在打开的对话框中拖动滑块，设置渐变羽化效果，如下图所示。

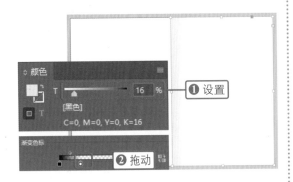

03 应用"文字工具"在页面左上角位置输入文字，根据层次关系，调整文字字体和大小。然后使用"椭圆工具"在文字上绘制一个红色的圆形，执行"对象>排列>置为底层"菜单命令，将图形置于文字下方，如下图所示。

04 执行"文件>置入"菜单命令，将13.jpg水墨图像置入到文档中，选中图像，在选项栏中输入"旋转角度"为-40°，旋转图像，如下图所示。

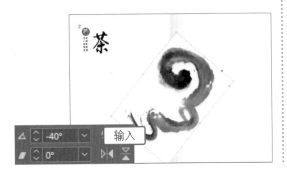

05 执行"对象>剪切路径>选项"菜单命令，打开"剪切路径"对话框，❶选择"检测边缘"类型，❷调整"阈值"和"容差"值，❸勾选"包含内边缘"复选框，❹设置后单击"确定"按钮，如下图所示。

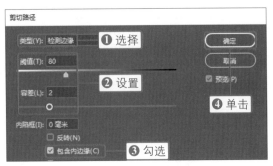

06 根据设置的选项创建剪切路径，去除多余的白色背景，执行"文件>置入"菜单命令，将14.jpg茶具图像置入到文档中，选用"钢笔工具"沿物体边缘绘制路径，如下图所示。

07 选择工具箱中的"选择工具"，单击选中茶具图像，右击该图像，在弹出的快捷菜单中执行"剪切"命令，剪切图像，如下图所示。

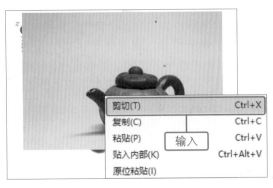

08 应用"选择工具"单击选中绘制的路径，执行"编辑>贴入内部"菜单命令，将剪切板中的图像粘贴到路径内部，隐藏多余灰色背景，如下图所示。

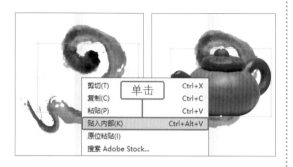

09 应用"选择工具"选中工作路径，在选项栏中单击"描边"下拉按钮，在展开的色板中单击"无"选项，去除描边，如下图所示。

10 选中"椭圆工具"，按住Shift键不放，在页面左下角单击并拖动，绘制一个正圆图形，并将图形填充为灰色，如下图所示。

11 执行"文件>置入"菜单命令，将15.jpg花纹图像置入到文档中，打开"效果"面板，❶设置混合模式为"颜色减淡"，❷"不透明度"为70%，如下图所示。

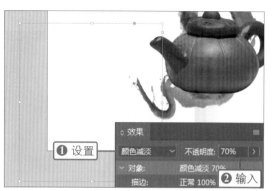

12 执行"对象>剪切路径>选项"菜单命令，打开"剪切路径"对话框，❶选择"检测边缘"类型，❷设置"阈值"和"容差"值，❸勾选"包含内边缘"复选框，❹设置后单击"确定"按钮，如下图所示。

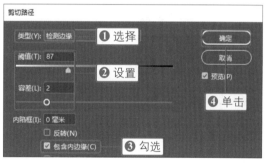

13 根据设置的选项剪切图像，隐藏多余的白色背景。单击页面中的空白区域，查看图像效果，如下图所示。

图文排版

14 使用"矩形工具"在页面中绘制矩形，执行"文件>置入"菜单命令，将16.jpg图像置入到矩形中，❶然后在选项栏中设置描边颜色为白色，❷粗细为5点、类型为"粗-细"，如下图所示。

15 ❶单击"屏幕模式"按钮，在展开的列表中选择"正常"模式，❷单击"水平网格工具"按钮，在页面中单击并拖动，绘制一个14列7行的文本框架，如下图所示。

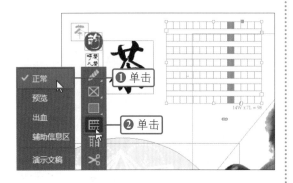

16 执行"文件>置入"菜单命令，打开"置入"对话框，❶在对话框中选中"茶韵"文档，❷单击"打开"按钮，如下图所示。

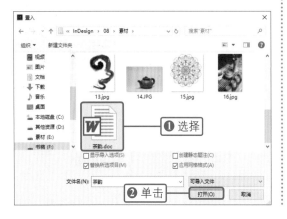

17 将文档置入到框架网格中，此时可看到框架右下角显示红色溢流文本标志，将鼠标指针移到标志上方，单击鼠标，如下图所示。

18 载入文本图标，将载入的文本图标放置到文档右侧，单击并拖动鼠标，绘制文本框，串接文本，如下图所示。

19 应用"文字工具"选中文本框中的文字，❶在选项栏中设置字体为"方正北魏楷书简体"、字体大小为9点。❷在"段落"面板中设置"标点挤压设置"为"首行缩进"，更改文本效果，如下图所示。

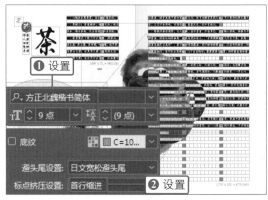

第8章

20 单击"屏幕模式"按钮，❶在展开的列表中选择"预览"模式。应用"选择工具"选中页面中的墨迹图像，打开"文本绕排"面板，❷单击"沿对象形状绕排"按钮，❸输入"上位移"为2毫米，创建文本绕排效果，如下图所示。

21 应用"选择工具"选中页面中的茶具图像，打开"文本绕排"面板，❶单击"沿对象形状绕排"按钮，❷输入"上位移"为3毫米，创建文本绕排效果，如下图所示。

22 选择"文字工具"，在页面中单击并拖动鼠标，绘制文本框，输入文字，打开"字符"面板，❶设置字体为"汉仪小隶书简"，❷字体大小为9.5点，❸行距为18点，如下图所示。

23 应用"文字工具"选中文本框中间一排文字，打开"字符"面板，将行距由18点改为30点，如下图所示。

24 应用"选择工具"选中页面左上角的"茶韵"二字及下方的红色圆形，按住Alt键不放，单击并向右下角拖动，复制对象，完成画册内页设计，如下图所示。

图文排版

第9章

InDesign除了可以用于页面的排版外，也可以用于各种矢量图形的绘制。InDesign提供了如矩形工具、椭圆工具等规则图形绘制工具，也有编辑复杂路径的钢笔工具、抹除工具等，通过应用这些工具可以创建任意形状的图形，将这些图形应用于不同版面之中，完成更精美的页面排版设计。本章主要介绍围绕图形的绘制、路径创建与编辑等内容进行深入讲解。

09

矢量图形的创建与编辑

9.1 基本图形的绘制

图形的绘制是排版设计中非常重要的操作之一，通过在页面中绘制一些合适的图形，不但可以增加版面的美观性，而且能够增强其可读性。InDesign提供了"矩形工具""椭圆工具"和"多边形工具"3种常用的基础绘制工具，使用这些工具可以在页面中创建基础的矩形、圆形及多边形图形。

9.1.1 绘制矩形

在InDesign中，使用"矩形工具"可以在页面中绘制矩形或正方形图形。默认情况下，应用"矩形工具"绘制图形时，系统会自动以当前"拾色器"中所设置的填充色填充所绘制的图形。用户也可以在绘制完成后，应用"色板"或"颜色"面板重新为图形指定填充色。

◎ 素材文件：随书资源\09\素材\01.indd
◎ 最终文件：随书资源\09\源文件\绘制矩形.indd

01 打开01.indd，单击工具箱中的"矩形工具"按钮▣，如下图所示。

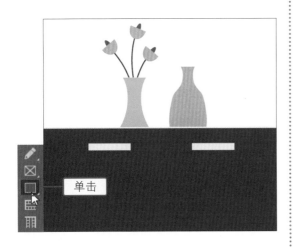

02 此时鼠标指针变为┼形，移动鼠标指针到页面中需要绘制矩形的位置，单击并向下方拖动，如下图所示。

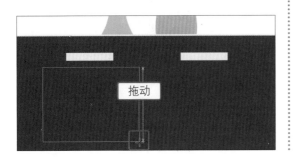

03 拖至合适的大小后释放鼠标，即可根据鼠标拖动的轨迹创建矩形，效果如下图所示。

技巧提示

若要在文档中绘制一个正方形，选择"矩形工具"，按住Shift键的同时向对角线方向拖动，直到方形达到所需大小释放鼠标即可。

04 如果要绘制特定大小的矩形，选择"矩形工具"，❶在文档页面中需要绘制矩形的位置单击，❷在弹出的"矩形"对话框中输入矩形"宽度"和"高度"，如下图所示。

05 单击"确定"按钮，即可根据设置的参数在鼠标单击位置创建一个矩形，绘制的矩形效果如下图所示。

9.1.2 | 绘制椭圆形

在InDesign中，"椭圆工具"主要用于绘制椭圆形或正圆形，"椭圆工具"与"矩形工具"的使用方法相同，只需要在工具箱中选择该工具，然后在页面中单击并拖动就可以创建正圆形或椭圆形。

◎ 素材文件：随书资源\09\素材\02.indd
◎ 最终文件：随书资源\09\源文件\绘制椭圆形.indd

01 打开02.indd，按住"矩形工具"按钮■不放，在弹出的菜单中选择"椭圆工具"，如下图所示。

02 此时鼠标指针变为 ┼ 形，移动鼠标指针至需要绘制椭圆形图形的位置，单击并向下拖动，如下图所示。

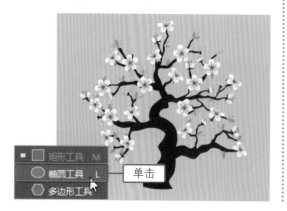

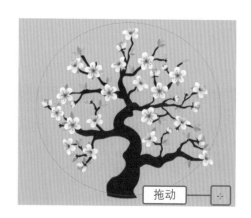

03 释放鼠标，即可根据拖动轨迹创建椭圆图形，双击工具箱中的"填色"框，在打开的拾色器中设置合适的颜色，填充图形。然后执行"对象>排列>后移一层"菜单命令，调整图形顺序，效果如右图所示。

9.1.3 绘制多边形

使用"多边形工具"可以在文档中绘制特定边数的多边形图形。应用"多边形工具"绘制图形时，默认绘制的多边形边数为6。双击工具箱中的"多边形工具"按钮，打开"多边形设置"对话框，在对话框中可以设置多边形的边数与凹陷度。

◎ 素材文件：随书资源\09\素材\03.indd
◎ 最终文件：随书资源\09\源文件\绘制多边形.indd

01 打开03.indd，❶双击"多边形工具"按钮 ◙，❷在打开的"多边形设置"对话框中设置参数，❸单击"确定"按钮，如下图所示。

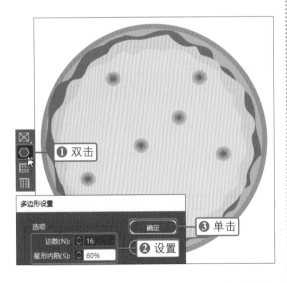

❶ 双击

多边形设置

选项

确定 ❸ 单击

边数(N): ⟳ 16

❷ 设置

星形内陷(S): ⟳ 60%

02 此时鼠标指针变为 ┼ 形，移动鼠标指针至文档中需要绘制多边形图形的位置，单击并向右下方拖动，如下图所示。

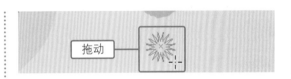

拖动

03 释放鼠标，根据拖动轨迹创建多边形图形。继续使用"多边形工具"在文档中单击并拖动，绘制出更多相似的多边形图形，效果如下图所示。

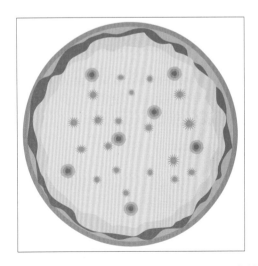

9.2 绘制直线和曲线路径

应用"矩形工具""椭圆工具""多边形工具"可以绘制比较规则的图形。如果需要绘制外形更复杂的图形，就需要应用"直线工具"和"钢笔工具"来绘制直线和曲线路径，通过两者结合创建各种不同形状的图形。

9.2.1 绘制直线路径

使用"直线工具"可以在页面中绘制各种不同长短的直线路径，通过对绘制的路径进行描边设置，可以得到不同粗细的线条。应用"直线工具"绘制直线路径时，按住Shift键的同时拖动鼠标，可以绘制出水平或垂直的直线路径。

◎ 素材文件：随书资源\09\素材\04.indd
◎ 最终文件：随书资源\09\源文件\绘制直线路径.indd

01 打开04.indd，❶单击"直线工具"按钮 ，❷在显示的选项栏中设置属性，如下图所示。

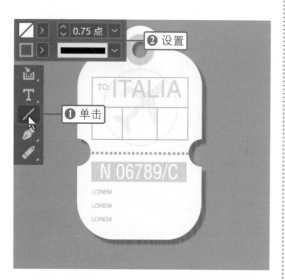

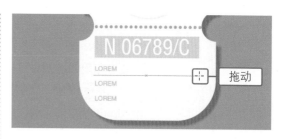

03 当拖动至需要设置为路径终点的位置时，释放鼠标，绘制出直线路径，如下图所示。

02 移动鼠标指针至文档页面中，在适当位置单击以确定直线路径的起始锚点并向右拖动鼠标，如下图所示。

技巧提示

应用"直线工具"绘制线条时，按住Shift键的同时拖动进行绘制，可以创建水平、垂直或者限制为45°的倍数的直线段。

第 9 章

9.2.2 | 曲线路径的绘制

在InDesign中，应用"铅笔工具"可以绘制不同弯曲度的曲线路径。"铅笔工具"也被称为"自由绘图工具"，该工具根据鼠标拖动的轨迹创建路径，效果如同铅笔绘画一样。

◎ 素材文件：随书资源\09\素材\05.indd
◎ 最终文件：随书资源\09\源文件\曲线路径的绘制.indd

01 打开05.indd，❶单击"铅笔工具"按钮 ✏，❷在选项栏中设置属性，如下图所示。

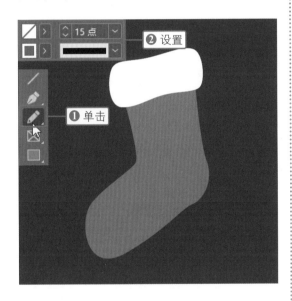

03 当拖动到适当位置后，释放鼠标，即可完成曲线路径的绘制。继续使用"铅笔工具"创建另一条曲线路径，如下图所示。

02 此时鼠标指针变为 ✏ 形，在页面中单击并拖动鼠标，随着鼠标的拖动会有虚线轨迹出现，如下图所示。

9.2.3 | 曲线路径和直线路径的结合应用

使用"直线工具"和"铅笔工具"只能绘制直线路径或曲线路径，若要同时绘制直线和曲线路径，则需要使用"钢笔工具"。"钢笔工具"是一个功能强大的绘图工具，不但可以单独绘制直线路径及曲线路径，也可以通过应用路径上的锚点和控制手柄同时绘制出直线和曲线路径，创建更为复杂的路径或图形。

◎ 素材文件：随书资源\09\素材\06.indd
◎ 最终文件：随书资源\09\源文件\曲线路径和直线路径的结合应用.indd

第
9
章

01 打开06.indd，❶单击"钢笔工具"按钮 ✐，❷在工具箱下方单击"填充"按钮，如下图所示，在"拾色器"对话框中设置填充色。

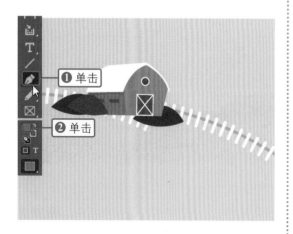

02 此时鼠标指针变为 ✎ 形，移动鼠标指针到需绘制曲线段的起点位置，单击定义第一个锚点，如下图所示。

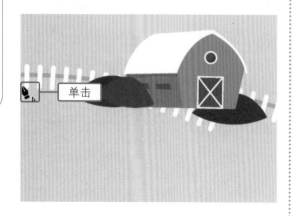

03 移动鼠标指针到下一个锚点位置，单击并沿着一定的方向拖动鼠标以调整曲线段斜度，如下图所示。

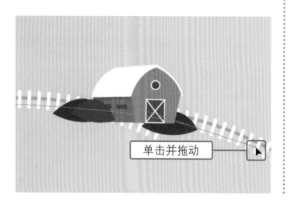

04 当曲线段的斜度达到满意状态时，释放鼠标，即可在两个锚点之间得到一条曲线路径，如下图所示。

05 按住Alt键不放，将鼠标指针移至右侧的锚点上方，当鼠标指针变为 ⌃ 形时，单击路径锚点，转换锚点方向，如下图所示。

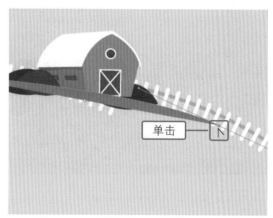

06 将鼠标指针移到另一位置，单击鼠标，添加第二个路径锚点，此时在两个锚点中间得到了一条直线路径，如下图所示。

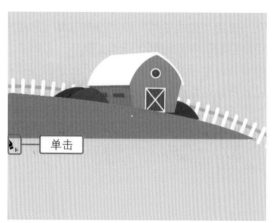

07 将鼠标指针移到路径的起始锚点位置，当鼠标指针变为 ♦。形时，单击鼠标，连接起始锚点和终点锚点，形成封闭的路径，如下图所示。

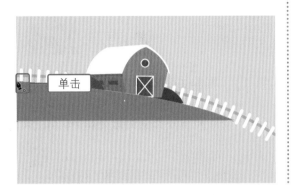

08 继续使用同样的方法，在文档中绘制更多的直线和曲线路径，得到如下图所示的图形效果。

9.3 路径的编辑

在InDesign中，应用"钢笔工具"和"铅笔工具"可以创建各种形状的路径，但是很难一次性精确创建出想要的路径，此时就需要应用路径编辑工具对创建的路径做进一步的调整，通过调整路径锚点和线段，获得更理想的图形效果。

9.3.1 选择路径、线段和锚点

在改变路径形状或编辑路径之前，必须选择路径、路径上的锚点及路径线段等。在InDesign中，结合"选择工具"和"直接选择工具"可以轻松选中路径及路径上的锚点。

◎ 素材文件：随书资源\09\素材\07.indd
◎ 最终文件：无

01 打开07.indd，❶在工具箱中单击"直接选择工具"按钮▶，❷将鼠标指针移动到锚点上方，如下图所示。

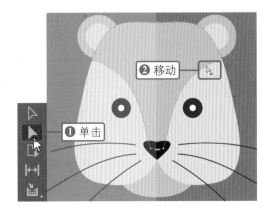

02 单击鼠标选中锚点，此时被选中的路径锚点显示为实心正方形，而未选中的锚点为空心正方形，如下图所示。

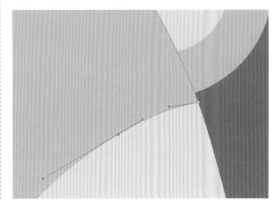

03 按住Shift键不放，单击路径上的另外一个锚点，单击后即可选中锚点及锚点中间的线段，如下图所示。

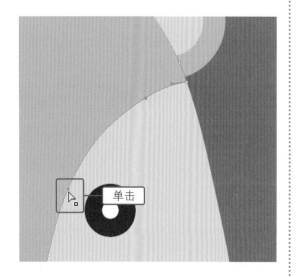

04 如果要选中路径上的所有锚点和线段，单击"选择工具"按钮，选中要选中锚点和线段的图形，如下图所示。

05 再单击工具箱中的"直接选择工具"按钮，此时可以看到图形上所有的锚点和线段都变为选中状态，如下图所示。

9.3.2 更改直线段的位置和长度

在InDesign中，可以对文档中创建好的路径进行编辑，例如移动直线线段、调整直线段的长度或角度、调整曲线段的位置或形状及删除线段等。使用"直接选择工具"选中路径锚点和线段，通过单击并拖动的方法能够完成路径的进一步调整操作。

◎ 素材文件：随书资源\09\素材\08.indd
◎ 最终文件：随书资源\09\源文件\更改直线段的位置和长度.indd

01 打开08.indd，选择工具箱中的"直接选择工具"，选中要调整的直线段，如下图所示。

02 将线段拖到新位置，释放鼠标，即可完成线段的移动操作，效果如下图所示。

03 要调整直线段的长度，选择"直接选择工具"，将鼠标指针移到直线段一端的锚点位置，单击选中锚点，如下图所示。

04 将锚点拖动到所需的位置，释放鼠标，即可完成直线段长度的调整，效果如下图所示。

9.3.3 | 更改曲线段的位置或形状

在InDesign中，除了可以更改直线段的位置和长度外，还可以更改曲线段的位置和形状。应用"直接选择工具"选中图形后，然后在曲线或锚点位置单击并拖动，就可以完成曲线位置和形状的编辑。

◎ 素材文件：随书资源\09\素材\09.indd
◎ 最终文件：随书资源\09\源文件\更改曲线段的位置或形状.indd

01 打开09.indd，单击"直接选择工具"按钮 ，如下图所示。

02 将鼠标指针移到一条曲线段的上方，单击并拖动，即可调整曲线段的形状，如下图所示。

第
9
章

03 如果要调整所选锚点任意一侧线段的形状，运用"直接选择工具"选中路径上的锚点，显示方向线，如下图所示。

单击

04 单击并拖动选中方向线，即可完成一侧曲线段的调整，如下图所示。

单击并拖动

9.3.4 | 添加/删除锚点

在"钢笔工具"组中除了"钢笔工具"外，还有"添加锚点工具"和"删除锚点工具"。应用"添加锚点工具"和"删除锚点工具"可以在绘制的路径上添加或删除锚点，以控制路径的外观形态。默认情况下，当将"钢笔工具"定位到所选路径上方时，会自动变为"添加锚点工具"；当将"钢笔工具"定位到锚点上方时，则会变为"删除锚点工具"。

◎ 素材文件：随书资源\09\素材\10.indd
◎ 最终文件：随书资源\09\源文件\添加/删除锚点.indd

01 打开10.indd，使用"选择工具"选中需要修改的路径，如下图所示。

02 ❶单击工具箱中的"添加锚点工具"按钮，❷将鼠标指针移至路径上方，此时鼠标指针将变为形，如下图所示。

❷移动
❶单击

03 单击鼠标，即可在单击的位置添加一个新的锚点，拖动该锚点可更改路径形状，如下图所示。

拖动

04 ❶单击工具箱中的"删除锚点工具"按钮🖊️，❷将鼠标指针定位到锚点上，此时鼠标指针将变为🔻形，如下图所示。

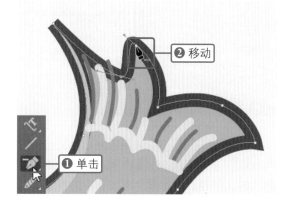

❷ 移动

❶ 单击

05 单击鼠标，即可将鼠标定位处的锚点删除，删除锚点后的效果如下图所示。

06 使用同样的方法编辑鱼儿尾部的其他锚点，通过添加和删除锚点，创建不同形状的鱼尾效果，如下图所示。

9.4 | 路径的转换与运算

在InDesign中，可以应用"路径查找器"面板对已经绘制好的路径进行编辑，包括封闭和开放路径、转换路径形状、转换路径锚点等。执行"窗口>对象和版面>路径查找器"按钮，可打开"路径查找器"面板，通过单击面板中的按钮即可进行路径的转换与运算处理。

9.4.1 | 转换封闭和开放路径

在InDesign中，可以使用"路径查找器"面板来编辑路径。如果要闭合开放路径，则使用"选择工具"选中路径，然后在"路径查找器"面板中单击"闭合路径"按钮；如果要将闭合的路径转换为开放状态，则在选中路径后，单击"路径查找器"面板中的"开放路径"按钮。

◎ 素材文件：随书资源\09\素材\11.indd
◎ 最终文件：随书资源\09\源文件\转换封闭和开放路径.indd

01 打开11.indd，使用"直接选择工具"选中图像中一个封闭的工作路径，如下图所示。

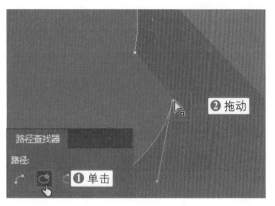

02 执行"窗口>对象和版面>路径查找器"菜单命令，打开"路径查找器"面板，❶单击"开放路径"按钮，将当前选中的封闭路径转换为开放路径，❷拖动一端的锚点，如下图所示。

03 断开路径后，若要重新闭合路径，打开"路径查找器"面板，单击面板中的"封闭路径"按钮，连接选中的开放路径两个端点，得到封闭的路径，如下图所示。

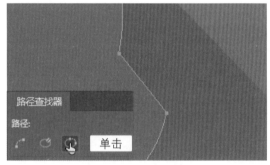

技巧提示

在InDesign中使用"钢笔工具"也可以闭合开放路径，方法是：将鼠标指针移至路径一端的锚点位置，单击选中锚点，然后将鼠标指针移到路径起点锚点位置，当鼠标指针变为形时，单击即连接两个锚点，得到封闭的路径。

9.4.2 路径的运算

使用"路径查找器"可以将许多简单的路径经过特定的运算之后形成各种复杂的路径。执行"窗口>路径查找器"菜单命令，或者按下快捷键Shift+Ctrl+F9，都可以打开"路径查找器"面板。在面板中的"路径查找器"选项组中可以包括"添加""减去""交叉""排除重叠"和"减去后方对象"5个按钮，通过单击这些按钮，就可以在所选的路径之间进行特定的计算设置。

◎ 素材文件：随书资源\09\素材\12.indd
◎ 最终文件：随书资源\09\源文件\路径的运算.indd

01 打开12.indd，选中"选择工具"，按住Shift键不放，单击选中多个图形，如下图所示。

02 打开"路径查找器"面板，在面板中单击"路径查找器"选项组下的"减去"按钮⬚，可看到杯子图形中减去了上方的心形图形，如下图所示。

9.4.3 | 路径形状的转换

应用"路径查找器"面板中"转换形状"选项组的按钮，可以将所选路径转换为预定义的形状，并且原始路径的描边设置与新路径的描边设置相同。如果新路径是多边形，则它的形状基于"多边形设置"对话框中的选项；如果新路径具有角效果，则它的半径大小基于"角选项"对话框中的大小设置。

◎ 素材文件：随书资源\09\素材\13.indd
◎ 最终文件：随书资源\09\源文件\路径形状的转换.indd

01 打开13.indd，使用"选择工具"选中需要转换形状的图形，如下图所示。

02 打开"路径查找器"面板，单击面板中的"将形状转换为多边形"按钮⬚，此时所选中的图形将根据多边形工具设置转换为多边形效果，如下图所示。

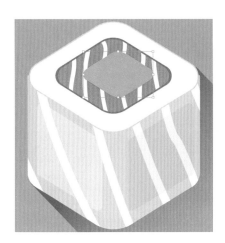

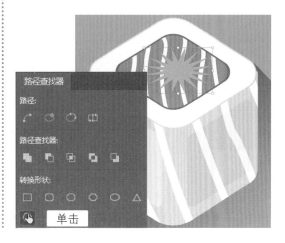

9.4.4 | 转换路径锚点

应用路径工具绘制的路径中大多包括了两种类型的锚点，分别为角点和平滑点。在角点处，路径突然改变方向；在平滑点处，路径段连接为连续曲线。在InDesign中，可以使用"转换方向点工具"和"路径查找器"面板中的"转换点"选项组，在角点和平滑点之间进行转换。

◎ **素材文件:** 随书资源\09\素材\14.indd
◎ **最终文件:** 随书资源\09\源文件\转换路径锚点.indd

01 打开14.indd，选中"直接选择工具"，单击选中要修改的路径，如下图所示。

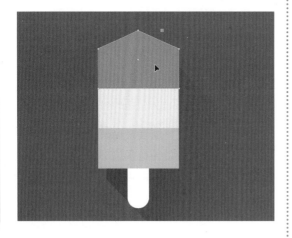

02 选择工具箱中的"转换方向点工具"，此时鼠标指针变为∧形，将鼠标指针移到要转换的锚点上方，如下图所示。

03 单击鼠标，即可将角点转换为平滑点，并且平滑点两侧显示控制柄，拖动方向控制柄，调整图形，如下图所示。

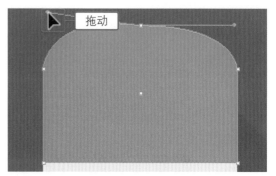

04 选择"直接选择工具"，将鼠标指针移到路径上方，单击选中图形上的平滑点，如下图所示。

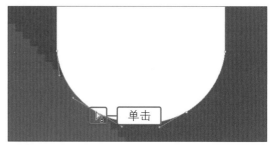

05 打开"路径查找器"面板，单击"转换点"选项组中的"普通"按钮，将选定的平滑点转换为角点，并去除方向控制手柄，调整更多锚点，如下图所示。

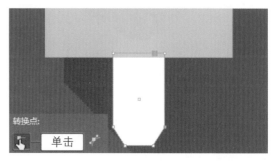

第9章

9.5 复合路径的应用

在InDesign中，可以将多个路径组合为单个对象，而组合后的对象就叫做复合路径。复合路径与对象编组的功能类似，不同的是，组合后的各个对象仍然保持原来的属性，而将对象创建为复合路径，则会将最后一条路径的属性应用于所有子路径。

9.5.1 创建复合路径

在InDesign中可以用两个或更多个开放或封闭路径创建复合路径。创建复合路径时，所有最初选定的路径将成为新复合路径的子路径，并且选定路径继承排列顺序中最底层的对象的描边和填色设置。对于创建的复合路径，同样可以使用"直接选择工具"选择某个子路径上的锚点来更改复合路径的形状。

◎ 素材文件：随书资源\09\素材\15.indd
◎ 最终文件：随书资源\09\源文件\创建复合路径.indd

01 打开15.indd，使用"选择工具"选中所有要包含在复合路径中的路径，如下图所示。

02 执行"对象>路径>建立复合路径"命令，创建复合路径，选定路径的重叠之处都将显示为镂空状态，如下图所示。

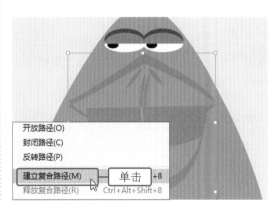

9.5.2 释放复合路径

对于文档中创建的复合路径，可以通过释放复合路径进行分解。释放复合路径后，原复合路径中的每个子路径会转换为独立的路径，可以根据实际需要对这些路径进行调整。

◎ 素材文件：随书资源\09\素材\16.indd
◎ 最终文件：随书资源\09\源文件\释放复合路径.indd

01 打开16.indd，使用"选择工具"选中文档中创建的复合路径，如下图所示。

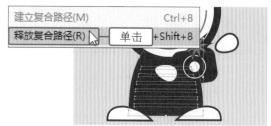

03 应用"选择工具"选中部分图形，❶打开"拾色器"设置填充颜色，❷为路径填充设置的颜色，得到的效果如下图所示。

02 执行"对象>路径>释放复合路径"菜单命令，释放复合路径，此时复合路径中的所有子路径属性不变，效果如下图所示。

9.6 | 特殊路径效果

应用路径绘制工具绘制图形后，可以对绘制的图形做更进一步的设置，例如擦除部分路径、去除路径中的尖角、添加路径转角效果等。在InDesign中，应用"抹除工具""平滑工具"可以擦除路径或转换平滑的路径效果，还可以使用"角选项"对话框和"描边"面板为路径添加不同形状的转角和描边效果。

9.6.1 | 抹除路径

InDesign中的"抹除工具"与其他Adobe软件中的橡皮擦功能类似，用于擦除路径。选择工具箱中的"抹除工具"后，在需要擦除的路径上拖动，即可擦除路径及路径上的锚点。

◎ 素材文件：随书资源\09\素材\17.indd
◎ 最终文件：随书资源\09\源文件\抹除路径.indd

01 打开17.indd，使用"选择工具"选中需要擦除的路径，如下图所示。

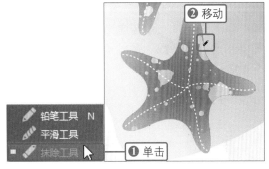

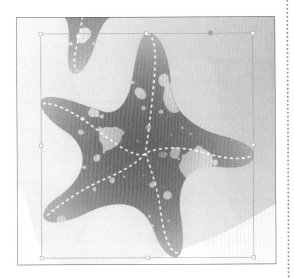

02 ❶单击"铅笔工具"右下角的倒三角形按钮，在弹出的隐藏面板中选择"抹除工具" ，❷此时鼠标指针变为 形，将鼠标指针移到路径上，如下图所示。

03 在路径上单击并拖动，即可擦除鼠标拖动过的路径线段和锚点，如下图所示。

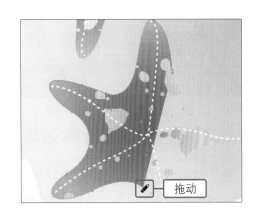

9.6.2 | 平滑路径

使用"平滑工具"可以删除现有路径或路径某一部分中的多余尖角，使处理后的路径变得更加平滑。应用"平滑工具"处理图形时，它会尽可能地保留路径的原始形状，并适当减少路径上的锚点。双击工具箱中的"平滑工具"按钮，可以在打开的"平滑工具首选项"对话框中调整修改路径时曲线偏移的保真度和平滑度。

◎ 素材文件：随书资源\09\素材\18.indd
◎ 最终文件：随书资源\09\源文件\平滑路径.indd

01 打开18.indd，单击工具箱中的"选择工具"按钮，选中应用角效果的图形，如右图所示。

02 单击"铅笔工具"右下角的三角形箭头，❶在弹出的隐藏面板中选择"平滑工具" ，❷将鼠标指针移到路径上，如下图所示。

03 沿着要平滑的路径线段拖动，即可对鼠标拖动过的线段进行平滑处理，如下图所示。

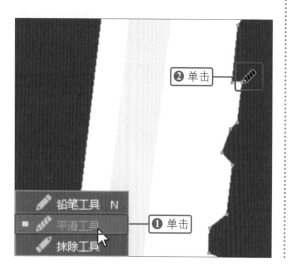

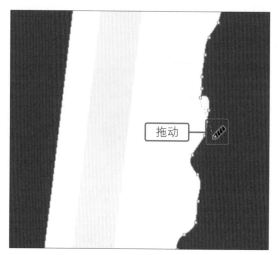

9.6.3 | 设置路径转角效果

使用"角选项"命令可以将角点效果快速应用到任何路径。在InDesign中，通过执行"对象>角选项"菜单命令，打开"角选项"对话框，在对话框中可以选择要应用的角效果，并调整角的大小。

◎ 素材文件：随书资源\09\素材\19.indd
◎ 最终文件：随书资源\09\源文件\设置路径转角效果.indd

01 打开19.indd，使用"选择工具"选中需要应用角效果的图形，如下图所示。

02 打开"角选项"对话框，❶在对话框中选择合适的转角效果，❷设置转角大小为12毫米，❸单击"确定"按钮，如下图所示。

默认情况下，InDesign会对图形的所有角应相同的转角效果，如果想要为图形每个角指定不同的转角效果，可以单击"角选项"对话框中的"统一所有设置"按钮 🔗，断开链接，然后再分别为图形的每个角选择不同的转角样式，并根据需要为其指定合适的转角大小。

9.6.4 | 描边路径

InDesign可以应用"描边"面板为所选路径应用描边效果。在"描边"面板中，可以指定路径描边的粗细、类型、起点形状和终点形状、间隙颜色等。若当前工作区中未显示"描边"面板，可以执行"窗口>描边"菜单命令，打开"描边"面板。

◎ 素材文件：随书资源\09\素材\20.indd
◎ 最终文件：随书资源\09\源文件\描边路径.indd

01 打开20.indd，使用"钢笔工具"在背景中绘制一条曲线路径，使用"选择工具"选中该路径，如下图所示。

02 打开"描边"面板，❶在面板中的"粗细"下拉列表中选择粗细值为40点，❷类型为"虚线（3和2）"，❸间隙颜色为洋红色，如下图所示。

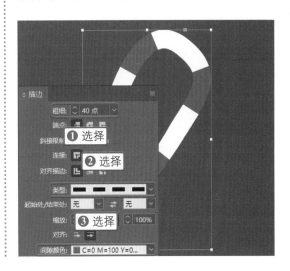

实|例|演|练——绘制植物花纹背景

使用InDesign中的矢量绘图工具可以创建丰富的背景图像。本实例首先使用"椭圆工具"在页面中绘制出大量不同大小的圆形，再应用"钢笔工具"在圆形旁边绘制花纹图形，通过"路径查找器"将两种图形进行组合，并为其填充上合适的渐变颜色，制作出植物花纹背景。最终效果如下图所示。

扫码看视频

第
9
章

◎ 素材文件：无

◎ 最终文件：随书资源\09\源文件\绘制植物花纹背景.indd

01 执行"文件>新建>文档"菜单命
令，新建文档。选择"矩形工具"，
绘制一个与页面同等大小的矩形，❶双击工具
箱中的"填色"框，打开"拾色器"对话框，
❷输入颜色为R245、G227、B143，为矩形填
充颜色，如下图所示。

02 去除轮廓线颜色，单击工具箱中
的"椭圆工具"按钮⬭，将鼠标指
针移到文档中间位置，按住Shift键不放，单击
并拖动鼠标，绘制一个较小的正圆形轮廓效
果，如下图所示。

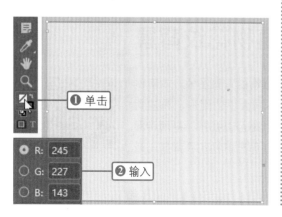

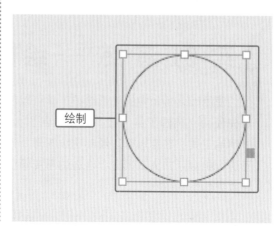

03 继续使用"椭圆工具"在背景中绘制出更多不同大小的正圆图形，如下图所示。

04 选择工具箱中的"钢笔工具"，在页面中绘制花纹路径，绘制后的效果如下图所示。

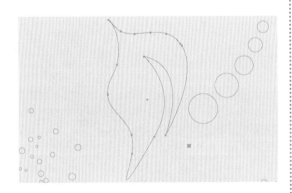

05 结合"钢笔工具"和"直接选择工具"在文档中绘制更复杂的花纹路径，然后使用"直接选择工具"选中除背景外的所有路径，如下图所示。

06 打开"路径查找器"面板，单击"路径查找器"选项组中的"相加"按钮，计算路径，创建更复杂的图形，如下图所示。

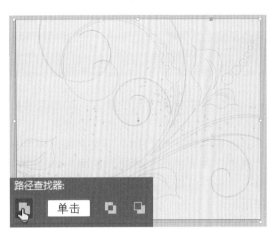

07 ❶双击工具箱中的"渐变色板工具"按钮，打开"渐变"面板，❷在面板中依次设置R150、G166、B7，R230、G192、B3，R227、G121、B0，R177、G28、B0颜色渐变，如下图所示。

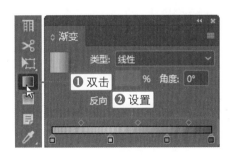

08 打开"色板"面板，❶单击面板右上角的扩展按钮，❷在展开的面板菜单中执行"新建渐变色板"命令，如下图所示。

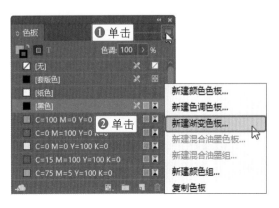

09 打开"新建渐变色板"对话框，❶设置色板名称为"花纹1"，❷单击右上角的"确定"按钮，如下图所示，创建渐变色板。

10 选中绘制的花纹路径，单击选项栏中"填色"右侧的下拉按钮，在展开的列表中单击"花纹1"渐变色板，再单击"描边"右侧的下拉按钮，在展开的列表中单击"无"色板，应用设置填充路径，如下图所示。

11 结合"椭圆工具"和"钢笔工具"在页面下方绘制圆形和不规则花纹路径。选中新绘制的所有路径，打开"路径查找器"面板，单击面板中的"相加"按钮，将选中的对象组合成一个新形状，如下图所示。

12 双击工具箱中的"填色"框，打开"拾色器"对话框，❶在对话框中设置填充色为R150、G166、B7，❷单击"添加RGB色板"按钮，❸再单击"确定"按钮，如下图所示。

13 应用设置的色板颜色填充路径，然后在选项栏中单击"描边"右侧的下拉按钮，在展开的列表中单击"无"色板，去除轮廓线颜色，效果如下图所示。

14 结合"椭圆工具"和"钢笔工具"继续创建复杂的路径，选中新绘制的所有路径，打开"路径查找器"面板，单击面板中的"相加"按钮，将选中的对象组合成一个新形状，如下图所示。

15 打开"渐变"面板，运用鼠标单击选中第一个色标，将其从"渐变"面板中拖出，删除该色标，如下图所示。

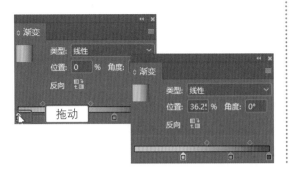

16 创建"花纹2"色板，用新渐变颜色填充图形。继续绘制更多路径并填充"花纹1"渐变色板颜色，最终效果如下图所示。

实|例|演|练——可爱宠物店名片设计

许多名片的设计都会用到各种不同形状的图形。本实例中，先用"矩形工具"绘制出名片外观形态，再结合"钢笔工具"和"矩形工具"在名片中绘制图标，通过查找路径抠出多余的图形，创建出形象生动的图标，最后把宠物素材添加到名片正面完成设计，效果如下图所示。

扫码看视频

◎ 素材文件：随书资源\09\素材\21.ai
◎ 最终文件：随书资源\09\源文件\可爱宠物店名片设计.indd

01 执行"文件>新建>文档"菜单命令，新建一个空白文档，❶单击"矩形工具"按钮■，在页面中绘制一个矩形，打开"颜色"面板，❷设置填充色为R89、G185、B199，作为背景，如下图所示。

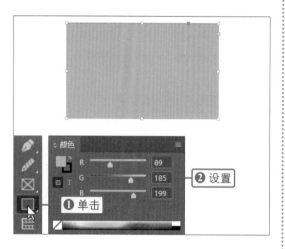

02 应用"选择工具"选中绘制的矩形，显示工具选项栏，单击"描边"选项右侧的下拉列表，在展开的列表中单击"无"色板，去除矩形描边颜色，如下图所示。

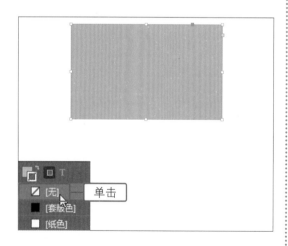

03 ❶单击工具箱中的"直线工具"按钮■，❷将鼠标指针移到矩形中间位置，按住Shift键不放，单击并向下拖动，在矩形左侧绘制一条垂直的直线路径，如下图所示。

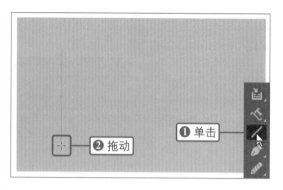

04 使用"选择工具"选中绘制的直线路径，❶在属性栏中单击"描边"选项右侧的下拉按钮，在展开的列表中选择"纸色"色板，❷然后设置粗细值为1点，如下图所示，对直线路径应用描边效果。

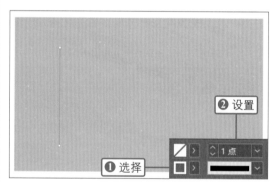

05 单击工具箱中的"钢笔工具"按钮■，在白色的线条左侧绘制一个电话形状的图形，效果如下图所示。

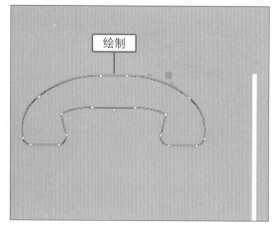

06 应用"选择工具"选中图形，❶在选项栏中单击"填充"右侧的下拉按钮，在展开列表中单击"纸色"，❷再选择描边颜色为"无"，如下图所示。

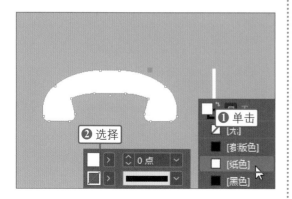

07 双击工具箱中的"多边形工具"按钮⬡，打开"多边形设置"对话框，❶在对话框输入"边数"为3，❷单击"确定"按钮，❸在页面中单击并拖动，绘制三角形，并将其填充为白色，如下图所示。

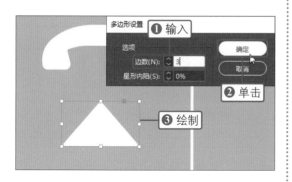

08 单击工具箱中的"矩形工具"按钮▣，在白色三角形下方位置单击并拖动鼠标，绘制一个矩形，并将矩形填充为白色，效果如下图所示。

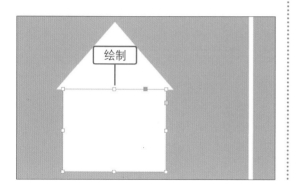

09 确认"矩形工具"为选中状态，将鼠标指针移至白色矩形中间位置，按住Shift键不放，单击并拖动，绘制一个正方形图形，如下图所示。

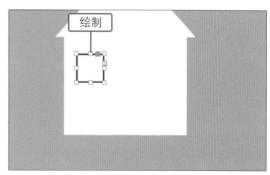

10 复制绘制的小正方形，将其拖动至白色矩形右侧，❶应用"选择工具"同时选中两个正方形，打开"对齐"面板，❷单击面板中的"顶对齐"按钮▥，对齐图形，如下图所示。

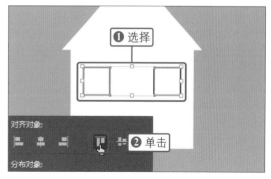

11 继续使用"矩形工具"在白色矩形下方绘制一个矩形，制作为门的形状，然后使用"选择工具"同时选取绘制的4个矩形，如下图所示。

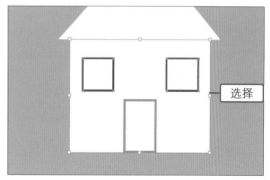

第9章

12 打开"路径查找器"面板，单击"路径查找器"选项组下的"减去"按钮▣，从最底层的白色背景中减去上方的三个矩形，如下图所示。

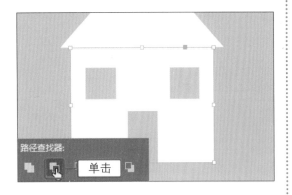

13 ❶使用"选择工具"选中矩形和上方的白色三角形，打开"路径查找器"面板，❷单击"路径查找器"选项组中的"相加"按钮▣，将选中的图形合并为一个新的图形，如下图所示。

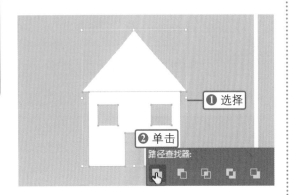

14 继续在文档中绘制更多的图形，并将其填充为白色，然后结合"选择工具"和"路径查找器"面板，选择并计算图形，完成名片背面的制作，如下图所示。

15 选择"矩形工具"，在已经绘制好的名片下方再分别绘制同等宽度的两个矩形，然后为矩形填充不同的颜色，得到如下图所示的图形效果。

16 执行"文件>置入"菜单命令，打开"置入"对话框，❶在对话框中选择素材文件21.ai，❷单击"打开"按钮，如下图所示，置入图像。

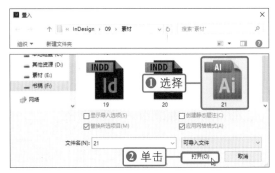

17 选择"文字工具"，在名片上方输入相应的文字内容，最后使用"矩形工具"在名片下方绘制一个不同颜色的矩形，为名片添加背景，如下图所示。

实|例|演|练——制作时尚横幅式促销广告

　　在浏览网页时，经常会看到在页面中插入的横幅式广告，展示商品促销活动信息。本实例中，首先使用"矩形工具"绘制矩形图形，并用"椭圆工具"绘制出白色小圆点，复制更多小点，制作为背景底纹，然后运用"钢笔工具"在背景中绘制衣服、鞋子图形，突出商品信息，最后添加文字修饰，完成横幅式广告的设计，效果如下图所示。

 扫码看视频

◎ 素材文件：无

◎ 最终文件：随书资源\09\源文件\制作时尚横幅式促销广告.indd

01 执行"文件>新建>文档"菜单命令，新建一个空白文档，单击工具箱中的"矩形工具"按钮▣，在页面中单击并拖动绘制一个矩形，并将矩形颜色填充为R242、G89、B36，效果如下图所示。

02 单击"椭圆工具"按钮◉，❶按住Shift键不放，单击并拖动，绘制正圆图形，❷单击工具箱中的"切换填色和描边"按钮⤢，切换填充和描边颜色，如下图所示。

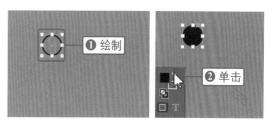
❶绘制 ❷单击

第
9
章

03 按下快捷键Ctrl+C和Ctrl+V，复制并粘贴图形，得到更多的圆形，并同时选中这些圆形，如下图所示。

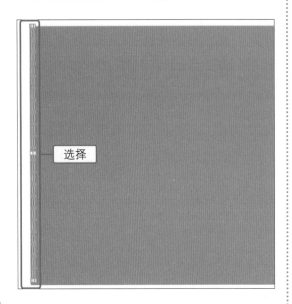

04 打开"对齐"面板，❶在面板中输入"使用间距"为8.4毫米，❷单击"垂直居中分布"按钮，如下图所示。

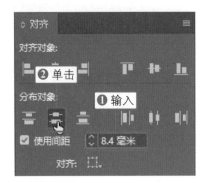

05 确保圆形为选中状态，再单击"对齐"面板中的"左对齐"按钮，对齐选中的多个圆形图形，如下图所示。

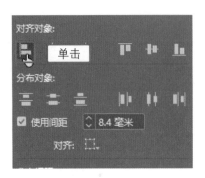

06 按下快捷键Ctrl+G，将处理后的圆形编组，再按下快捷键Ctrl+C和Ctrl+V，复制并粘贴得到更多的圆形，如下图所示。

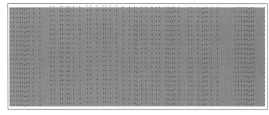

07 使用"选择工具"选中所有圆形图形，打开"对齐"面板，❶在面板中设置"使用间距"为8.4毫米，❷单击"水平居中分布"按钮，如下图所示。

08 确保圆形为选中状态，再单击"对齐"面板中的"底对齐"按钮，对齐选中的图形，如下图所示。

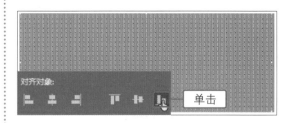

09 按下快捷键Ctrl+G，将圆形编组，打开"效果"面板，单击"混合模式"下拉按钮，选择"柔光"选项，更改混合模式，如下图所示。

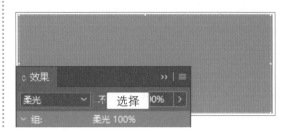

10 选择"椭圆工具",将鼠标指针移到背景左下角位置,单击并拖动鼠标,绘制一个椭圆图形,并在选项栏中设置填充色为R222、G74、B28,填充图形,如下图所示。

11 结合"直接选择工具"和"钢笔工具"在橙色的椭圆形图形上单击绘制鞋面形状的路径,然后在选项栏中设置填充色为R117、G76、B41,填充路径,如下图所示。

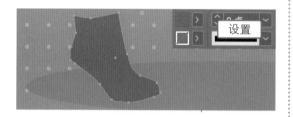

12 结合"直接选择工具"和"钢笔工具"在绘制的鞋面左下方绘制出鞋跟形状,然后在选项栏中设置鞋跟填充色为R97、G56、B18,如下图所示。

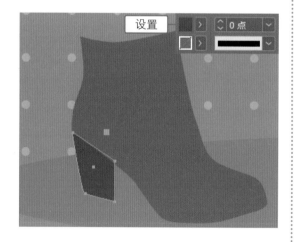

13 使用同样的方法完成鞋子其他区域的绘制,绘制完成后单击"选择工具"按钮,选中绘制的整个鞋子图像,如下图所示。

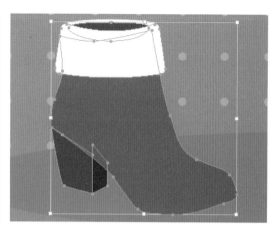

14 按下快捷键Ctrl+C和Ctrl+V,复制粘贴图形,然后连续执行"对象>排列>后移一层"菜单命令,将复制的鞋子图形移到原鞋图形下方,如下图所示。

15 单击"选择工具"按钮，选中右侧的鞋面图形,双击工具箱中的"填色"框,打开"拾色器"对话框,在对话框中输入颜色值为R105、G66、B38,更改鞋子颜色,如下图所示。

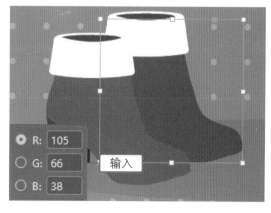

16 继续结合"直接选择工具"和"钢笔工具"绘制并创建更复杂的图形，然后应用"选择工具"选中图形，按下快捷键Ctrl+G，将绘制的图形编组，如下图所示。

17 ❶单击工具箱中的"矩形工具"按钮▣，❷将鼠标指针移到背景右侧，单击并拖动鼠标，如下图所示。

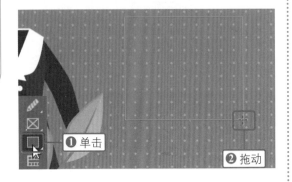

18 释放鼠标，绘制矩形，打开"描边"面板，❶设置"粗细"值为3点，❷单击"圆头端点"按钮，❸单击"圆角连接"按钮，❹选择"虚线"描边类型，为图形添加虚线锚边效果，如下图所示。

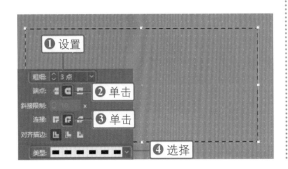

19 打开"颜色"面板，单击右上角的扩展按钮▤，在展开的面板菜单中选择RGB模式，选择"描边"框，设置颜色值为R255、G255、B255，更改图形描边颜色，如下图所示。

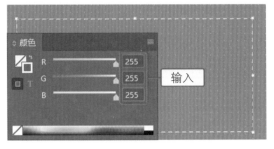

20 继续结合"钢笔工具"和路径编辑工具在文档右侧绘制其他图形，并为图形填充上合适的颜色，如下图所示。

21 单击工具箱中的"文字工具"按钮🅣，在右侧的虚线框内部输入相应的文字，结合"字符"面板更改文字属性，完善广告效果，如下图所示。

技巧提示

在应用"描边"面板对路径进行描边时，如果需要自定义新的描边样式，可以单击"描边"面板右上角的扩展按钮，在展开的面板菜单中执行"描边样式"命令，打开"描边样式"对话框，单击"新建"按钮，打开"新建描边样式"对话框，在"虚线"选项组中设置并调整样式效果。

第 10 章

InDeisgn提供了比较完善的表格编辑功能，用户可以在文档中创建指定行和列的表格，也可以将Word表格和Excel表格导入到文档中，还可以将文档中的文本直接转换为表格。创建表格后，可以通过应用"表选项"和"单元格选项"对表格或表格中的单元格进行进一步编辑，创建更丰富的表格样式。本章将详细讲解创建表格的方法及表格与单元格的描边和填充设置。

10

表格的创建与编辑

10.1 表格的创建

表格是由行和列组成的，基本的单位是单元格。单元格类似于文本框架，可在其中添加文本、定位框架或其他表。在InDesign中可以直接创建表格，也可以从其他应用程序导入表格，还可以直接将文本转换为表格。

10.1.1 创建简单的表格

InDesign可以在现有的文本框架中创建表格，也可以绘制新的文本框来创建表格。创建表格时，主要应用"插入表"对话框指定在文本框中需要创建的表格的行数和列数等。创建表格时，新建表的宽度会与作为容器的文本框的宽度一致。

◎ 素材文件：随书资源\10\素材\01.indd
◎ 最终文件：随书资源\10\源文件\创建简单的表格.indd

01 打开01.indd，使用"文字工具"在文档中单击并拖动，绘制文本框，在文本框中单击定位插入点，如下图所示。

02 打开"插入表"对话框，❶在对话框中输入"正文行"为8、"列"为3，❷"表头行"和"表尾行"均为2，❸单击"确定"按钮，即可根据设置在文本框中创建一个包含8行、3列的表格，如下图所示。

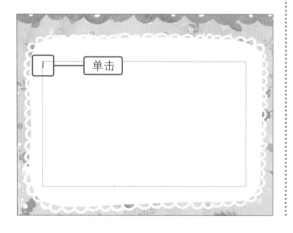

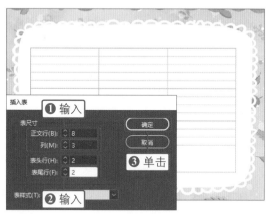

10.1.2 从其他应用程序导入表格

使用"置入"命令可以导入包含表格的Microsoft Word文档或Microsoft Excel电子表格。通过"置入"命令导入表格时，还可以使用"导入选项"对话框控制导入表格的格式。

◎ 素材文件：随书资源\10\素材\02.indd
◎ 最终文件：随书资源\10\源文件\从其他应用程序导入表格.indd

01 打开02.indd，应用"文字工具"绘制一个文本框架，如下图所示。

02 执行"文件>置入"菜单命令，打开"置入"对话框，❶选择要导入的表格文件，❷单击"打开"按钮，如下图所示。

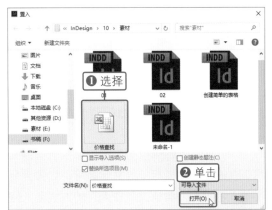

03 将选择的Microsoft Excel表格导入到绘制的文本框架中，效果如右图所示。

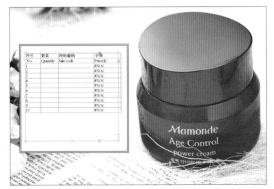

10.1.3 | 从现有文本创建表格

在InDesign中也可以将已经编辑过的文本转换为表格。在将文本转换为表格前，需要正确设置文本，例如插入制表符、逗号、段落回车符或其他字符以分隔列或行等。

◎ 素材文件：随书资源\10\素材\03.indd
◎ 最终文件：随书资源\10\源文件\从现有文本创建表格.indd

01 打开03.indd，使用"文字工具"选中要转换为表格的文本，如右图所示。

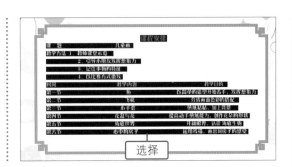

02 执行"表>将文本转换为表"菜单命令，打开"将文本转换为表"对话框，应用默认选项，单击"确定"按钮，返回文档窗口，可看到所选择的文本转换为相应的表格效果，如右图所示。

10.1.4 向表中添加文本或图形

创建表格后，可以向表格中添加合适的文本和图形。若要向表格中添加文本，使用"文字工具"在表格中输入相应的文字即可；如果需要在表格中添加图形，则需要在要添加图像的单元格中置入插入点，再通过"置入"的方式置入图形。

◎ 素材文件：随书资源\10\素材\04.indd、05.jpg～08.jpg

◎ 最终文件：随书资源\10\源文件\向表中添加文本或图形.indd

01 打开04.indd，选择"文字工具"，将鼠标指针移到要添加文字的单元格上，如下图所示。

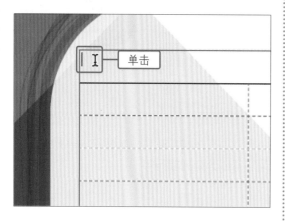

03 继续使用同样的方法，在其他的单元格中也输入相应的文字，输入后的效果如下图所示。

02 单击鼠标，将插入点放置在该单元格中，然后键入文本，键入后的效果如下图所示。

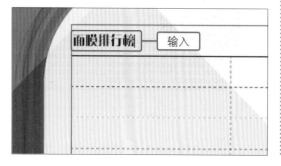

04 选择"文字工具"，将鼠标指针移到要添加图形的单元格上，单击鼠标放置插入点，如下图所示。

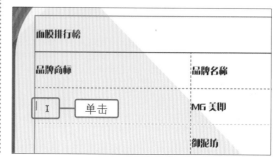

05 执行"文件>置入"菜单命令，打开"置入"对话框，❶选择需要置入的图像，❷单击"打开"按钮，如下图所示。

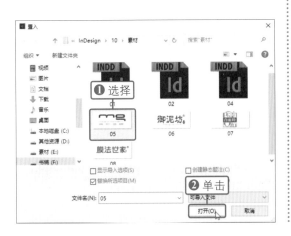

06 返回文档窗口，可看到所选择的图像置入到插入点所在的单元格中。应用同样的方法在表格中置入更多图像，如下图所示。

技巧提示

如果需要在表格前面添加文字，则将光标插入点放置在第一个单元格中段落的开始位置，按下键盘中的向左箭头，然后输入文字即可。

10.1.5 添加表头和表尾

InDesign可以在创建表时添加表头行和表尾行。当创建长表时，可通过应用表头行和表尾行在每个拆分的表格顶部或底部应用相同的信息和样式。添加表头行和表尾行时，还可以使用"表选项"对话框更改它们在表格中的显示方式等。

◎ 素材文件：随书资源\10\素材\09.indd
◎ 最终文件：随书资源\10\源文件\添加表头和表尾.indd

01 打开09.indd，选择"文字工具"，将鼠标指针移到表格顶部左侧边框线位置，当鼠标指针变为箭头 ➡ 时，单击选择表顶部的行，如下图所示。

02 执行"表>转换行>到表头"菜单命令，将选择的两行转换为表头行，并且右侧串接的表格上也应用了相同的表头行，效果如下图所示。

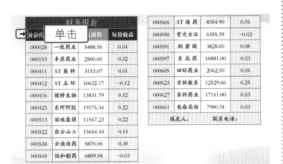

表格的创建与编辑

03 确认"文字工具"为选中状态，将鼠标指针移到右侧表格底部，当鼠标指针变为箭头➡时，单击选择表格底部的行，如下图所示。

04 右击鼠标，在弹出的快捷菜单中执行"转换为表尾行"命令，将选择的行转换为表尾行，如下图所示。

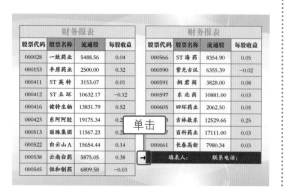

10.2　选择和编辑表格

在文档中创建表格后，接下来可以进一步调整和编辑表格。调整和编辑表格包括选择、删除复制表格及调整表格的对齐方式等内容。通过调整和编辑表格，能让创建的表格更适应整个文档的版面需求。

10.2.1　选择和删除表格

选择表格是编辑表格的基础，不管是复制表格还是移动框架中的表格，都需要先选中表格。对于文档中创建的多余的表格，可以在选择表格后，按下Delete键将其从框架中删除。

◎ 素材文件：随书资源\10\素材\10.indd
◎ 最终文件：随书资源\10\源文件\选择和删除表格.indd

01 打开10.indd，单击"文字工具"按钮Ｔ，如下图所示。

02 将鼠标指针移至表格左上角，鼠标指针将变为↘形状，如下图所示。

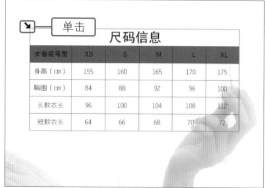

03 单击鼠标，即可选中整个表格及表格中所有的单元格，如下图所示。

04 执行"表>删除>表"菜单命令，即可删除选中的表格，如下图所示。

技巧提示

　　将光标插入点放置在表格中的任意一个单元格中，然后执行"表>选择>表"菜单命令，或按下快捷键Ctrl+Alt+A，都可以选中整个表格。

10.2.2 移动或复制表格

　　在InDesign中，可以通过移动或复制的方式将文档中已有的表格添加到指定位置。选择表格后，应用"剪贴""复制"及"粘贴"命令可以快速移动或复制文档中的表格。

◎ 素材文件：随书资源\10\素材\11.indd
◎ 最终文件：随书资源\10\源文件\移动或复制表格.indd

01 打开11.indd，选择"文字工具"，将鼠标指针移到要移动的表格的左上角位置，单击选中表格，如下图所示。

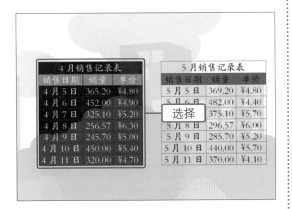

03 将插入点移到需要显示表格的位置，应用"文字工具"绘制文本框，执行"编辑>粘贴"菜单命令，将剪贴板中的表格粘贴到该位置，如下图所示。

02 执行"编辑>剪切"菜单命令，剪切选中的表格，此时选中的表格被移到剪贴板中，原文档中的表格不再显示于页面中，如下图所示。

04 选择"文字工具"，将鼠标指针移到需要复制的表格的左上角位置，单击选中表格，执行"编辑>复制"菜单命令，如下图所示。

05 将插入点移到需要显示表格的位置，绘制一个文本框，执行"编辑>粘贴"菜单命令，复制创建相同的表格效果，如下图所示。

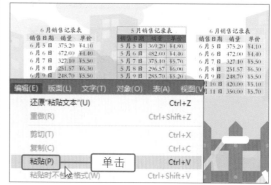

10.2.3 | 更改表格的对齐方式

在表格中添加了文本或图形后，用户可以根据需要单独调整表格中对象的对齐方式。在In-Design中，要更改表格对齐方式，可以通过单击选项栏或"表"面板中的对齐方式按钮，对齐表格中的对象。

◎ 素材文件：随书资源\10\素材\12.indd
◎ 最终文件：随书资源\10\源文件\更改表格的对齐方式.indd

01 打开12.indd，选择"文字工具"，将鼠标指针移到需要调整对齐方式的表格的左上角位置，如下图所示，单击选中表格。

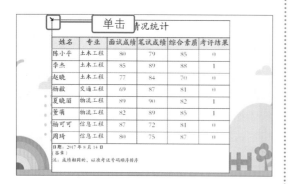

02 执行"窗口>文字和表>表"菜单命令，打开"表"面板，单击面板中的"居中对齐"按钮■，按照居中对齐的方式排列文本，如下图所示。

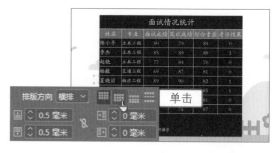

03 选中整个表格，在"表"面板中单击"下对齐"按钮■，对表格中的文本应用下对齐效果，如下图所示。

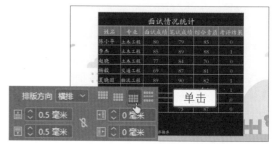

04 选中表格，在"表"面板中单击"撑满"按钮，表格内的文本将自动撑满整个表格，效果如右图所示。

10.2.4 剪切、复制和粘贴表内容

在InDesign中，不仅可以对整个表格进行剪切、复制和粘贴操作，对表格中的对象也同样适用。对于单元格内的文本，剪切、复制和粘贴的操作方法和在表外复制、剪切、粘贴文本的方法类似。

◎ 素材文件：随书资源\10\素材\13.indd
◎ 最终文件：随书资源\10\源文件\剪切、复制和粘贴表内容.indd

01 打开13.indd，选择"文字工具"，将鼠标指针移到需要复制其内容的单元格内，如下图所示。

03 将插入点放置到需要粘贴文本的单元格中，执行"编辑>粘贴"菜单命令，粘贴文本，如下图所示。

02 在单元格中单击并拖动，选中文本内容，执行"编辑>复制"菜单命令，复制选中的文本，如下图所示。

04 选择"文字工具"，将插入点定位到需要剪切其内容的单元格内部，如下图所示。

05 单击并拖动鼠标，选中表格的文本内容，执行"编辑>剪切"菜单命令，剪切选中的文本，如下图所示。

06 将插入点放置到需要粘贴所剪切对象的另一单元格中，执行"编辑>粘贴"菜单命令，粘贴文本，如下图所示。

员工请假表

姓名	部门	假别	是否使用年假
吴汉西	财务部	病假	
唐娟	人事部	婚假	否
张琳	人事部	事假	
孙晓新	总经办	事假	否
张美娟	总经办	产假	
张尘	财务部	年假	
李涛	销售部	事假	

员工请假表

姓名	部门	假别	是否使用年假
吴汉西	财务部	病假	
唐娟	人事部	婚假	否
张琳	人事部	事假	
孙晓新	总经办	事假	否
张美娟	总经办	产假	
张尘	财务部	年假	是
李涛	销售部	事假	

粘贴

10.2.5 将表格转换为文字

在InDesign中不仅可以从现有的文本中创建表格，也可以应用"将表转换为文本"命令将创建的表格转换为普通文本。通过在表格和文本之间进行转换，能够使文档版面更加灵活。

◎ 素材文件：随书资源\10\素材\14.indd
◎ 最终文件：随书资源\10\源文件\将表格转换为文字.indd

01 打开14.indd，选择工具箱中的"文字工具"，将插入点放置在表格中，如下图所示。

02 执行"表>将表转换为文本"菜单命令，打开"将表转换为文本"对话框，单击对话框中的"确定"按钮，可看到选中表格转换为普通的文本排列效果，如下图所示。

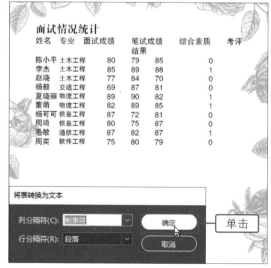

10.3 表格的描边和填色

在InDesign中创建表格或从其他应用程序导入表格时，默认的表格线颜色为黑色，而表格中的各个单元格则显示为纸色。为了让表格呈现出更丰富的样式效果，可以应用"表选项"调整表格中的边框、行线或列线颜色等，还可以为表格设置交替填色效果。

10.3.1 更改表边框

在文档中创建表格后，可以使用"表选项"对话框中的"表设置"选项卡为表格设置不同粗细或类型的边框效果，也可以使用"描边"面板指定表格边框线效果。执行"表>表选项"菜单命令，或者单击"表"面板中右上角的扩展按钮，在展开的面板菜单中执行"表选项"命令，都可打开"表选项"对话框。

◎ 素材文件：随书资源\10\素材\15.indd
◎ 最终文件：随书资源\10\源文件\更改表边框.indd

01 打开15.indd，打开后的表格效果如下图所示。

02 ❶选择"文字工具"，❷在需要设置表格边框的表格的左上角单击，选中表格，如下图所示。

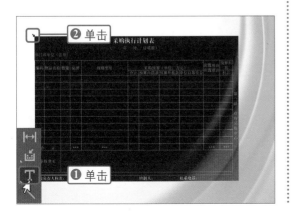

03 执行"表>表选项>表设置"菜单命令，打开"表选项"对话框，在"表设置"选项卡的"表外框"组中指定所需的粗细、类型、颜色、色调和间隙设置，如下图所示。

04 设置完成后，单击"确定"按钮，返回文档窗口，单击工具箱中的其他工具，取消表格选中状态，查看应用设置后的表格边框效果，如下图所示。

10.3.2 | 设置交替描边效果

在表格中，可以应用"表选项"对话框中的"行线"和"列线"选项卡为表格中的行和列分别设置不同的粗细、类型或描边颜色，以更改表格外观效果。对表格应用交替行线或列线描边设置时，表行中的交替描边和填色不会影响表头行和表尾行；表列中的交替描边和填色会影响表头行和表尾行。

◎ 素材文件：随书资源\10\素材\16.indd
◎ 最终文件：随书资源\10\源文件\设置交替描边效果.indd

01 打开16.indd，❶单击工具箱中的"文字工具"按钮，❷在需要设置交互描边效果的表格中单击，放置插入点，如下图所示。

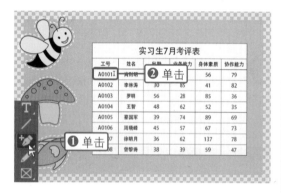

02 执行"表>表选项>交替行线"命令，打开"表选项"对话框，并显示"行线"选项卡，❶在选项卡中选择交替模式为"每隔两行"，❷然后在下方的"交替"选项组中设置各选项，如下图所示。

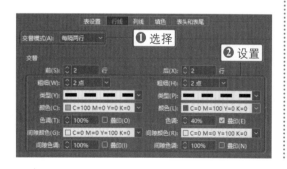

03 ❶单击"列线"标签，展开"列线"选项卡，❷在选项卡下方选择交替模式为"每隔一列"，❸然后在下方的"交替"选项组中设置更多交替选项，如下图所示。

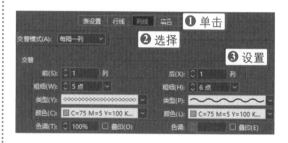

04 设置后完成单击"确定"按钮，返回文档窗口，单击工具箱中的任意工具，退出选中状态，可以看到应用设置的选项为表格添加交替行线和列线后的效果，如下图所示。

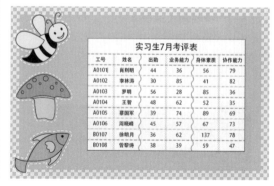

第10章

10.3.3 | 在表格中应用交替填色

使用"表选项"对话框中的选项不但可以为表格设置交替行线或列线描边效果，也可以根据需要为表格设置交替填充效果。选中表格后，单击"表选项"对话框中的"填色"标签，在展开的选项卡中即可为所选表格设置交替填色效果。

◎ 素材文件：随书资源\10\素材\17.indd
◎ 最终文件：随书资源\10\源文件\在表格中应用交替填色.indd

01 打开17.indd，选择"文字工具"，将插入点放置到表格中，如下图所示。

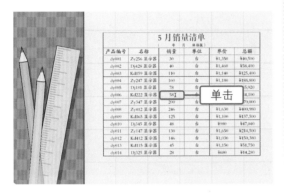

02 打开"表"面板，❶单击面板右上角的扩展按钮▤，❷在展开的面板菜单中执行"表选项>交替填色"命令，如下图所示。

03 打开"表选项"对话框，在对话框中展开"填色"选项卡，❶选择"交替模式"为"每隔一行"，❷在"交替"选项组中设置更多选项，如下图所示。

04 单击"确定"按钮，确认设置，返回文档窗口，可以看到对文档中的表格应用设置的交替填色效果，如下图所示。

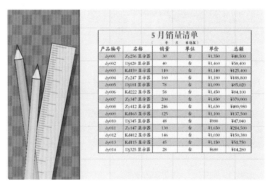

技巧提示

如果不需要为表格开始和结束位置应用交替填充效果，可以在"填色"选项卡中的"跳过最前"和"最过最后"数值框中指定表的开始和结束处不希望其中显示填色属性的行数或列数。

10.3.4 | 关闭交替描边和交替填色

对于已经应用交替描边或填色的表格，也可以使用"表选项"对话框关闭表中设置的交替描边或填色，将表格恢复至默认的描边或填充状态。

◎ 素材文件：随书资源\10\素材\18.indd
◎ 最终文件：随书资源\10\源文件\关闭交替描边和交替填色.indd

01 打开18.indd，选择"文字工具"，在表格中单击，将插入点放置在表格中，如下图所示。

02 打开"表"面板，❶单击面板右上角的扩展按钮▤，❷在展开的面板菜单中执行"表选项>交替填色"命令，如下图所示。

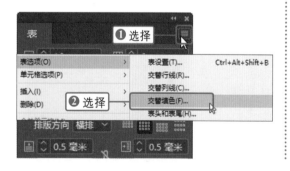

03 打开"表选项"对话框，在"填色"选项卡中单击"交替模式"下拉按钮，在展开的下拉列表中选择"无"选项，如下图所示。

04 单击"表选项"对话框中底部的"确定"按钮，应用设置，取消表格中的"交替填色"效果，如下图所示。

10.4 | 单元格的设置

编辑表格时，不但可以对整个表格进行描边或填充设置，也可以单独对表格中的部分单元格进行处理，例如调整表格中某一行的高度和宽度、合并选中的几个单元格、删除或添加单元格等。

10.4.1 | 选择单元格

编辑单元格前，首先需要选择单元格。应用工具箱中的"文字工具"可以轻松选取表格中的一个或多个单元格，也可以选择整行或整列单元格。

◎ 素材文件：随书资源\10\素材\19.indd

◎ 最终文件：无

01 打开19.indd，此时未选中表格中的任何一个单元格，单击工具箱中的"文字工具"按钮 **T**，如下图所示。

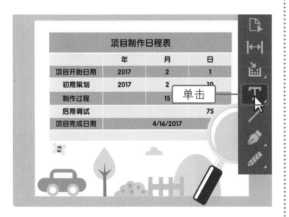

02 将鼠标指针移到需要选择的单元格上方，单击并拖动即可选中单元格，如下图所示。

03 如果要选择整行单元格，将鼠标指针移到行的左边缘，鼠标指针将变为箭头形状 ➡，如下图所示。

04 单击鼠标，即可选中箭头右侧的整行单元格，选中后的效果如下图所示。

技巧提示

选中表格中的单元格后，可以单击工具箱中除"文字工具"外的任意工具，取消单元格选中状态。

05 如果要选择整列单元格，则将鼠标指针移到列的上边缘，鼠标指针将变为箭头形状↓，如下图所示。

06 单击鼠标，即可选中箭头下方的整列单元格，选中后的效果如下图所示。

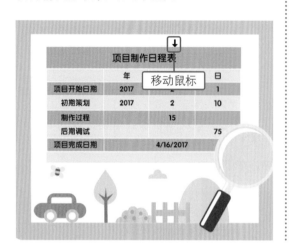

10.4.2 | 更改表格的行高和列宽

在InDesign中创建表格时，默认会均匀分布表格中每行、每列的宽度和高度。用户可以根据实际需要，调整表格的行高和列宽。可以通过拖动鼠标自由设置表格的行高和列宽，也可以应用"表"面板或"单元格选项"对话框精确设置行高和列宽。

◎ 素材文件：随书资源\10\素材\20.indd
◎ 最终文件：随书资源\10\源文件\更改表格的行高和列宽.indd

01 打开20.indd，选择"文字工具"，将鼠标指针移到行边缘上，鼠标指针将变为双向箭头↕，如下图所示。

02 这里需要增加行高，因此单击并向下拖动，当拖动到合适的高度后，释放鼠标，增加行高，如下图所示。

03 ❶单击需要调整行高的单元格，放置插入点，打开"表"面板，选择"精确"行高，❷输入"行高"值为8毫米，更改单元格的行高，如下图所示。

04 将插入点放置在需要调整列宽的单元格中，执行"表>单元格选项>行和列"菜单命令，如下图所示。

05 打开"单元格选项"对话框，在对话框中的"行和列"选项卡中输入列宽值，如下图所示，单击"确定"按钮，更改单元格列宽。

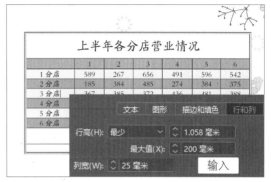

技巧提示

　　调整表格行高时，如果选择"最少"来设置最小行高，则当添加文本或增加点大小时，会增加行高；如果选择"精确"来设置固定的行高，则当添加或移去文本时，行高不会改变，但会导致单元格中出现溢流文本。

10.4.3 | 均匀分布行或列

　　调整表格的行高和列宽后，为让调整后单元格的行高和列宽更加统一，可以应用"均匀分布行"和"均匀分布列"功能均匀分布多个单元格的行高和列宽。

◎ **素材文件：** 随书资源\10\素材\21.indd
◎ **最终文件：** 随书资源\10\源文件\均匀分布行或列.indd

01 打开21.indd，打开后的表格效果如下图所示。

02 选择"文字工具"，在需要调整行高和列宽的单元格上单击并拖动，选中多个单元格，如下图所示。

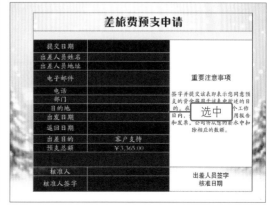

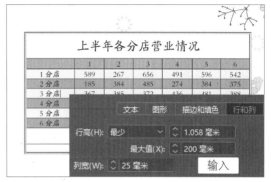

表格的创建与编辑

03 右击选中的单元格，在弹出的快捷菜单中执行"均匀分布行"命令，对所选的单元格应用相同行高效果，如下图所示。

04 再次选中单元格，右击单元格，在弹出的快捷菜单中执行"均匀分布列"命令，对所选单元格应用相同的列宽，效果如下图所示。

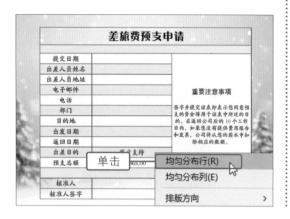

10.4.4 插入行和列

创建表格后，可以在指定的位置插入指定数量的行和列。InDesign提供了多种向表格中插入行和列的方法，可以通过执行"表>插入>行/列"菜单命令插入行和列，也可以在"表"面板菜单中执行"插入>行/列"命令插入行和列。

◎ **素材文件：** 随书资源\10\素材\22.indd
◎ **最终文件：** 随书资源\10\源文件\插入行和列.indd

01 打开22.indd，选择"文字工具"，将插入点放置在需要插入新行的单元格中，如下图所示。

02 执行"表>插入>行"菜单命令，打开"插入行"对话框，❶输入"行数"为2，❷单击"下"单选按钮，❸单击"确定"按钮，在插入点所在单元格下方插入2行单元格，如下图所示。

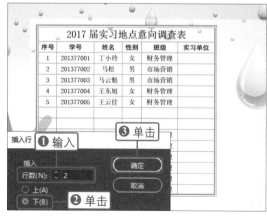

03 确认"文字工具"为选中状态，将插入点放置到需要插入列的单元格中，如下图所示。

04 执行"表>插入>列"菜单命令，打开"插入列"对话框，❶输入"列数"为1，❷单击"右"单选按钮，❸单击"确定"按钮，在插入点所在单元格右侧插入一列单元格，如下图所示。

10.4.5 | 合并单元格

在InDesign中，通过合并单元格的方式可以将表格中的多个单元格合并成一个单元格。要合并选中的单元格，可以执行"表>合并单元格"命令来合并，也可以右击单元格，在弹出的快捷菜单中执行"合并单元格"命令进行合并，还可以执行"表"面板菜单中的"合并单元格"命令进行合并。

◎ 素材文件：随书资源\10\素材\23.indd
◎ 最终文件：随书资源\10\源文件\合并单元格.indd

01 打开23.indd，选择"文字工具"，单击并拖动选中表格顶部的多个单元格，如下图所示。

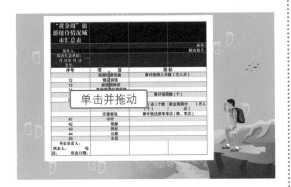

02 打开"表"面板，❶单击面板右上角的扩展按钮▤，❷在展开的面板菜单中执行"合并单元格"命令，如下图所示。

03 可看到选中的多个单元格合并为一个单元格，效果如下图所示。

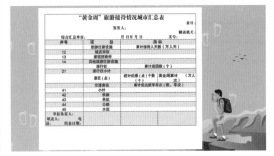

04 选择"文字工具"，在表格最后一行单元格上单击并拖动，选中需要合并的几个单元格，如下图所示。

05 右击选中的单元格，在弹出的快捷菜单中执行"合并单元格"命令，合并选中的单元格，效果如下图所示。

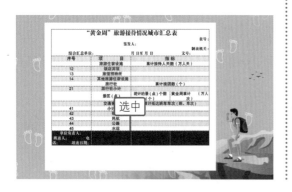

10.4.6 拆分单元格

在InDesign中，不但可以合并单元格，也可以拆分选中的单元格。应用"文字工具"选中需要拆分的单元格，然后通过执行"水平拆分单元格"或"垂直拆分单元格"命令，就可水平或垂直拆分选中的单元格。可以单独拆分一个单元格，也可以同时选中并拆分多个单元格。

◎ 素材文件：随书资源\10\素材\24.indd
◎ 最终文件：随书资源\10\源文件\拆分单元格.indd

01 打开24.indd，选择"文字工具"，单击要拆分的单元格，放置插入点，如下图所示。

02 执行"表>垂直拆分单元格"菜单命令，垂直拆分插入点所在的单元格，如下图所示。

技巧提示

在默认的工作区中，"表"面板处于隐藏状态，若要应用"表"面板编辑表格，需要执行"窗口>文字和表>表"菜单命令，将隐藏的"表"面板显示出来。

03 选择"文字工具",在表格中单击并拖动,同时选中几个单元格,如下图所示。

04 执行"表>水平拆分单元格"菜单命令,水平拆分选中的单元格,效果如下图所示。

填报单位名称(盖章):		年度	文　号:
			执行期限:
指标名称	代码	计量单位	指标值
甲	乙	丙	
合计	N1301	万元	
城市维护建设税	N1302	万元	
公用事业附加费	N1303	万元	
中央财政拨款	N1304	元	选中
地方财政拨款	N1305		
地方财政转贷	N1306		
利用外资	N1308		指标值
其中:外商直接投资	N1309	万元	
债券	N1310	万元	
统计负责人:	填表:		
联系电话:	报出日期:年 月 日		
说明:			

填报单位名称(盖章):		年度	文　号:
			执行期限:
指标名称	代码	计量单位	指标值
甲	乙	丙	
合计	N1301	万元	
城市维护建设税	N1302	万元	
公用事业附加费	N1303	万元	
中央财政拨款	N1304	万元	
地方财政拨款	N1305	万元	
地方财政转贷	N1306	万元	指标值
利用外资	N1308	万元	
其中:外商直接投资	N1309	万元	
债券	N1310	万元	
统计负责人:	填表:		
联系电话:	报出日期:年 月 日		
说明:			

10.4.7 向单元格添加对角线

　　InDesign可以为表格中的指定单元格添加对角线效果。将光标插入点放到需要添加对角线的单元格,应用"单元格选项"对话框中的"对角线"选项卡中的选项,可以为单元格添加对角线,或设置对角线的粗细、颜色等。

◎ 素材文件:随书资源\10\素材\25.indd
◎ 最终文件:随书资源\10\源文件\向单元格添加对角线.indd

01 打开25.indd,选择"文字工具",将插入点放置在要添加对角线的单元格中,如下图所示。

项目	事业单位					
单击	个数	在岗职工人数	按经费来源分		按规格分类	
			财政补助单位	经费自理单位	司局级	县处级
类　别	1	2	3	4	5	6
部直属单位直属企事业单位						

02 打开"表"面板,❶单击面板右上角的扩展按钮▤,❷在展开的面板菜单中执行"单元格选项>对角线"命令,如下图所示。

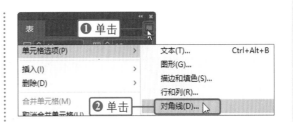

03 打开"单元格选项"对话框,并展开"对角线"选项卡,❶单击"从左上角到右下角的对角线"按钮,选择要添加的对角线类型,❷再将"粗细"设置为1点,如下图所示。

表格的创建与编辑

04 设置完成后，单击对话框底部的"确定"按钮，在插入点所在的单元格中添加对角线效果，如右图所示。

项目	事业单位					
	个数	在岗职工人数	按经费来源分		按规格分类	
			财政补助单位	经费自理单位	司局级	县处级
类别	1	2	3	4	5	6
部直属单位直属企事业单位						

实|例|演|练——制作清新的小学生课程表

在各类设计中都经常会用到表格。本实例中，首先使用"创建表"命令在文档中创建一个包含多行多列的表格，然后在表格中输入课程信息，再根据画面的整体风格，对表格设置描边和填充样式，制作出清晰风格的课程表效果，如下图所示。

扫码看视频

◎ 素材文件：随书资源\10\素材\26.indd、27.ai、28.ai
◎ 最终文件：随书资源\10\源文件\制作清新的小学生课程表.indd

01 打开26.indd素材文档，执行"表>创建表"菜单命令，打开"创建表"对话框，❶在对话框中输入"正文行"为8、"列"为6，❷单击"确定"按钮，如下图所示。

02 确认设置后，在页面中单击并拖动，绘制一个包含8行6列的表格，如下图所示。

03 将鼠标指针移至单元格下方的行线位置，当鼠标指针变为双向箭头↕时，单击并拖动，调整单元格的行高，如下图所示。

04 使用相同的方法，调整另外几行单元格的行高，❶然后使用"文字工具"选中表格中所有单元格，❷执行"表>均匀分布行"命令，使单元格行高统一，如下图所示。

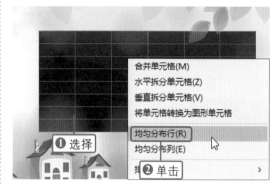

05 使用"文字工具"在表格中输入相应的文字内容。打开"段落"面板，❶单击选项栏中"居中对齐"按钮▤，居中对齐文本，打开"表"面板，❷单击面板中的"居中对齐"按钮▦，对表格中的文本再次居中处理，效果如下图所示。

06 将插入点置于左上角第1个单元格内，执行"表>单元格选项>对角线"菜单命令，❶在打开的对话框中单击选择一种对角线样式，❷然后设置对角线"粗细"为1点，其他参数不变，如下图所示。

07 将插入点置于文字"星期"前方，❶单击"右对齐"按钮，对齐文本，再将插入点置于文字"节次"后方，❷单击"左对齐"按钮，对齐文本，如下图所示。

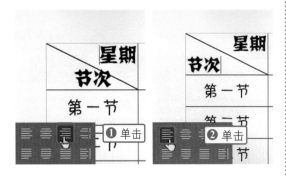

08 使用"文字工具"选中表格中无课程安排的单元格，执行"表>单元格选项>对角线"菜单命令，❶在打开的对话框中单击选择对角线样式，❷重新选择对角线类型，❸设置对角线颜色，如下图所示。

09 将插入点置于表格中，执行"表>表选项>表设置"菜单命令，打开"表选项"对话框，并展开"表设置"选项卡，❶在选项卡中设置表外框"粗细"为10点，❷选择描边类型为"粗-细"，❸再将表外框颜色设置为绿色，如下图所示。

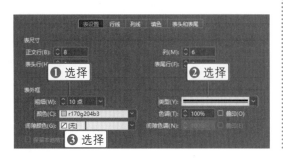

10 ❶单击"行线"标签，展开"行线"选项卡，❷在选项卡中选择"交替模式"为"每隔一行"，❸设置"粗细"为1点、"类型"为"虚线（3和2）"，"颜色"为R170、G204、B3，如下图所示。

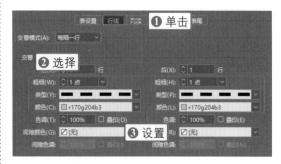

11 ❶单击"列线"标签，展开"列线"选项卡，❷在选项卡中选择"交替模式"为"每隔一列"，❸设置"粗细"为5点，前一列类型为"左斜线"，后一列类型为"右斜线"，设置"颜色"为与行线相同的颜色，如下图所示。

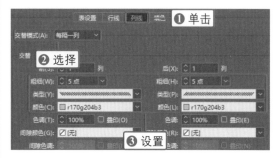

12 ❶单击"填色"标签，展开"填色"选项卡，❷在选项卡中选择"交替模式"为"每隔一列"，❸然后在"颜色"下拉列表中选择要填充的颜色，❹设置"色调"为52%，如下图所示，设置完成后单击"确定"按钮。

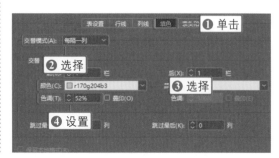

13 返回文档窗口，对表格应用设置的行线、列线、填色选项，得到如下图所示的表格效果。

14 将插入点置于添加对角线的单元格中，执行"表>单元格选项>对角线"菜单命令，在打开的对话框中单击"颜色"下拉按钮，在展开的列表中重新选择对角线颜色，如下图所示。

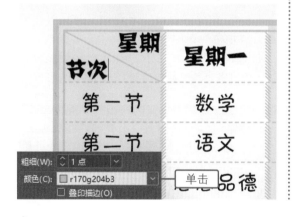

15 执行"文件>置入"菜单命令，在打开的对话框中选择27.ai、28.ai，返回文档窗口，单击并拖动，置入图像，如下图所示。

16 选择"文字工具"，在置入的正方体图形上方输入标题文字"课程表"，然后分别选择这3个文字，旋转文字。最终效果如下图所示。

实|例|演|练——招商画册内页设计

　　表格能够帮助观者更直观地掌握一些数据信息。本实例中，首先使用"文字工具"绘制多个文本框，在文本框中插入相应的表格，然后通过为创建的表格设置不同的描边和填充样式，制作出整洁、美观的画册内页效果，如下图所示。

扫码看视频

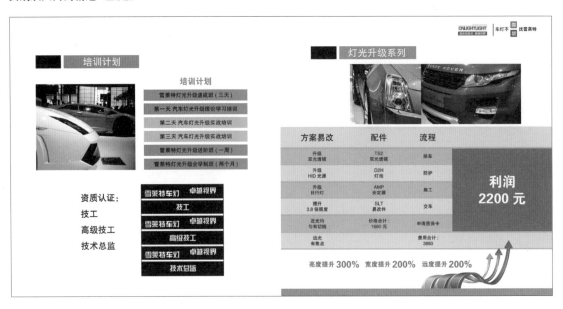

◎ 素材文件：随书资源\10\素材\29.indd、30.png
◎ 最终文件：随书资源\10\源文件\招商画册内页设计.indd

第
10
章

01 打开29.indd，执行"表>创建表"菜单命令，打开"创建表"对话框，❶在对话框中输入"正文行"为7、"列"为1，❷单击"确定"按钮，如下图所示。

02 返回文档窗口，在页面中单击并拖动，绘制一个包括7行1列的表格，如下图所示，将插入点定位到表格中。

03 执行"表>表选项>交替填色"菜单命令，打开"表选项"对话框，并展开"填色"选项卡，❶选择"交替模式"为"每隔两行"，❷在下方设置交替颜色及色调，❸设置"跳过最前"为1行，如下图所示。

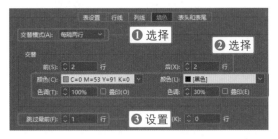

04 设置完成后单击"确定"按钮，返回文档窗口，可看到应用设置的参数对表格进行了交替填充颜色，效果如下图所示。

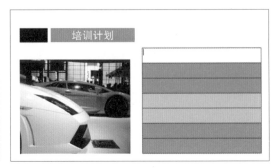

05 选择"文字工具",将鼠标指针移至表格上方,单击并拖动,选中表格中的所有单元格,如下图所示。

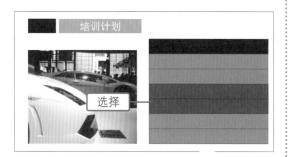

06 ❶在选项栏中选择"描边"颜色为"纸色",❷"粗细"值为6点,突出表格中的单元格效果,如下图所示。

07 使用"文字工具"在表格中单击,并输入相应的文字内容,然后调整文字的字体、大小等,得到如下图所示的表格效果。

08 使用"文字工具"选中表格中的文字,❶单击"段落"面板中的"居中对齐"按钮■,❷再单击"表"面板中的"居中对齐"按钮■,居中对齐单元格中的文本,效果如下图所示。

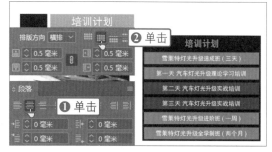

09 执行"表>创建表"菜单命令,打开"创建表"对话框,❶在对话框中输入"正文行"为6、"列"为2,❷设置后单击"确定"按钮,如下图所示。

10 确认设置后在页面中单击并拖动,绘制一个包括6行2列的表格,如下图所示。

资质认证:		
技工		
高级技工		
技术总监		

11 将鼠标指针移到表格第2行,单击并拖动,选中第2行中的两个单元格,如下图所示。

资质认证:		
技工		
高级技工		选中
技术总监		

12 执行"表>合并单元格"命令，将选择的两个单元格合并为一个单元格，效果如下图所示。

13 应用"文字工具"分别选择表格第4行和第6行的单元格，执行"表>合并单元格"命令，合并单元格，效果如下图所示。

14 将鼠标指针移到表格左上角位置，当鼠标指针变为箭头形状↘时，单击选中表格，如下图所示。

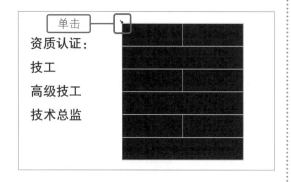

15 在选项栏中单击"填色"右侧的倒三角形按钮，在展开的色板中选择要应用的填充颜色，填充表格，如下图所示。

16 执行"表>表选项>交替行线"菜单命令，打开"表选项"对话框，并展开"行线"选项卡，❶选择"交替模式"为"每隔一行"，❷然后在下方设置行线粗细和颜色等，如下图所示。

17 设置完成后，单击对话框中的"确定"按钮，返回文档窗口，对表格应用设置的行线效果，如下图所示。

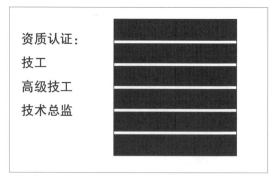

18 使用"文字工具"在表格中输入文字，❶单击选项栏中的"居中对齐"按钮，居中对齐文本，❷再单击右侧的"居中对齐"按钮，将文本放置在单元格中间位置，如下图所示。

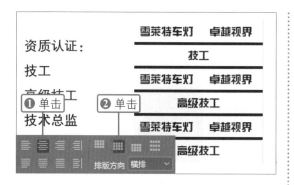

19 选择"文字工具",在表格中单击并拖动,❶选中第1行文字"雪莱特车灯",打开"表"面板,❷单击"下对齐"按钮,❸输入下单元格内边距为2毫米,调整文字效果,如下图所示。

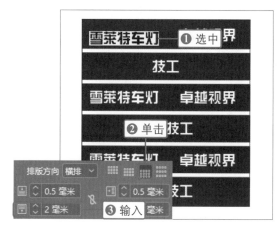

20 选择"文字工具",❶选中第1行文字"卓越视界",打开"表"面板,❷单击"上对齐"按钮,❸输入上单元格内边距为2毫米,调整文字效果,如下图所示。

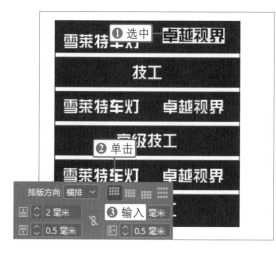

21 执行"表>创建表"菜单命令,打开"创建表"对话框,❶输入"正文行"为8,❷"列"为4,❸单击"确定"按钮,如下图所示。

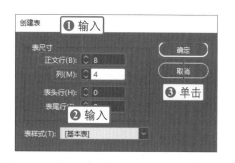

22 选择"文字工具",在页面右下方单击并拖动,绘制出一个包括8行4列的表格,如下图所示。

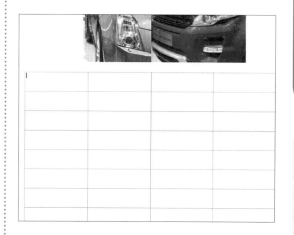

23 将鼠标指针移到第1行单元格下方的行线位置,当鼠标指针变为双向箭头时,单击并向上拖动,调整单元格行距,如下图所示。

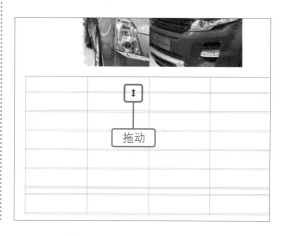

第
10
章

24 继续使用同样的方法，调整另外几行单元格的行距，调整后使用"文字工具"在表格中单击并拖动，选中前7行单元格，如下图所示。

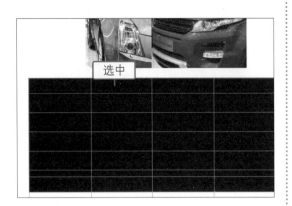

25 右击选中的单元格，在弹出的快捷菜单中执行"均匀分布行"命令，调整单元格行距，使其均匀分布，如下图所示。

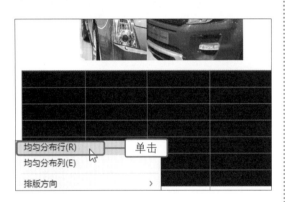

26 将鼠标指针移到第3列单元格右侧的列线位置，当鼠标指针变为双向箭头时，单击并向左拖动，调整单元格列宽，如下图所示。

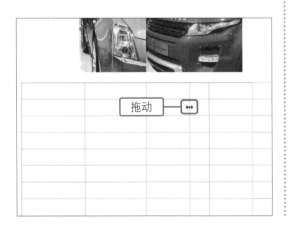

27 使用"文字工具"选中中间两排单元格，如下图所示。

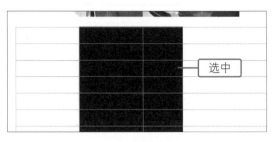

28 右击选中的单元格，在弹出的快捷菜单中执行"均匀分布列"命令，均匀分布所选单元格列距，如下图所示。

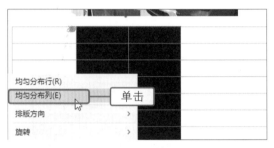

29 使用"文字工具"在表格中单击并拖动，选中第4列中间5个单元格，如下图所示。

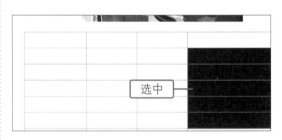

30 右击单元格，在弹出的快捷菜单中执行"合并单元格"命令，合并单元格，如下图所示。

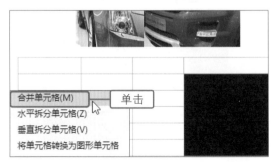

31 使用"文字工具"在表格中单击并拖动，选中最后一行的4个单元格，如下图所示。

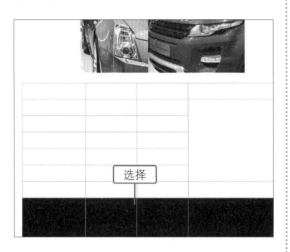

选择

32 执行"表>合并单元格"菜单命令，将4个单元格合并为一个单元格，如下图所示。

33 选中表格，执行"表>表选项>表设置"菜单命令，打开"表选项"对话框，并展开"表设置"选项卡，在"表外框"选项组中设置"粗细"为0点，如下图所示。

设置

34 ❶单击"行线"标签，展开"行线"选项卡，❷在选项卡中选择"交替模式"为"每隔一行"，❸设置"粗细"值均为3点、颜色为黑色，❹设置"色调"为35%，如下图所示。

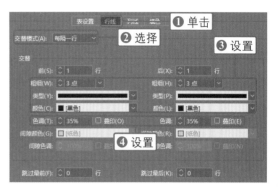

35 ❶单击"列线"标签，展开"列线"选项卡，❷在选项卡中选择"交替模式"为"每隔一列"，❸设置"粗细"值均为0点，其他参数不变，如下图所示。

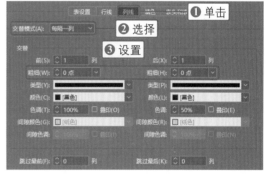

36 ❶单击"填色"标签，展开"填色"选项卡，❷在选项卡中选择"交替模式"为"每隔一行"，❸设置交互填充的颜色和色调，❹然后在"跳过最后"数值框中输入数字1，如下图所示。

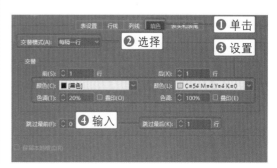

37 单击"确定"按钮，返回文档窗口，根据前面设置的"表选项"对表格应用交替描边和填色效果，如下图所示。

38 使用"文字工具"选中右侧合并的单元格，在选项栏中更改填色选项，变换单元格颜色，如下图所示。

39 使用"文字工具"在表格中输入文字，选中表格，❶单击选项栏中的"居中对齐"按钮█，居中对齐文本，❷再单击右侧另一个"居中对齐"按钮█，将文字移至单元格中间位置，如下图所示。

40 选择"矩形工具"，在表格最后一行下方绘制一个橙色矩形。应用"文字工具"选中单元格中的文本，❶单击"表"面板中的"上对齐"按钮█，❷输入内边距为8毫米，如下图所示。

41 执行"文件>置入"菜单命令，将素材图像30.png置入到矩形上，完成本实例的制作，如下图所示。

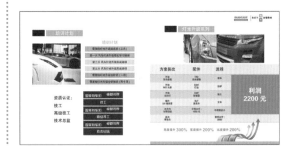

实 例 演 练——制作详尽的商品尺寸信息表

为了让顾客能够更好地判断和选择适合自己的商品，大多数网店都会有详细的产品尺寸介绍。本实例中，首先使用"矩形工具"绘制图形，定义页面整体色调，然后应用"文字工具"在页面中绘制文本框，将准备好的衣服尺码表导入到文本框中，再结合"表选项"和"单元格"选项为表格设置不同的颜色填充效果，最后将对应的素材文件导入到表格中，制作成详细的商品尺寸信息图，效果如下图所示。

扫码看视频

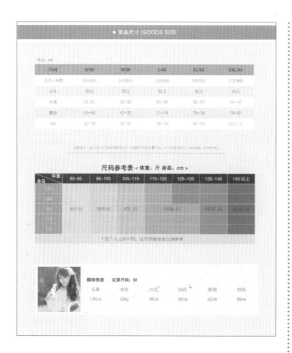

■ 商品尺寸 /GOODS SIZE

◎ 素材文件：随书资源\10\素材\
31.jpg、尺码(文件夹)
◎ 最终文件：随书资源\10\源文件\
制作详尽的商品尺寸
信息表.indd

01 执行"文件>新建>文档"菜单命令，新建一个空白文档，单击工具箱中的"矩形工具"按钮■，在页面顶端单击并拖动，绘制一个矩形，并将矩形填充为深灰色，如下图所示。

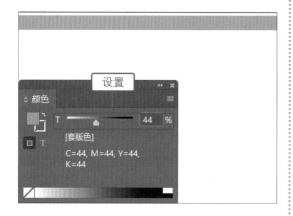

02 选择"矩形工具"，在深灰色矩形下方单击并拖动，绘制矩形，填满整个背景部分，然后在"颜色"面板中设置填充色，填充图形，效果如下图所示。

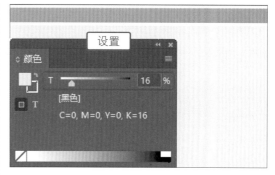

03 选择"文字工具"，在顶端的矩形中间位置输入文字信息"商品尺寸/GOODS SIZE"。选择"矩形工具"，按住Shift键单击并拖动，在文字左侧绘制一个小正方形，如下图所示。

■ 商品尺寸 /GOODS SIZE

04 选择"文字工具"，在页面中绘制一个文本框，执行"文件>置入"菜单命令，置入"尺码01.doc"文档，如下图所示。

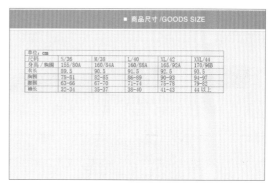

05 将鼠标指针移到表格行线和列线位置，当鼠标指针变为箭头形状时，单击并拖动，调整表格中单元格的行高和列宽，效果如下图所示。

单位：cm					
尺码	S/36	M/38	L/40	XL/42	XXL/44
身高/胸围	155/80A	160/84A	160/88A	165/92A	170/96B
衣长	89.5	90.5	91.5	92.5	93.5
胸围	78-81	82-85	86-89	90-93	94-97
腰围	63-66	67-70	71-74	75-78	79-82
裤长	32-34	35-37	38-40	41-43	44以上

06 选择"文字工具"，在表格中单击并拖动，选中中间6行单元格，使其反相显示出来，如下图所示。

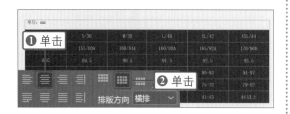

07 ❶单击选项栏中的"居中对齐"按钮▤，居中对齐文字，❷单击右侧的"居中对齐"按钮▥，居中对齐单元格中的文本，如下图所示。

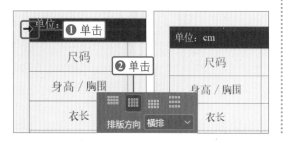

08 ❶使用"文字工具"单击选中首行文字，❷单击选项栏中的"居中对齐"按钮▥，居中对齐单元格中的文本，如下图所示。

09 将插入点置于表格中，执行"表>表选项>表设置"菜单命令，打开"表选项"对话框，设置表外框"粗细"为0点，如下图所示。

10 ❶单击"行线"标签，展开"行线"选项卡，❷选择"交替模式"为"每隔一行"，❸设置"粗细"为0点，如下图所示。

11 ❶单击"列线"标签，展开"列线"选项卡，❷选择"交替模式"为"每隔一列"，❸设置"粗细"为0点，如下图所示。

12 ❶单击"填色"标签，展开"填色"选项卡，❷选择"交替模式"为"每隔一行"，❸然后在"交替"选项组中设置交替颜色，如下图所示。

13 单击"确定"按钮，返回文档窗口，应用设置的"表选项"隐藏表格行线和列线，并为其应用交替填色效果，如下图所示。

■ 商品尺寸/GOODS SIZE					
单位：cm					
尺码	S/36	M/38	L/40	XL/42	XXL/44
身高/胸围	155/80A	160/84A	160/88A	165/92A	170/96B
衣长	89.5	90.5	91.5	92.5	93.5
胸围	78-81	82-85	86-89	90-93	94-97
腰围	63-66	67-70	71-74	75-78	79-82
袖长	32-34	35-37	38-40	41-43	44以上

14 使用"文字工具"选中表格第2行，打开"颜色"面板，拖动下方的颜色滑块，更改单元格填充颜色的色调，如下图所示。

[黑色]
拖动
C=0, M=0, Y=0, K=50

15 应用"文字工具"分别选择表格中的文字，适当调整文字字体和大小，设置后得到如下图所示的表格效果。

单位：cm					
尺码	S/36	M/38	L/40	XL/42	XXL/44
身高/胸围	155/90A	160/84A	160/88A	165/92A	170/96B
衣长	89.5	90.5	91.5	92.5	93.5
胸围	78-81	82-85	86-89	90-93	94-97
腰围	63-66	67-70	71-74	75-78	79-82
袖长	32-34	35-37	38-40	41-43	44以上

16 使用"文字工具"在页面下方再绘制一个文本框，执行"文件>置入"菜单命令，置入"尺码02.doc"文档，如下图所示。

17 应用前面所述方法，调整表格中单元格的行高和列宽，然后应用"表选项"调整表格外框线、行线和列线，设置后的效果如下图所示。

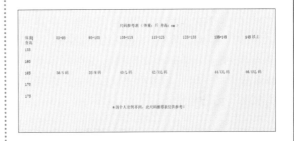

18 应用"文字工具"选中第2行中的所有单元格，打开"颜色"面板，在面板中设置填充色为R62、G60、B61，更改填充颜色，如下图所示。

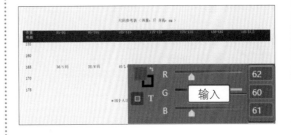

输入
R 62
G 60
B 61

19 继续应用"文字工具"再选择下方其他的单元格，然后根据需要为单元格填充不同的颜色，效果如下图所示。

20 选中表格，单击选项栏中两个"居中对齐"按钮，对齐表格中的文本，将表格第2行和第1列文字更改为白色，然后根据版面更改表格中文字的字体和大小，设置后的效果如下图所示。

21 将插入点放置在第2行第1个单元格内，执行"表>单元格选项>对角线"命令，打开"单元格选项"对话框，❶单击选择一种对角线样式，❷输入"色调"为10%，如下图所示。

22 在表格第2行第1个单元格中添加对角线效果，然后分别选择表格中的两行文字，将文字设置为左对齐和右对齐效果，如下图所示。

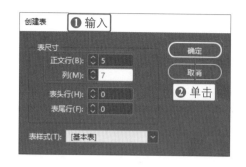

23 执行"表>创建表"菜单命令，打开"创建表"对话框，❶输入"正文行"为5、"列"为7，❷单击"确定"按钮，如下图所示。

24 确认"文字工具"为选中状态，在页面下方单击并拖动，创建一个包含5行7列的表格，如下图所示。

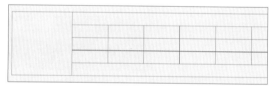

25 应用"文字工具"选中表格中的一部分单元格，执行"表>合并单元格"命令，合并一部分单元格，如下图所示。

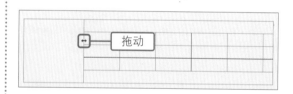

26 将鼠标移到单元格列线位置，当鼠标指针变为双向箭头时，单击并拖动，调整单元格的列宽，如下图所示。

27 继续调整更多单元格列宽，然后选中多个单元格，执行"表>均匀分布列"菜单命令，均匀分布单元格列宽，如下图所示。

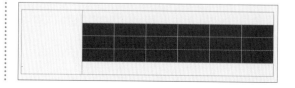

28 将插入点放置在表格中，应用"表选项"功能调整表格的外框线、行线和列线，并在表格中输入相应的文字内容，如下图所示。

29 将插入点置于表格第1列单元格中，执行"文件>置入"菜单命令，置入素材图像31.jpg，在第一个表格下方绘制一条直线，并输入文字，如下图所示，完成本实例的制作。

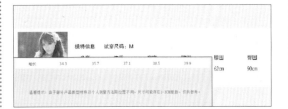

读书笔记

表格的创建与编辑

第11章

在InDeisgn中，书籍是用户创建的一种特殊类型的文件，用于跟踪自己或工作小组中的多个文档。在编排书籍前，需要先对主页和文档页面进行编辑，例如创建、删除主页或文档页面、在页面中添加页码等。完成页面编辑后，可以将文档添加到书籍文件，进一步从文档中提出相应的目录文本等。本章通过详细的操作讲解了页面的设置、页码的添加、书籍的创建与编辑等内容。

11

书籍和版面

11.1 页面设置

在一本书籍中，往往会包含多个不同的页面，这些页面共同组成了完整的书籍页面。因此，在学习制作书籍时，需要先掌握一些页面的基本操作，如选择并跳转页面、向文档中插入新的页面、删除已有页面等。

11.1.1 选择页面

编辑文档时，需要先选择一个页面。在InDesign中，可以应用"页面"面板选择一个或多个页面。在"页面"面板中，页面缩览图显示为蓝色时，就表示该页面为选中状态。

◎ 素材文件：随书资源\11\素材\01.indd
◎ 最终文件：无

01 打开01.indd，展开"页面"面板，在"页面"面板中需要选择的页面缩览图上双击，即可选中并跳转到该页面，如下图所示。

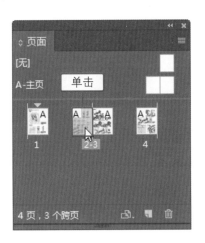

02 如果要选择多个页面，按住Shift键不放，在其他页面上单击即可选中页面，如下图所示。

11.1.2 跳转页面

InDesign中提供了多个用于跳转页面的菜单命令，包括"第一页""上一页""下一页"和"转到页面"等命令，使用这些命令能够从当前选中的页面跳转到指定的页面。若双击页面缩览图，则页面缩览图下方的页码为反白状态，表示该页面为编辑的对象，也就是目标对象。

◎ 素材文件：随书资源\11\素材\01.indd
◎ 最终文件：无

书籍和版面

01 打开01.indd，打开"页面"面板，选中页面3，如下图所示。

02 执行"版面>上一页"菜单命令，如下图所示。

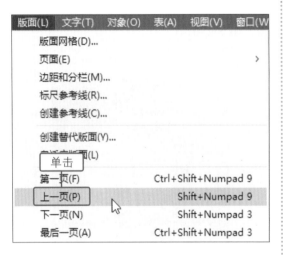

03 将转到当前选择页面的前一个页面，即页面2，如下图所示。

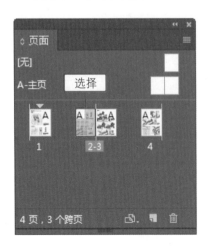

04 执行"版面>转到页面"菜单命令，或者按下快捷键Ctrl+J，如下图所示。

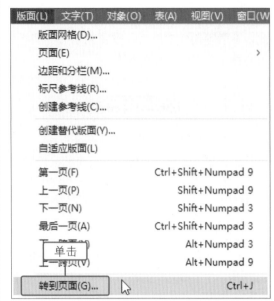

05 打开"转到页面"对话框，❶在对话框中输入页面4，❷单击"确定"按钮，如下图所示。

06 跳转到页面4，同时在"页面"面板中也转到跳转后的页面4，如下图所示。

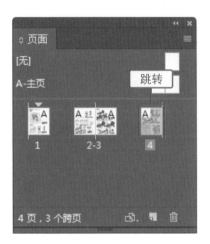

11.1.3 | 插入和删除页面

编辑文档时，可以向文档中添加新的页面，也可以删除文档中已有的页面。在InDesign中，可以单击"页面"面板中的"新建页面"按钮或"删除选中页面"按钮添加或删除页面，也可以执行"页面"面板菜单中的"插入页面"和"删除页面"命令添加或删除页面。

◎ 素材文件：随书资源\11\素材\02.indd
◎ 最终文件：随书资源\11\源文件\插入和删除页面.indd

01 打开02.indd，打开"页面"面板，❶选中页面2，❷单击"页面"面板底部的"新建页面"按钮，如下图所示。

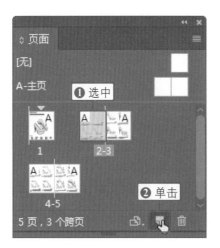

02 在选中的页面2后面新建一个空白的页面3，如下图所示。

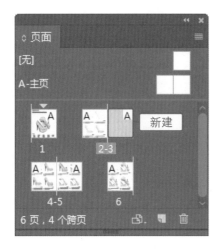

03 ❶在"页面"面板单击选中页面5，❷单击"删除选中页面"按钮，如下图所示。

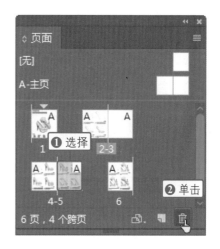

04 此时会弹出"警告"对话框，提示用户是否要删除选中的页面，单击"确定"按钮。在"页面"面板中可看到选中的页面5被删除，原页面6变为新的页面5，如下图所示。

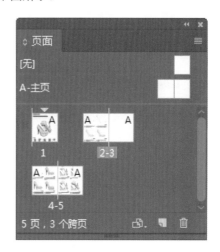

11.1.4 复制和移动页面

使用"页面"面板不但可在文档中添加或删除页面，也可以复制和移动页面位置。在"页面"面板中选中需要复制的页面，然后在"页面"面板菜单中执行"移动页面"或"直接复制页面/跨页"菜单命令，就可以完成页面的移动和复制操作。

◎ 素材文件：随书资源\11\素材\03.indd
◎ 最终文件：随书资源\11\源文件\复制和移动页面.indd

01 打开03.indd，在"页面"页面中选中页面3，如下图所示。

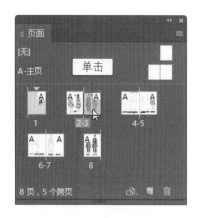

02 单击并拖动页面，将页面3移到页面6前方，并在页面前显示一条垂直线，如下图所示。

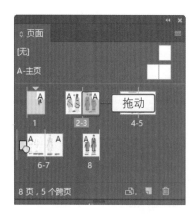

03 释放鼠标，即可将拖动的页面3移到页面6前方，成为页面5，如下图所示。

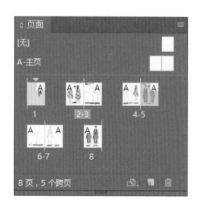

04 ❶单击"页面"面板右上角的扩展按钮■，❷在展开的面板菜单中执行"移动页面"命令，如下图所示。

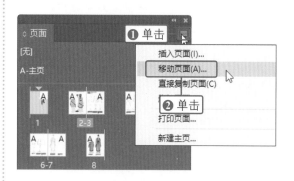

05 打开"移动页面"对话框，❶在对话框中设置"目标"位置及指定页面，❷单击"确定"按钮，如下图所示。

第11章

06 将选中的页面5移到页面6后方，成为新的页面7，如下图所示。

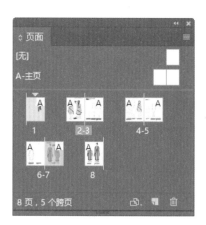

07 ❶单击"页面"面板右上角的扩展按钮 ▤，❷在弹出的面板菜单中执行"直接复制页面"命令，如下图所示。

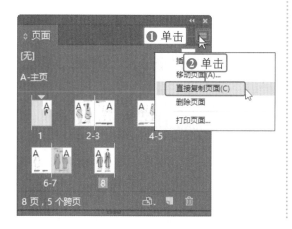

08 执行"直接复制页面"命令后，复制页面将显示在文档的末尾，即页面9，如下图所示。

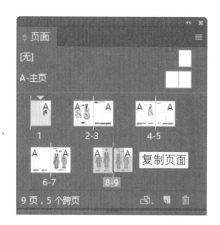

09 要复制页面，❶也可以选中页面，❷将其拖动到"新建页面"按钮 ▣ 上方，如下图所示，释放鼠标后就能快速复制选中页面。

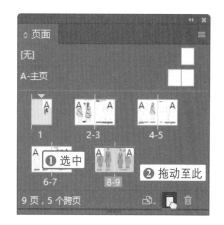

11.1.5 设置页面边距和分栏

创建文档后，可以使用"边距和分栏"命令重新设置页面的页边距和页面分栏效果。选择页面后，执行"边距和分栏"命令，打开"边距和分栏"对话框，在此对话框中输入新的边距值和分栏数，即可完成页面边距和分栏的调整。

◎ 素材文件：随书资源\11\素材\04.indd
◎ 最终文件：随书资源\11\源文件\设置页面边距和分栏.indd

01 打开04.indd，打开后的文档效果如下图所示。

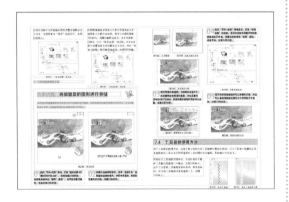

02 执行"版面>边距和分栏"菜单命令，如下图所示。

03 打开"边距和分栏"对话框，❶设置上、下、内、外边距为5毫米，❷设置"栏数"2，❸单击"确定"按钮，如下图所示。

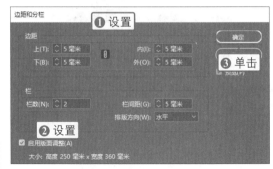

04 应用设置的参数缩小页边距，并将页面分为双栏效果，如下图所示。

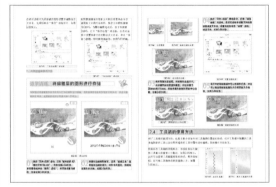

11.2 创建和编辑页码

在InDesign中可以向页面添加一个当前页码标志符，以指定页码在页面上的显示位置及显示方式。在文档中添加页码后，由于页码标志符是自动更新的，因此即使在添加、移去或重排文档中的页面时，文档所显示的页码始终是正确的。添加页码后，可以按照前面介绍过的处理文本的方式来设置页码标志符的格式和样式。

11.2.1 在页面中添加自动页码

为页面添加页码是排版最基本的操作，一本完整的书籍离不开页码的设置。在InDesign中，可以应用"插入自动页码"功能添加页码。在添加页码前，需要先在要添加页码的位置绘制一个文本框，用于放置页码。

◎ 素材文件：随书资源\11\素材\05.indd
◎ 最终文件：随书资源\11\源文件\在页面中添加自动页码.indd

01 打开05.indd，单击"文字工具"按钮 T，在页面右下角单击并拖动，绘制一个文本框，如下图所示，将插入点置于文本框内。

02 ❶执行"文字>插入特殊字符>标志符>当前页码"菜单命令，❷在文本框中插入自动页码，可调整页码的字体和大小，得到如下图所示的页码效果。

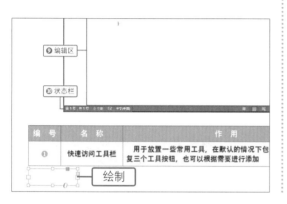

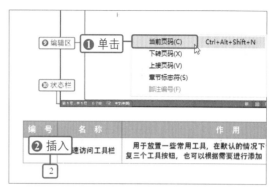

技巧提示

页码大多添加在主页中，当在主页中添加页码并应用于普通页面时，会根据文档的页面数量自动编排每一页中的页码。

11.2.2 复合页码的添加

除了应用默认的页码样式，在排版时也会用到"-1-"或"第1页"等复合页码样式。复合页码的添加方法与自动页码添加方法类似，不同的是，在创建复合页码时，需要先在文本框中输入相应的字符或符号，再执行"文字>插入特殊字符>标志符"命令，添加页码。

◎ 素材文件：随书资源\11\素材\06.indd
◎ 最终文件：随书资源\11\源文件\复合页码的添加.indd

01 打开06.indd，应用"文字工具"在页面右下角单击并拖动鼠标，绘制文本框，输入文字"第页"，并将插入点置于"第"之后，如下图所示。

02 ❶执行"文字>插入特殊字符>标志符>当前页码"菜单命令，❷插入页码1，完成复合页码"第1页"的设置，如下图所示。

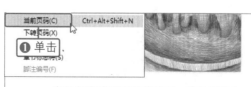

书籍和版面

11.2.3 | 添加章节页码

默认情况下，书籍中的页码和章节号是连续的。在编排文档时，可以执行"页面"面板菜单中的"页码和章节选项"命令，打开"页码和章节选项"对话框，应用该对话框指定页重新开始页码编号、为页码添加前缀及更改页码和章节的编号样式等。

◎ 素材文件：随书资源\11\素材\07.indd
◎ 最终文件：随书资源\11\源文件\添加章节页码.indd

01 打开07.indd，打开"页面"面板，在面板中显示默认章节页码，如下图所示。

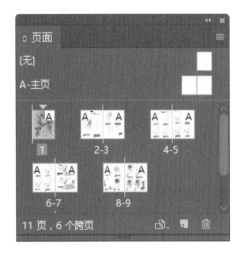

02 ❶单击"页面"面板右上角的扩展按钮，❷在展开的面板菜单中执行"页码和章节选项"命令，如下图所示。

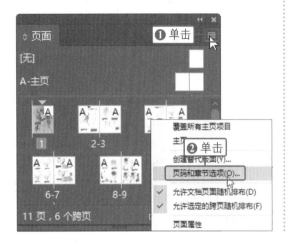

03 打开"页码和章节选项"对话框，❶单击"起始页码"单选按钮，❷设置"章节前缀"为"红锦之梦"、"样式"为"01,02,03..."，❸设置"起始章节编号"为4，如下图所示。

04 设置完成后，单击"确定"按钮，返回"页面"面板，在面板中可以看到设置后的章节页码，效果如下图所示。

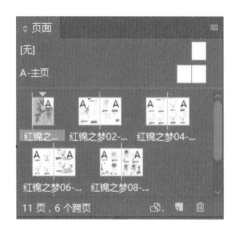

11.2.4 | 设置自动跳转页码

在InDesign中，可以通过执行"下转页码"和"上接页码"创建在其他页面跳转文本行的跳转页码。在文档中创建自动跳转页码后，当移动或重排文章的串接文本框架时，文章中下一个或上一个串接文本框架页面中的页码将自动更改。

◎ 素材文件：随书资源\11\素材\08.indd
◎ 最终文件：随书资源\11\源文件\设置自动跳转页码.indd

01 打开08.indd，使用"文字工具"在表格最后一行输入"下转页"，将插入点定位于"转"字后，如下图所示。

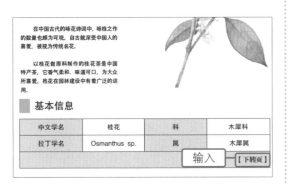

02 ❶执行"文字>插入特殊字符>标志符>下转页码"菜单命令，❷在文字中间位置自动插入下转页码3，如下图所示。

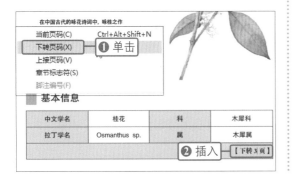

03 在文档下一页面的表格第一行输入文字"上接页"，并将插入点定位于文字"转"后面，如下图所示。

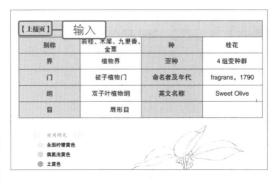

04 ❶执行"文字>插入特殊字符>标志符>上接页码"菜单命令，❷在文字中间位置自动插入上接页码2，如下图所示。

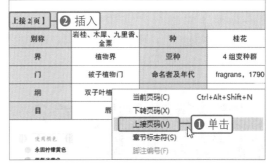

11.3 | 创建主页

主页也称为主版页面或主控页。InDesign提供了创建和编辑主页功能，如果需要在一个文档的多个页面中应用相同的设计格式，例如页眉、页脚、页码和页面装饰元素等，就会应用到主页功能。主页面包括页面上的所有重复元素，并且主页个数是不受限制的。

11.3.1 创建新的主页

每个InDesign文档中都可以有一个以上的主页页面。在最初创建文档时，默认同时创建了一个主页页面，如果用户有特殊需要，也可以再创建新的主页页面。通过执行"页面"面板菜单中的"新建主页"命令即可创建新的主页。

◎ 素材文件：随书资源\11\素材\09.indd
◎ 最终文件：随书资源\11\源文件\创建新的主页.indd

01 打开09.indd，打开"页面面板"，❶单击右上角的扩展按钮▤，❷在展开的面板菜单中执行"新建主页"命令，如下图所示。

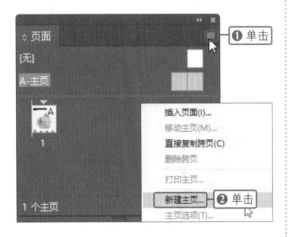

02 ❶打开"新建主页"对话框，在"前缀名"文本框中输入"前缀"为"多肉绘"，❷"页数"为1，❸单击"确定"按钮，如下图所示。

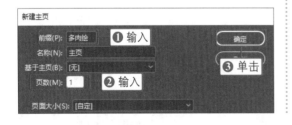

03 返回"页面"面板，可以看到在"A-主页"下面创建了一个新的"多肉绘-主页"，效果如下图所示。

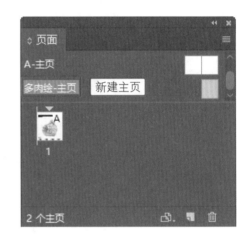

技巧提示

在"页面"面板中，默认以"垂直"方式显示页面缩览图，右击面板的空白区域，在弹出的快捷菜单中执行"查看页面>水平"命令，可以更改为水平方式显示页面缩览图。

11.3.2 将普通页面改建为主页

除了可以新建主页页面，还可以通过改建普通页面的方式获得新的主页页面。要从普通页面改建主页，可以通过选择拖动页面至主页区域的方法进行创建，也可以执行"页面"面板菜单中的"存储为主页"命令将页面改建为主页。

◎ 素材文件：随书资源\11\素材\10.indd
◎ 最终文件：随书资源\11\源文件\将普通页面改建为主页.indd

01 打开10.indd，打开"页面"面板，选中需要改建为主页的页面，如下图所示。

02 将选中的页面拖动到"页面"面板上方的主页区域，此时鼠标指针将变为<img>形，如下图所示。

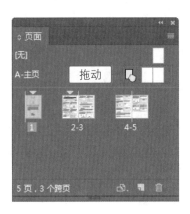

03 释放鼠标，即可将选中的普通页面改建为"B-主页"，效果如下图所示。

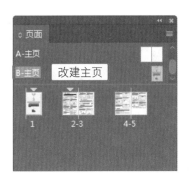

04 按住Shift键不放，在"页面"面板中单击选择一个跨页页面，如下图所示。

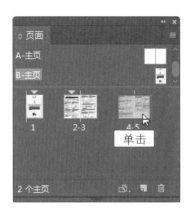

05 ❶单击"页面"面板右上角的扩展按钮<img>，❷在面板菜单中执行"主页>存储为主页"菜单命令，如下图所示。

06 执行该菜单命令后，即可将选中的普通页面改建为"C-主页"，效果如下图所示。

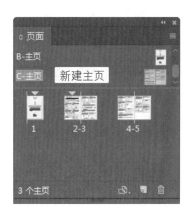

11.3.3 | 复制主页

　　创建或编辑主页页面后，可以再复制主页，创建一个主页页面副本。复制主页时，会将主页中所有的对象一起复制下来，并自动把复制得到的主页副本命名为字母表中的下一个字母。在InDesign中复制主页也有多种方法，既可以应用"页面"面板复制主页，也可以执行"版面>页面>直接复制主页跨页"菜单命令复制选中的主页页面。

◎ 素材文件：随书资源\11\素材\11.indd
◎ 最终文件：随书资源\11\源文件\复制主页.indd

01 打开11.indd，在"页面"面板中选中需要复制的主页页面，如下图所示。

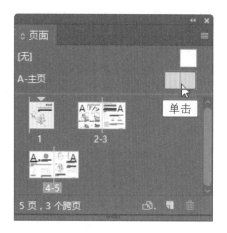

02 将选中的主页页面拖动到面板右下角的"创建新页面"按钮位置，此时鼠标指针将显示为形，如下图所示。

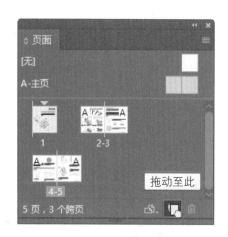

03 释放鼠标，即可将选中的"A-主页"复制，得到"B-主页"，如下图所示。

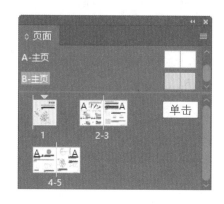

04 单击"页面"面板右上角的扩展按钮，在展开的面板菜单中执行"直接复制主页跨页'B-主页'"，如下图所示。

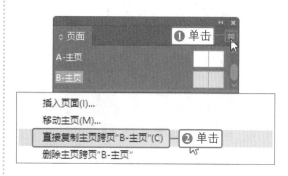

05 复制选中的"B-主页"页面，得到"C-主页"页面，如下图所示。

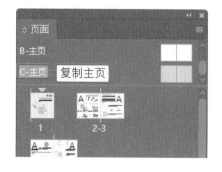

11.3.4 | 删除主页

对于"页面"面板中的主页,也可以像普通页面一样,将其从文档中删除。在InDesign中,删除主页也有多种方法,可以将选中主页拖至"删除选中页面"按钮或直接单击该按钮,删除主页;也可以执行面板菜单中的"删除主页跨页"命令删除选中主页。

◎ 素材文件:随书资源\11\素材\12.indd
◎ 最终文件:随书资源\11\源文件\删除主页.indd

01 打开12.indd,在"页面"面板中选中一个主页页面,如下图所示。

02 将选中的主页页面拖动到面板下方的"删除选中页面"按钮 位置,此时鼠标指针将会变为 形,如下图所示。

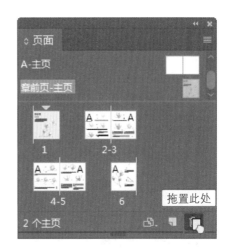

03 释放鼠标,即可删除选中的"B-主页"页面,如下图所示。

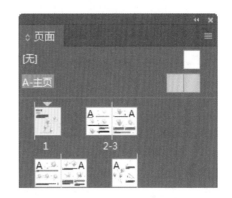

11.3.5 | 将主页应用于其他文档页面

创建主页页面后,只有将其应用到其他的普通页面才能发挥作用。对普通页面应用主页中的元素时,不会影响到原普通页面中的其他元素。在InDesign中,可以将主页的两个页面都应用到文档跨页的两个页面,也可以将主页跨页的一个页面应用到文档跨页的一个页面。

◎ 素材文件:随书资源\11\素材\13.indd
◎ 最终文件:随书资源\11\源文件\将主页应用于其他文档页面.indd

01 打开13.indd，选择页面1，未应用主页时的效果如下图所示。

02 在"页面"面板中单击选中需要应用的"B-主页"页面，如下图所示。

03 将选中的主页拖动到下方需要应用主页内容的页面1上，如下图所示。

04 释放鼠标，就可以在鼠标停放的文档页面中应用主页页面中的内容，并且在页面下方显示"已应用B-主页"，如下图所示。

05 如果要将主页应用于所有的普通页面，在"页面"面板中选中要应用的"A-主页"页面，如下图所示。

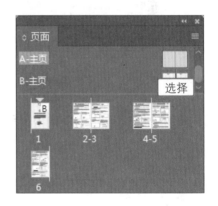

06 ❶单击"页面"面板右上角的扩展按钮▤，❷在面板菜单中执行"将主页应用于页面"菜单命令，如下图所示。

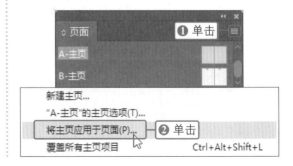

第
11
章

07 打开"应用主页"对话框,在对话框中❶选择"应用主页",❷并在"于页面"下拉列表中选择"所有页面",❸单击"确定"按钮,如下图所示。

08 对文档中所有页面应用主页格式,单击"页面"面板中的任意页面,切换到该页面,查看应用效果,如下图所示。

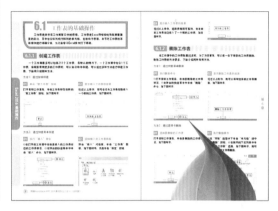

11.4 创建书籍文件

书籍文件是一个可以共享样式、色板、主页及其他项目的文档集。如果要获得整本书的目录和索引及进行打印或输出工作,就需要应用到书籍文件。在一个书籍文件中,可以按顺序给编入书籍中的文档页面进行编号、打印书籍中选定的文档或者将它们导出为PDF文件等。

11.4.1 创建书籍

应用书籍管理文档前,首先要学会创建书籍。书籍的创建方法非常简单,只需要启动InDesign程序后,执行"文件>新建>书籍"菜单命令,就能创建一个相应的书籍文件。

◎ 素材文件:无
◎ 最终文件:随书资源\11\源文件\创建书籍.indd

01 启动InDesign应用程序,执行"文件>新建>书籍"菜单命令,打开"新建书籍"对话框,❶在对话框中输入新建的书籍文件名,❷并指定书籍的存储位置,如下图所示。

02 单击"确定"按钮,即可在指定的文件夹中创建一个书籍文件,并同时打开"创建书籍"面板,如下图所示。

11.4.2 | 向书籍文件中添加文档

创建书籍文件后，需要向书籍文件中添加对应的文档。在InDesign中，单击"书籍"面板中的"添加文档"按钮或者执行面板菜单中的"添加文档"命令，都可以向书籍文件中添加文档。

◎ 素材文件：随书资源\11\素材\14.indb、15.indd
◎ 最终文件：随书资源\11\源文件\向书籍文件中添加文档.indb

01 打开14.indb书籍文件，单击"书籍"面板右下角的"添加文档"按钮➕，如下图所示。

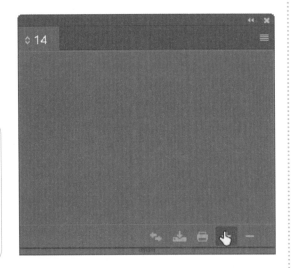

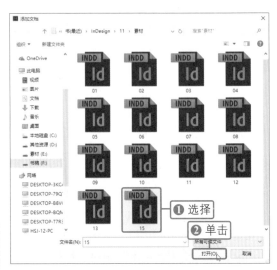

02 打开"添加文档"对话框，❶在对话框中选择需要导入的文档15.indd，❷单击"打开"按钮，如下图所示。

03 可看到选择的文件已被添加到"书籍"面板中，如下图所示。

11.4.3 | 替换书籍文档

对于书籍中添加的文档，可以根据需要选用其他的文档替换。替换书籍文档的方法非常简单，只需执行"书籍"面板菜单中的"替换文档"菜单命令即可。

◎ 素材文件：随书资源\11\素材\16.indb、17.indd
◎ 最终文件：随书资源\11\源文件\替换书籍文档.indb

01 打开16.indb，选中要替换的文件，❶单击右上角的扩展按钮▤，❷在面板中执行"替换文档"菜单命令，如下图所示。

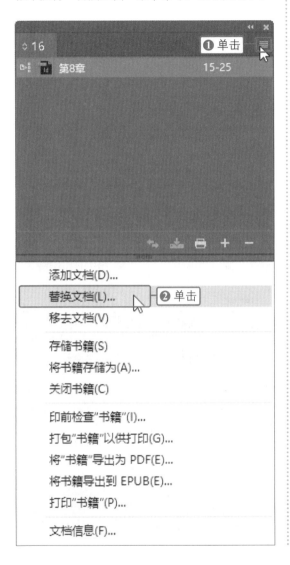

02 打开"替换文档"对话框，❶在对话框中单击选中需要替换的文档，❷单击下方的"打开"按钮，如下图所示。

03 应用选择的17.indd文档替换原书籍中的"第8章.indd"书籍文档，替换后的效果如下图所示。

11.4.4 同步书籍文档

对书籍中的文档进行同步时，如样式、变量、主页等指定的项目都将从样式源复制到指定的书籍文档中，并替换所有同名项目。同步书籍文档前，可以先应用"同步选项"对话框指定要从样式源复制到其他书籍文档的项目，再进行书籍同步操作。默认情况下，第一个添加到书籍中的文档被指定为样式源文件，并在其名称左侧显示图标，可以单击文档名称左侧的空方框来重新指定源文档。

◎ 素材文件：随书资源\11\素材\18.indb
◎ 最终文件：随书资源\11\源文件\同步书籍文档.indb

01 打开18.indb，❶单击"书籍"面板右上角的扩展按钮▤，❷在展开的面板菜单中执行"同步选项"命令，如下图所示。

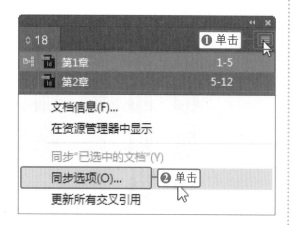

02 打开"同步选项"对话框，❶在对话框中勾选需要同步处理项目前的复选框，❷单击"确定"按钮，如下图所示，完成同步选项设置。

03 在"书籍"面板中选中需要同步处理的文档，❶单击右上角的扩展按钮▤，❷在展开的面板菜单中执行"同步'已选中的文档'"命令，如下图所示。

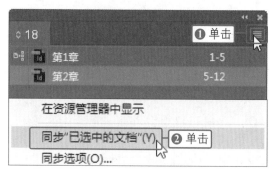

04 根据设置的同步选项，同步处理选择的目标文档，并显示同步处理的进度，如下图所示。

05 处理完成后，弹出如下图所示的提示对话框，单击对话框中的"确定"按钮即可。

11.4.5 | 删除书籍文档

对于添加到书籍中的文档，可以将它从书籍中删除。在InDesign中，删除书籍文档有多种方法，既可以通过单击"书籍"面板中的"移去文档"按钮或将文档拖动到"移去文档"按钮删除文档，也可以执行"书籍"面板菜单中的"移去文档"命令移去选中的书籍文档。

◎ 素材文件：随书资源\11\素材\19.indb
◎ 最终文件：随书资源\11\删除书籍文档.indb

302

01 打开19.indb，在"书籍"面板中单击选中需要删除的文档，如下图所示。

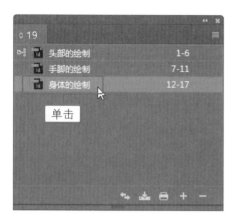

02 将选中的文档拖动到"书籍"面板右下角的"移去文档"按钮■上，拖动文档时鼠标指针显示为○形，如下图所示。

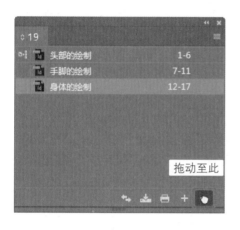

03 释放鼠标，删除"书籍"面板中选中的需要删除的文档，删除文档后的效果如下图所示。

04 ❶在"书籍"面板中选中另外一个文档，❷单击面板右上角的扩展按钮■，如下图所示。

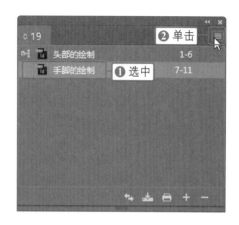

05 打开"书籍"面板菜单，在菜单中执行"移去文档"命令，如下图所示。

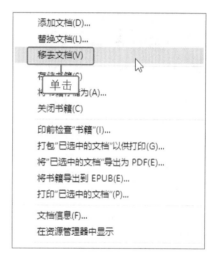

06 从书籍文件中移去选中的文档，移去文档后的"书籍"面板如下图所示。

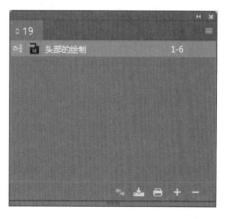

11.4.6　存储书籍文件

书籍文件独立于文档文件。书籍文件的存储与普通文件的存储有一定的区别，存储书籍时，InDesign会存储对书籍的更改，而非存储书籍中文档的更改。要存储编辑过的书籍文件，可以单击"书籍"面板中的"存储书籍"按钮或面板菜单中的"存储书籍"命令快速存储文件，也可以执行"将书籍存储为"菜单命令，把书籍文件存储到指定的文件夹中。

◎　素材文件：随书资源\11\素材\20.indb
◎　最终文件：随书资源\11\源文件\存储书籍文件.indb

01 打开20.indb，❶单击"书籍"面板右上角的扩展按钮▣，❷在展开面板菜单中执行"将书籍存储为"命令，如下图所示。

02 打开"将书籍存储为"对话框，❶在"文件名"选项右侧输入要保存的书籍名称，❷选择书籍文件的存储位置，❸单击"保存"按钮，如下图所示。

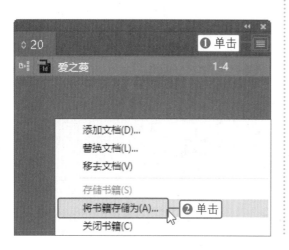

11.5　使用目录

目录能让人更清楚地知道书中所讲知识的框架结构，并且可以帮助读者在文档或书籍文件中快速查找相关的内容。一个文档可以包含多个目录；每个目录都是一篇由标题和条目列表组成的独立文章。条目能够直接从文档内容中提取，并可以跨越同一书籍文件中的多个文档更新目录。

11.5.1　创建新目录

在创建目录之前，需要先创建并应用要用作目录基础的段落样式，然后通过打开"目录"对话框，在对话框中将要应用至目录的段落样式添加到目录包含的样式列表中，即可将包括相应样式的文档内容添加到目录文档中。

◎　素材文件：随书资源\11\素材\21.indd
◎　最终文件：随书资源\11\源文件\创建新目录.indd

01 打开21.indd，打开后的文档效果如下图所示，执行"版面>目录"菜单命令。

02 打开"目录"对话框，❶在对话框右侧的"其他样式"列表中单击选中"二级标题"段落样式，❷单击"添加"按钮，如下图所示。

03 将选择的"二级标题"样式添加到左侧目录中样式下方的"包含段落样式"列表中，如下图所示。

04 ❶单击选中"其他样式"列表中的"三级标题"段落样式，❷单击"添加"按钮，如下图所示。

05 将选择的"三级标题"样式添加到左侧目录中样式下方的"包含段落样式"列表中，如下图所示，设置完成后单击"确定"按钮。

06 返回文档中，❶单击"页面"面板中的"新建页面"按钮，新建一个跨页页面，❷并使用"矩形工具"绘制矩形，效果如下图所示。

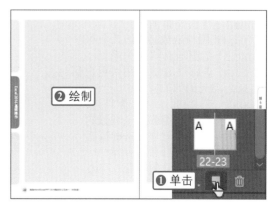

07 在矩形上单击并拖动，提取目录文本，此时会在文本框右下角显示溢流文本图标，单击该图标，在右侧再单击并拖动，显示完整的目录信息，如下图所示。

08 由于InDesign是根据所选样式与页面左边缘的距离为顺序提取目录，因此提取出的目录会有些凌乱，可以再应用"文字工具"选择目录文本，调整文本顺序，更改目录效果，如下图所示。

11.5.2 | 更新已有目录

InDesign是通过自动识别段落样式来获取目录的，从文档中提取目录后，如果再对文档中应用了段落样式的文本进行更改，可采用更新目录的方式自动修改目录，而不用重新创建目录。

◎ 素材文件：随书资源\11\素材\22.indd
◎ 最终文件：随书资源\11\源文件\更新已有目录.indd

01 打开22.indd，文档最后一页即为创建的目录效果，如下图所示。

写在照片处理之前　1
第1章　1
1.1.1　什么是抠图　2
1.1　抠图与合成必知的几个问题　2
1.1.2　抠图与合成的关系　3
1.1.3　怎样使合成的图像更自然　3
1.2　常见的数码特效　5
1.3.1　关于Photoshop软件　7
1.3.2　提高性能的首选项设置　7
1.3　照片后期处理必备的技能　7
1.3.3　图像的打开与存储　9
1.3.4　图像尺寸的调整　10

02 选择"文字工具"，❶选中二级标题中的"必知的几个问题"，❷将其更改为"基础"，如下图所示。

将插入点定位于最后一页的目录文本框中，执行"版面>更新目录"菜单命令，更新目录，如右图所示。

11.5.3 | 创建目录样式

如果需要在文档或书籍中创建不同的目录，可以使用目录样式。如果希望在其他文档中使用相同的目录格式，也可以使用目录样式。创建目录样式后，在新建目录时，只需要在"目录样式"列表中选择一种目录样式，就可以将该样式下包含的段落样式快速添加到"包含段落样式"列表中。

◎ 素材文件：随书资源\11\素材\22.indd
◎ 最终文件：无

01 打开22.indd，执行"版面>目录样式"菜单命令，打开"目录样式"对话框，单击"新建"按钮，如下图所示。

02 打开"新建目录样式"对话框，❶在对话框中的"目录样式"选项右侧输入要创建的目录样式名，❷然后在下方选择目录包含的段落样式，如下图所示。

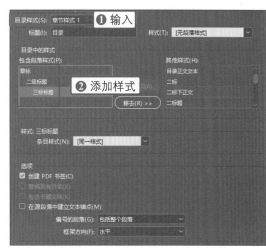

03 确认设置，返回"目录样式"对话框，在对话框中的"样式"列表中即显示创建的目录样式，如下图所示。

技巧提示

InDesign不但可以创建目录样式，还可以从其他文档导入目录样式。要导入目录样式，打开"目录样式"对话框，单击"载入"按钮，打开"打开文件"对话框，在对话框中选择包含要复制的目录样式的InDesign文件，然后单击"打开"按钮即可。

书籍和版面

实|例|演|练——绘画类书籍内页排版

对书籍进行排版时，书籍中的文档会应用到一些相同的元素，这些元素可以以创建主页的方式快速应用于其他文档页面。本实例中，应用"页面"面板设置主页页面，在页面中绘制图形、输入文字、插入页码，将其应用到文档页面，完成书籍内页排版，效果如下图所示。

扫码看视频

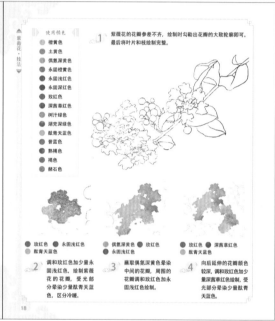

◎ 素材文件：随书资源\11\素材\23.indd、24.psd

◎ 最终文件：随书资源\11\源文件\绘画类书籍内页排版.indd

01 打开23.indd，打开"页面"面板，单击面板上方的"A-主页"，如下图所示。

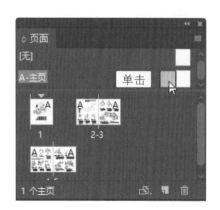

02 执行"文件>置入"菜单命令，打开"置入"对话框，❶在对话框中选择要置入的文件，❷单击"打开"按钮，如下图所示。

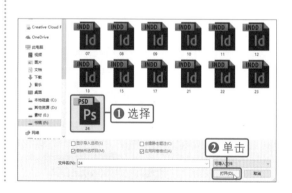

03 回到"A-主页"页面，在页面中单击并拖动，置入选中的图像，填充整个页面，效果如下图所示。

04 应用"选择工具"选中置入的图像，打开"效果"面板，在面板中将图像的"不透明度"设置为8%，降低不透明度效果，如下图所示。

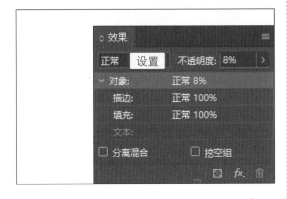

05 选择"矩形工具"，❶在页面中单击并拖动，绘制矩形，然后选中矩形，❷在选项栏中调整矩形填充和描边选项，如下图所示。

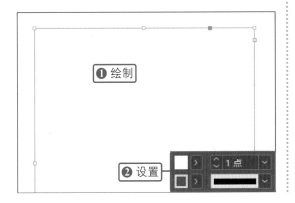

06 执行"对象>角选项"菜单命令，打开"角选项"对话框，❶选择"花式"转角形状，❷设置转角大小为3.94毫米，❸单击"确定"按钮，转换角效果，如下图所示。

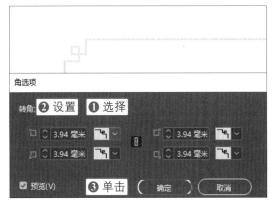

07 单击工具箱中的"钢笔工具"按钮，在页面左上角位置单击并拖动鼠标，绘制出花纹图形并为其填充合适的颜色，如下图所示。

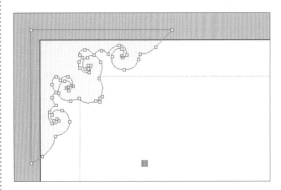

08 ❶复制绘制的花纹图形，单击图形移到画面右上角位置，❷单击选项栏中的"水平翻转"按钮，水平翻转图形，如下图所示。

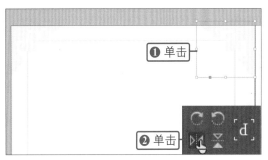

09 应用"选择工具"同时选中页面左上角和右上角的花纹图形，按住 Alt 键不放并向下方拖动，复制出两个花纹图形，分别放到页面左下角和右下角位置，如下图所示。

10 使用"选择工具"单击选择页面中间的矩形图形，右击矩形图形，在弹出的快捷菜单中执行"置于顶层"命令，将矩形移到页面最上层，如下图所示。

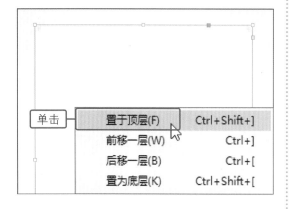

11 选中左侧页面中的所有对象，按下快捷键 Ctrl+G，将对象编组，再通过"编辑>拷贝"和"编辑>粘贴"菜单命令，复制对象，将其移到右侧的页面上，如下图所示。

12 ❶单击"页面"面板右上角的扩展按钮 ▤，❷在展开的面板菜单中执行"直接复制主页跨页'A-主页'"菜单命令，如下图所示。

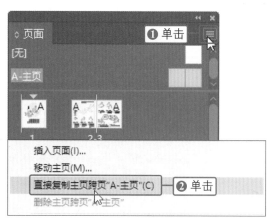

13 复制主页跨页 A-主页，在"页面"面板中生成"B-主页"页面，如下图所示。

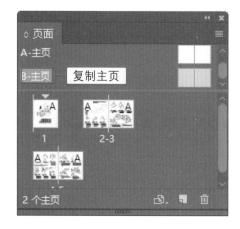

14 结合图形绘制工具和"文字工具"，在页面左侧绘制图形并输入相应的文字说明信息，如下图所示。

15 应用"选择工具"选中上一步绘制的图形和输入的文字信息，按下快捷键Ctrl+G，将对象编组，然后将编组的对象复制到右侧的页面上，如下图所示。

16 应用"选择工具"选择编组后的背景图像，❶右击图像，在弹出的快捷菜单中执行"取消编组"命令，❷然后按住Shift键不放，依次单击左、右两个页面中间的花纹图形，如下图所示。

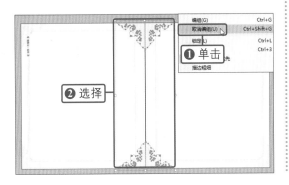

17 按住Delete键，删除选中的花纹图形，去掉画面中间多余的图形效果，如下图所示。

18 选择"文字工具"，在左侧页面的左下角位置单击并拖动，绘制一个文本框，如下图所示。

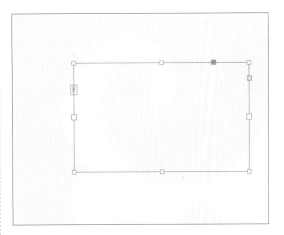

19 将插入点放置在文本框中，❶执行"文字>插入特殊字符>标志符>当前页码"菜单命令，❷在绘制的表格中插入当前页码，如下图所示。

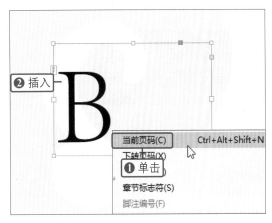

20 选中页面文本，❶在"文字工具"选项栏中设置字体为"方正黑体简体"，❷字体大小为10点，再打开"拾色器"对话框，❸输入填充色为R162、G132、B35，更改文字颜色，如下图所示。

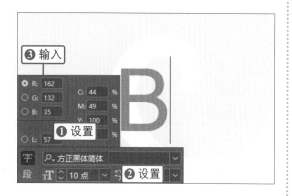

21 应用"文字工具"选中页码对象，通过"编辑>拷贝"和"编辑>粘贴"菜单命令复制页码，并将其移到右侧页面的右下角位置，如下图所示。

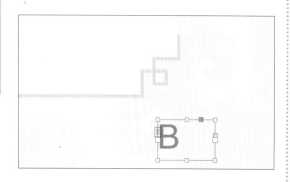

22 打开"页面"面板，❶单击面板右上角的扩展按钮▤，❷在展开的面板菜单中执行"将主页应用于页面"菜单命令，如下图所示。

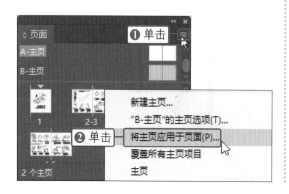

23 打开"应用主页"对话框，❶在对话框中的"于页面"下拉列表中选择"所有页面"选项，❷单击"确定"按钮，应用主页效果，如下图所示。

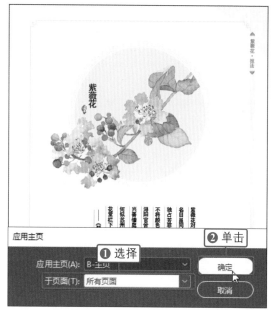

24 打开"页面"面板，❶单击选中"A-主页"左侧页面，❷将其拖动到下方页面1上方，释放鼠标，这样A-主页跨页的一个页面应用到页面1中，效果如下图所示。

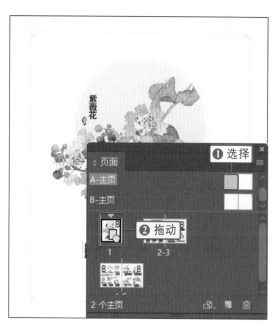

25 打开"页面"面板，选中一个文档页面，❶单击右上角的扩展按钮，❷在展开的面板菜单中执行"页码和章节选项"命令，如下图所示。

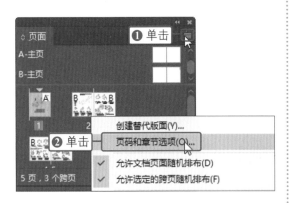

26 打开"页码和章节选项"对话框，在对话框中根据文档内容，设置章节起始页码为17，单击"确定"按钮，如下图所示。

27 关闭"页码和章节选项"对话框，在"页面"面板中可看到更改后的页码信息，返回文档窗口，可以看到应用主页元素并调整页码后的整体效果，如下图所示。

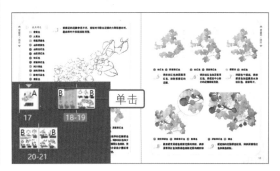

实|例|演|练——办公应用书籍目录设计

目录是全书内容的索引和纲要，能够展示书籍的结构层次。本实例先新建一个书籍文件，将文档添加到书籍文件中，再从书籍文档中提取出目录，然后进行编排、创建新文档、复制并存储目录，最后将目录文档添加到书籍文件中，完整的书籍效果如下图所示。

扫码看视频

书籍和版面

◎ 素材文件：随书资源\11\素材\25文件夹
◎ 最终文件：随书资源\11\源文件\办公应用类书籍目录设计.indd、办公应用书籍.indb

01 执行"文件>新建>书籍"菜单命令，打开"新建书籍"对话框，❶在对话框中输入文件名，❷指定存储位置，❸单击"保存"按钮，如下图所示。

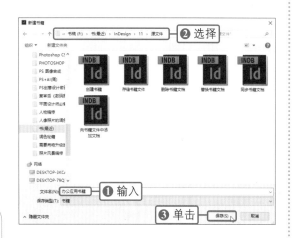

02 创建一个名为"办公应用书籍"的书籍文件，并打开相应的"书籍"面板，单击面板右下角的"添加文档"按钮 +，如下图所示。

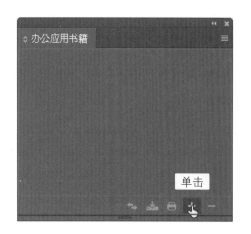

03 打开"添加文档"对话框，❶按住Shift键不放，在对话框中单击选中多个需要添加到书籍中的文档，❷单击"打开"按钮，如下图所示。

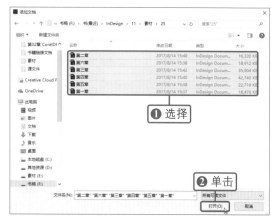

04 将选择的多个文档添加到创建的书籍中，并根据章节顺序，调整书籍文档的排列顺序，双击书籍中的"第六章"文档缩览图，如下图所示。

05 打开文档，然后打开"页面"面板，❶在面板中选中最后一个页面，❷单击面板右下角的"新建页面"按钮 ，如下图所示。

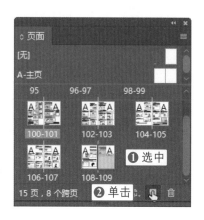

06 在选中的页面109后方再创建一个新的文档页面，显示页面为110，如下图所示。

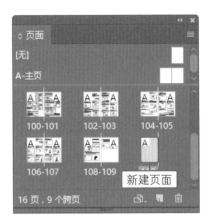

07 为了能够完整地显示整个目录，单击"新建页面"按钮■，再创建一个空白的文档页面，如下图所示。

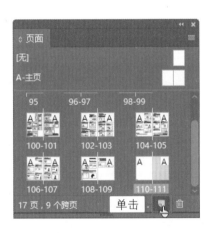

08 选中页面110，执行"版面>目录"菜单命令，打开"目录"对话框，❶在对话框中的"其他样式"列表中选择"一级标题"，❷单击左侧的"添加"按钮，如下图所示。

09 将选择的"一级标题"段落样式添加到目录中样式下方的"包含段落样式"列表中，如下图所示。

10 在"目录"对话框中的"其他样式"列表中分别选择"1.1二级标题"和"1.1.1三级标题"段落样式，❶单击"添加"按钮，❷将其添加到"包含段落样式"列表中，如下图所示。

11 由于这里要从书籍的所有文档中提取目录，所以在"目录"对话框中勾选"选项"选项组下的"包含书籍文档"复选框，确定提取目录的范围，单击"确定"按钮，如下图所示。

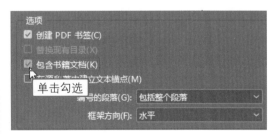

技巧提示

　　每个打开的书籍文件均显示在"书籍"面板中各自的选项卡下，若同时打开多本书籍，则单击某个选项卡可将对应的书籍调至前面，从而访问其面板菜单。

12 返回"第六章"文档中，在最后创建的空白页面中单击并拖动鼠标，创建框架对象，如下图所示。

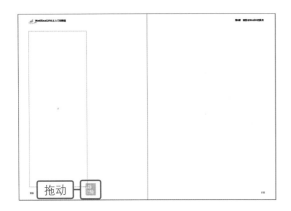

13 释放鼠标，在框架中即显示提取到的目录文本，再通过串接文本的方式，在页面中绘制更多文本框，直到显示所有目录内容，如下图所示。

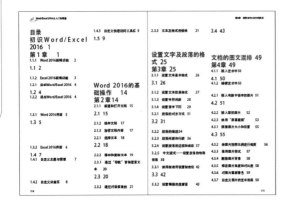

14 从文档中提取目录后，目录内容有些凌乱，结合"文字工具""字符"和"段落"面板，调整目录中的文字信息，得到更工整的目录效果，如下图所示。

15 选择工具箱中的"矩形工具"和"钢笔工具"，在页面中绘制图形，然后编辑绘制的图形并将其置于文字下方，得到如下图所示的页面效果。

16 执行"文件>新建>文档"菜单命令，打开"新建文档"对话框，❶输入"页数"为2，❷页面"宽度"为184毫米、"高度"为260毫米，❸单击"边距和分栏"按钮，如下图所示，在弹出的对话框中单击"确定"按钮，创建新文档。

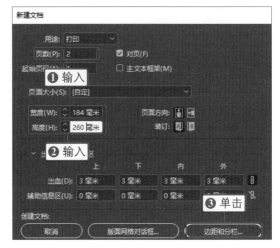

17 回到书籍文件，选中"第六章"文档最末尾的书籍目录页面，选中工具箱中的"选择工具"，在页面中单击并拖动，框选页面中的所有对象，如下图所示。

第11章

18 返回新建的文档中，在"页面"面板中分别选择页面1和2，执行"编辑>原位粘贴"菜单命令，将选择的目录文本和图形粘贴到页面1和页面2中，粘贴后的效果如下图所示。

19 执行"文件>存储为"菜单命令，打开"存储为"对话框，❶在对话框中输入文件名为"办公应用类书籍目录设计"，❷指定存储位置，❸单击"保存"按钮，如下图所示，存储文档。

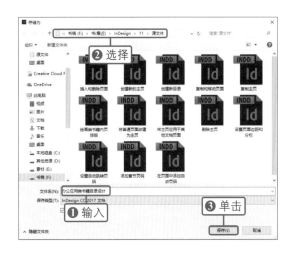

20 打开"书籍"面板，❶单击面板右上角的扩展按钮▤，❷在展开的面板菜单中执行"添加文档"命令，如下图所示。

21 打开"添加文档"对话框，❶在对话框中选择存储的"办公应用类书籍目录设计"文件，❷单击"打开"按钮，如下图所示。

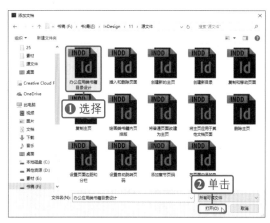

22 将新创建的"办公应用类书籍目录设计"文档添加到书籍文件，将目录文档移到书籍文件最上方，如下图所示。

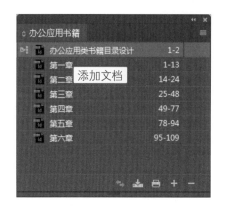

23 ❶单击"书籍"面板右上角的扩展按钮▤，❷在展开的菜单中执行"存储书籍"命令，如下图所示。

第12章

应用InDesign完成版面设计后，需要将文件进行一定的处理并发送给不同的用户或输出中心进行打印输出。InDesign提供了一套完整的文档输出与打印设置功能，能够满足不同的用户对于后期输出文档的需求。本章将详细介绍文件的输入和打印设置方法，让读者更全面地了解如何导出InDesign文档、叠印和陷印输出文档等知识。

12

文档的输出与打印

12.1 导出文件

完成文档的编辑后，可以通过"导出"的方式将文档导出为不同的文件格式。在InDesign中，可通过执行"文件>导出"菜单命令，在打开的"导出"对话框中选择格式并导出文件。

12.1.1 将内容导出为HTML格式

导出为HTML也是将文档导出并保存的一种方式。在将文件内容从InDesign文档导出为HTML之前，需要创建或载入元素标签、将标签应用于文档页面上的项目等，然后通过执行"文件>导出"菜单命令，导出文档中的全部或部分内容。

◎ 素材文件：随书资源\12\素材\01.indd
◎ 最终文件：随书资源\12\素材\将内容导出为HTML.html

01 打开01.indd，执行"文件>导出"菜单命令，弹出"导出"对话框，❶在对话框中选择导出文件的存储位置，❷再输入导出文件名，❸设置存储类型选择为HTML，❹单击"保存"按钮，如下图所示。

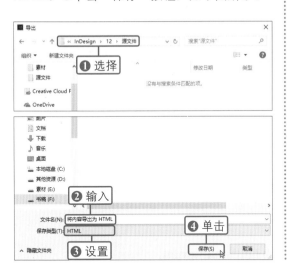

02 弹出"HTML导出选项"对话框，在对话框中设置更多导出选项，这里采用默认设置，单击"确定"按钮，如下图所示，将文档导出为HTML文件。

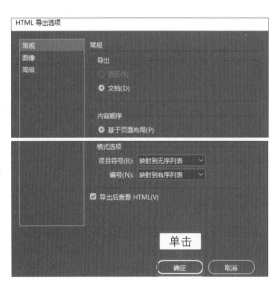

12.1.2 将内容导出为JPEG格式

JPEG使用标准的图像压缩机制来压缩全彩色或灰度图像，以便在屏幕上显示。为了用户在未安装InDesign的情况下查看编辑后的文档效果，可以使用"导出"命令将InDesign格式的文档导出为JPEG格式。

◎ 素材文件：随书资源\12\素材\02.indd
◎ 最终文件：随书资源\12\素材\导出为JPEG格式.jpeg

01 打开01.indd，在"页面"面板中单击任一页面，查看打开的版面效果，如下图所示。

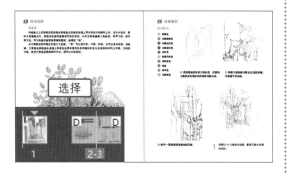

02 执行"文件>导出"菜单命令，打开"导出"对话框，❶在对话框中选择要导出文件的存储位置，❷输入导出文件名，❸设置"保存类型"为JPEG，❹单击"保存"按钮，如下图所示。

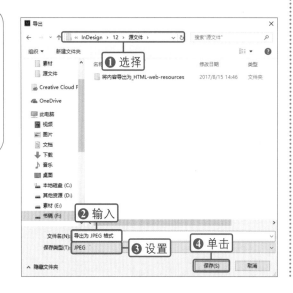

03 弹出"导出JPEG"对话框，❶在对话框中单击"范围"单选按钮，选择"所有页面"，❷设置"分辨率"为300、"色彩空间"为RGB，其他参数不变，如下图所示，单击"确定"按钮。

04 根据设置导出InDesign文件，导出后在设置的存储文件夹中即可预览导出的图像效果，如下图所示。

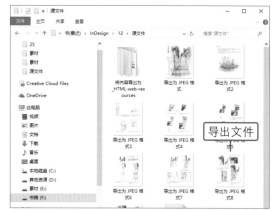

12.1.3 │ 将文档导出为用于打印的PDF文档

PDF是一种通用的便携式文档格式，这种文档格式保留在各种应用程序和平台上创建的字体、图像和版面。由于Adobe PDF文件小而完整，所以便于共享、查看和打印。在InDesign中，可以应用"导出"命令将文件导出为PDF文档。

◎ **素材文件：** 随书资源\12\素材\03.indd
◎ **最终文件：** 随书资源\12\源文件\将文档导出为用于打印的PDF.pdf

01 打开03.indd，执行"文件>导出"菜单命令，❶在打开的对话框中选择导出文件的存储位置，❷输入导出文件名，❸选择"Adobe PDF(打印)"选项，❹单击"保存"按钮，如下图所示。

02 弹出"导出Adobe PDF"对话框，❶在对话框中选择打印范围为"所有页面"，❷勾选"导出后查看PDF"复选框，其他参数不变，❸单击"导出"按钮，如下图所示。

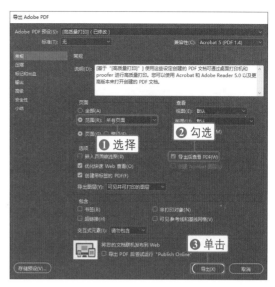

03 开始导出文件，完成后在设置的存储文件夹中即可查看到导出的PDF文件，❶双击文件，❷打开并查看导出的PDF文件，效果如下图所示。

12.1.4 | 将书籍导出为PDF文档

在InDesign中不但可以将单个文档导出为PDF，也可以将整本书籍导出为PDF。选择要导出的书籍文件，执行"书籍"面板菜单中的"将书籍导出为PDF"命令即可导出书籍。

◎ 素材文件：随书资源\12\素材\04.indb
◎ 最终文件：随书资源\12\源文件\将书籍导出为PDF.pdf

01 打开04.indb，单击"书籍"面板中的空白区域以取消选择任何选定文档，如下图所示。

02 ❶单击"书籍"面板右上角的扩展按钮，❷在展开的面板菜单中执行"将'书籍'导出为PDF"命令，如下图所示。

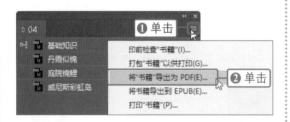

03 打开"导出"对话框，❶选择导出文件位置，❷输入导出文件名，❸单击"保存"按钮，如下图所示。

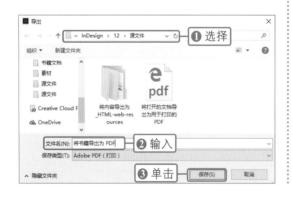

04 弹出"导出Adobe PDF"对话框，单击左侧的"压缩"标签，❶在"彩色图像"选项组中设置彩色图像压缩值，❷在"灰度图像"选项组中输入灰度图像压缩值，如下图所示。

05 单击"标记"标签，展开"标记"选项卡，❶在选项卡中勾选除"页面信息"外的所有标记复选框，❷然后勾选"使用文档出血设置"复选框，单击"确定"按钮，如下图所示。

06 根据设置的输出选项，开始导出PDF文件，❶并弹出"生成PDF"对话框，显示导出进度。导出完成后，❷在选择的存储文件夹中就能看到导出的PDF文件，如下图所示。

12.2 打印文件

在版面设计完成后，会对文件进行一定的处理，并将其发送给不同的用户或输出中心进行打印输出。InDesign提供了完整的文件打印输出功能，在打印文件前，为了防止可能发生的错误，减少不必要的损失，可以对打印的文件进行预检，并通过调整打印选项，完成作品的高品质输出。

12.2.1 打印前对文档进行印前检查

文档中的某些问题会使文档或书籍的打印或输出无法获得满意的效果，所以在打印文档前，需要对文档进行品质检查。InDesign提供了用于检测文档的"印前检查"面板，编辑文档时，如果遇到字体缺失、图像分辨率低、文本溢流等问题时，"印前检查"面板都会发出警告，并在状态栏中显示一个红圈图标。同时，用户也可以自行配置印前检查设置，定义要检测的问题。

◎ 素材文件：随书资源\12\素材\05.indd
◎ 最终文件：无

01 打开05.indd，执行"窗口>输出>印前检查"菜单命令，打开"印前检查"面板，❶单击右上角的扩展按钮，❷执行"定义配置文件"命令，如下图所示。

02 打开"印前检查配置文件"对话框，❶在对话框中单击"新建印前检查配置文件"按钮，新建印前检查配置文件，❷输入配置文件名称，如下图所示。

03 ❶单击"链接"类型左侧的倒三角形按钮，❷在展开的类别中取消"无法访问的URL链接"复选框的勾选状态，❸展开"文本"类别，取消"字体缺失"复选框的勾选状态，如下图所示。

04 ❶单击"存储"按钮，保留对配置文件的更改，❷然后单击"确定"按钮，完成印前检查配置文件的设置，如下图所示。

05 返回"印前检查"面板，❶单击"配置文件"下拉按钮，在展开的下拉列表中选择创建的"手稿校对（工作）"印前检查配置文件，❷选择后可以看到面板中只提示缺失链接，而缺失字体则不会发出警告，如下图所示。

12.2.2 | 设置"常规"打印选项

在打印文档前，通常会对基础的打印选项进行设置，如打印文档的份数、要打印的文档范围等。在InDesign中，应用"打印"对话框中的"常规"选项卡就可轻松设置基本的打印选项。

◎ 素材文件：随书资源\12\素材\06.indd
◎ 最终文件：随书资源\12\源文件\设置"常规"打印选项.oxps

01 打开06.indd，打开"页面"面板，单击选中一个需要打印的跨页页面，如下图所示。

02 执行"文件>打印"菜单命令，打开"打印"对话框，展开"常规"选项卡。可以设置通过物理打印机或虚拟打印机进行打印，❶这里设置为虚拟打印机，❷在"页面"选项组下单击"当前页"单选按钮，❸单击"跨页"单选按钮，选择打印方式，如下图所示。

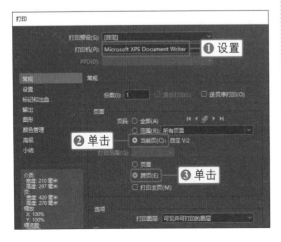

03 单击对话框底部的"打印"按钮，如下图所示。

04 打开"将打印输出另存为"对话框，❶在对话框中输入打印文件名称，❷单击"保存"按钮，如下图所示。

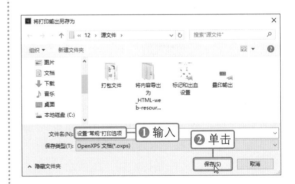

05 ❶弹出"打印"对话框，显示打印进度，完成打印后，❷在文件夹中即可查看存储的打印文件，如下图所示。

12.2.3 | 标记和出血设置

准备用于打印的文档时，需要添加一些标记或设置出血信息，以帮助打印机在生成样稿时确定纸张裁切的位置、分色胶片对齐的位置及网点密度等。在InDesign中，可以应用"打印"对话框中的"标记和出血"选项卡设置打印文档时需要添加的标记类型、粗细等，也可以调整打印文档的出血值，以保证印刷后的裁切更加精确。

◎ 素材文件：随书资源\12\素材\07.indd
◎ 最终文件：随书资源\12\源文件\标记和出血设置.oxps

01 打开07.indd，执行"文件>打印"菜单命令，打开"打印"对话框，默认展开"常规"选项卡，如下图所示。

02 ❶单击"标记和出血"标签，展开"标记和出血"选项卡，❷选择并设置要添加的标记，❸然后取消"使用文档出血设置"复选框的勾选状态，❹重新输入出血值，如下图所示。

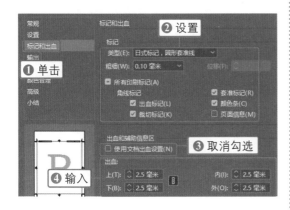

03 单击"打印"按钮，弹出"将打印输出另存为"对话框，❶在对话框中输入存储名称，❷单击"保存"按钮，如下图所示。

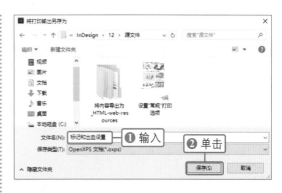

04 弹出"打印"对话框，显示正在打印的文件进程，提示正在下载图像，如下图所示，下载完成后将自动关闭对话框。

05 打开存储打印文件的文件夹，双击文件即可打开并查看文件打印效果，如下图所示。

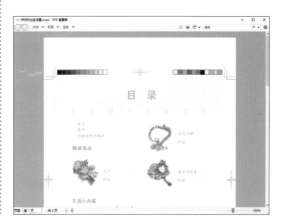

12.2.4 | 叠印输出

InDesign中提供的叠印模拟打印功能，对于在复合打印设备上模拟叠印专色油墨和印刷油墨的效果很有帮助。在编辑文档时，可以使用"属性"面板中的叠印选项在脚注上叠印描边或填色、段落线和线，或者模拟专色的叠印。对于文档中应用了叠印效果的对象，需要启用"叠印预览"功能，才能在屏幕上预览到叠印的效果。

◎ 素材文件：随书资源\12\素材\08.indd
◎ 最终文件：随书资源\12\源文件\叠印输出.indd

01 打开08.indd，使用"选择工具"单击选中文档中需要进行叠印输出的对象，如下图所示。

02 执行"窗口>输出>属性"菜单命令，在打开的"属性"面中勾选"叠印填充"复选框，原图无变化，如下图所示。

03 执行"视图>叠印预览"菜单命令，预览叠印后的效果，可以看到对选定对象的填色进行了叠印处理，如下图所示。

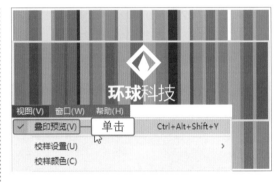

04 如果要对选择对象的描边区域也应用叠印效果，则在"属性"面板中勾选"叠印描边"复选框，叠印后的效果如下图所示。

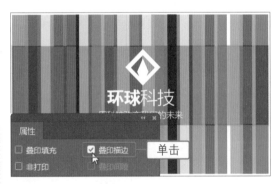

05 确认要叠印对象后，执行"文件>打印"菜单命令，❶在"打印"对话框中单击"输出"标签，❷在展开的选项卡中勾选"模拟叠印"复选框，如下图所示。

06 单击"打印"按钮,在弹出的存储对话框中指定打印文件的存储位置,并进行文件的打印操作,打印的文件效果如右图所示。

12.2.5 设置分色和陷印打印

对文件进行四色分色打印输出时,在具有重叠对象的文档中,最上面的对象的颜色会替代或镂空其他分色对象中下面的颜色。如果用一种或更多的未套准的油墨进行叠印,相邻的对象间可能出现漏白,这样不仅会出现色偏,而且不美观。陷印技术就是针对以上述问题而设计的,它通过稍稍扩展一个颜色区域到另一个颜色区域来掩盖这种漏白。在InDesign的"打印"对话框中,可以选择AdobeIn-RIP或内建的陷印引擎来陷印彩色文档。

◎ 素材文件:随书资源\12\素材\09.indd
◎ 最终文件:随书资源\12\源文件\设置分色和陷印打印.pdf

01 打开09.indd,执行"文件>打印"菜单命令,打开"打印"对话框,在"打印机"列表中选择一种支持分色打印的打印机类型,如下图所示。

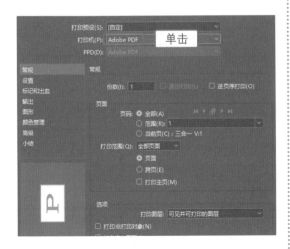

02 ❶单击"输出"按钮,展开"输出"选项卡,❷在"颜色"列表中选择"分色"选项,❸在"陷印"下拉列表中选择"应用程序内建"选项,❹并在下方选中一种油墨色,如下图所示。

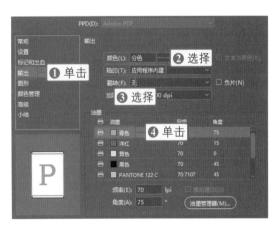

03 单击"打印"对话框下方的"打印"按钮,弹出如下图所示的"打印"对话框,在对话框中显示正在下载打印图像。

327

04 弹出"另存PDF文件为"对话框，❶在此对话框中指定打印文件的存储位置，❷输入文件名称，❸单击"保存"按钮，如下图所示。

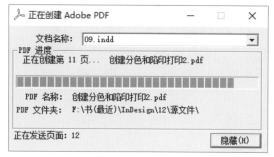

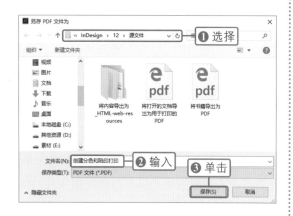

05 弹出"正在创建Adobe PDF"对话框，显示正要创建用于打印的PDF文件名称、正在创建的打印页码等，如下图所示。

06 完成后将自动关闭"正在创建Adobe PDF"对话框，❶此时在文件夹中双击创建的PDF文件，❷查看分色打印效果，如下图所示。

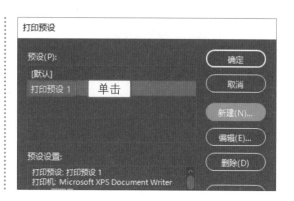

技巧提示

　　分色和陷印打印需要在"打印机"下拉列表中选择支持分色打印的打印机，否则在"打印"对话框中的"输出"选项卡下将不能启用陷印打印设置。

12.2.6 创建打印预设

　　如果定期将文档输出到不同的打印机进行打印作业，可以将所有的打印设置创建并存储为打印预设。创建打印预设打印文档时，只需要在"打印预设"面板中选中打印预设，即可根据预设的内容完成文档的打印操作。

01 启动InDesign程序后，执行"文件>打印预设>定义"菜单命令，打开"打印预设"面板，单击右侧的"新建"按钮，如右图所示。

02 打开"新建打印预设"对话框,在对话框中设置打印选项,❶设置打印份数为2,❷单击"跨页"单选按钮,❸勾选"打印主页"复选框,如下图所示。

03 ❶单击"标记和出血"标签,展开"标记和出血"选项卡,❷在选项卡中的"标记"选项组下方勾选需要添加的印刷标记,如下图所示。

04 单击"颜色管理"标签,展开"颜色管理"选项卡,单击"校样(配置文件:不可用)"单选按钮,如下图所示。

05 单击"确定"按钮,❶返回"打印预设"面板并显示创建的打印预设,❷单击"确定"按钮,如下图所示,完成打印预设的创建。

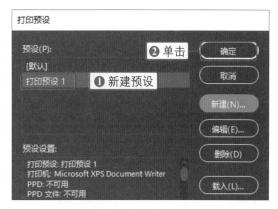

12.3 打包文档

使用InDesign排版制作时,所使用的图像有可能会分散放置在多个文件夹中。如果需要将制作完成的文件转移到其他计算机中,逐个去寻找这些文件显然非常麻烦,这时就可以应用InDesign的"打包"功能,将当前文档中使用到的所有字体、图像文件统一拷贝到指定的文件夹中,并将打印输出信息保存为一个文本文件,避免在打印输出时因缺少字体或图像而无法打印的问题。

12.3.1 打包文档

在InDesign中,应用"打包"功能可以检测文档内有可能出现的错误,并可将文档、链接图片、字体统一放在一个文件夹内,便于复制文件。执行"文件>打包"菜单命令,打开"打包"对话框,在对话框中即可检查文档,并通过设置选项进行文件的打包工作。

◎ 素材文件：随书资源\12\素材\10.indd

◎ 最终文件：随书资源\12\源文件\打包文件（文件夹）

01 打开10.indd，执行"文件>打包"菜单命令，如下图所示。

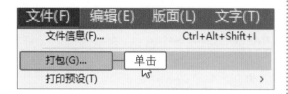

02 打开"打包"对话框，展开"小结"选项卡，显示缺失的内容，单击"打包"按钮，如下图所示。

03 ❶单击"字体"标签，展开"字体"选项卡，在中间字体列表中显示了所有缺失字体，❷单击"查找字体"按钮，如下图所示。

04 打开"查找字体"对话框，❶选择一种缺失字体，❷在"替换为"选项组中选择用于替换的字体，❸单击"全部更改"按钮，如下图所示。

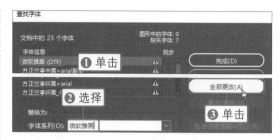

05 继续使用同样的方法查找并替换文档中缺失的其他字体，直到"字体信息"列表中无缺失字体为止，单击"完成"按钮，如下图所示。

06 返回"打包"对话框，在对话框中再次单击对话框下方的"打包"按钮，如下图所示。

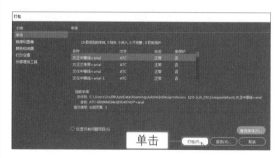

07 打开"打印说明"对话框，❶在对话框中输入文件说明信息，❷输入后单击"继续"按钮，如下图所示。

第12章

08 打开"打包出版物"对话框，❶在对话框中输入打包文件名称，❷指定文件存储位置后，❸单击"打包"按钮，如下图所示。

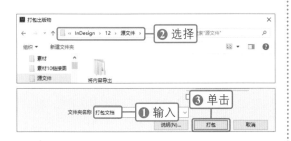

09 弹出"警告"对话框，对文档中一些注意事项加以补充说明，这里直接单击对话框中的"确定"按钮，如下图所示。

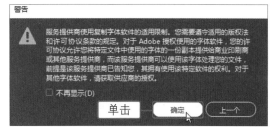

10 弹出"打包文档"对话框，在对话框中显示当前文档的打包进度，如下图所示，完成后将自动关闭该对话框，并将文件存储到指定文件夹中。

12.3.2 创建打包报告

应用"打包"功能打包文件时，除了将文档、字体、图像链接存储到一个指定文件中以外，也可以创建打包报告，将文件打包信息单独保存为一个文本文件，方便用户查看更详细的文件信息。

◎ 素材文件：随书资源\12\素材\11.indd
◎ 最终文件：随书资源\12\源文件\创建打包报告.txt

01 打开11.indd，执行"文件>打包"菜单命令，打开"打包"对话框，单击"报告"按钮，如下图所示。

02 打开"存储为"对话框，❶在对话框中选择打包报告的存储位置，❷输入名称，❸单击"保存"按钮，如下图所示，即可保存打包报告。

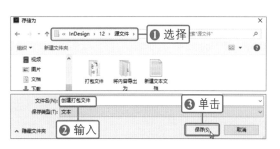

第13章

前面的章节中运用大量的小实例详细地讲解了InDeisgn CC的主要功能和具体应用方法。为了让读者融会贯通前面章节中所学到的知识，本章将运用书籍封面版面设计、地产广告设计和企业画册设计3个综合实例进行讲解，通过详尽的操作步骤，帮助读者了解InDesign实战的设计和制作流程，提高读者的设计能力。

13

综合实战

13.1 书籍封面设计

书籍装帧设计是指从书籍文稿到成书出版的整个设计过程，也是完成从书籍形式的平面化到立体化的过程。在整个书籍装帧设计过程中，书籍封面版式的设计尤为重要，本实例将应用InDesign的排版设计功能，学习制作一个绘画类图书的封面效果。

◎ 素材文件：随书资源\13\素材\01.tif、02.psd、03.jpg、04.psd、05.png、06.png、07.eps、08.ai、09.png～12.png

◎ 最终文件：随书资源\13\源文件\书籍封面设计.indd

13.1.1 书籍封面制作

书籍封面设计是非常严格的，它的设计好坏会直接影响到出版物的销量。下面通过创建相应的书籍文档，将准备好的素材图像置入到书籍封面位置，应用"效果"为图像添加投影，完成封面图像的处理，然后在封面中输入书籍名称、作者等重要信息。

 扫码看视频

01 执行"文件>新建>文档"菜单命令，打开"新建文档"对话框，❶在对话框中输入"宽度"为540.7毫米，❷"高度"为210毫米，如下图所示，单击"边距和分栏"按钮。

02 打开"新建边距和分栏"对话框，❶输入边距为10毫米，❷"栏数"为2，❸"栏间距"为10.7毫米，单击"确定"按钮，如下图所示。

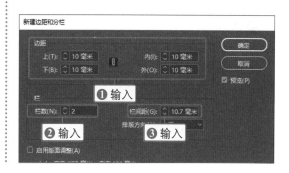

03 返回文档窗口，根据设置的选项，在窗口中创建了一个相应大小的文档，效果如下图所示。

技巧提示

创建文档后，也可以执行"版面>边距和分栏"菜单命令，打开"边距和分栏"对话框，重新调整文档边距和分栏效果。

04 执行"文件>置入"菜单命令，打开"置入"对话框，❶在对话框中选中01.tif、02.psd，❷单击"打开"按钮，如下图所示。

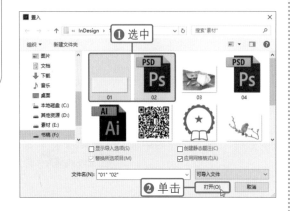

05 将鼠标指针移至页面右侧，单击并拖动鼠标，依次置入图像，置入后的效果如下图所示。

06 选择"矩形工具"，在图像下方单击并拖动，绘制一个矩形图形，❶在选项栏中设置描边颜色为白色，❷粗细为7.109点，❸输入"旋转角度"为8°，旋转图形，如下图所示。

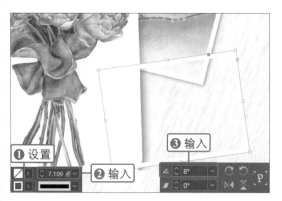

07 执行"对象>效果>投影"菜单命令，打开"效果"对话框，❶设置投影"不透明度"为38%，❷"距离"为2毫米，❸"角度"为-170°，❹"大小"为2毫米，如下图所示。

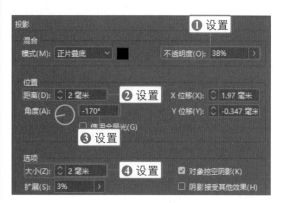

08 ❶单击并勾选"效果"对话框左侧的"外发光"复选框，❷然后在右侧输入"不透明度"为25%，❸"扩展"为17%，如下图所示，设置后单击"确定"按钮。

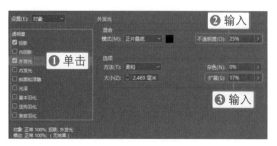

09
应用"投影"和"外发光"效果，使用"选择工具"选中矩形框，执行"文件>置入"菜单命令，在打开的对话框中选择03.jpg，单击"打开"按钮，置入图像，如下图所示。

技巧提示

为对象设置效果后，如果需要更改效果，可以在"效果"面板中双击下方的对象，打开"效果"对话框，在对话框中设置选项和参数。

10
❶单击工具箱中的"直接选择工具"按钮▶，将鼠标指针移到矩形中间的图像位置，选中图像，❷将鼠标指针移到图像右上角，当鼠标指针变为双向箭头时，单击并拖动，缩放图像，如下图所示。

11
选择"矩形工具"，在页面底部单击并拖动，绘制矩形，❶在选项栏中设置描边色为"无"，打开"色板"面板，❷单击面板中的绿色色板，将矩形填充为绿色，如下图所示。

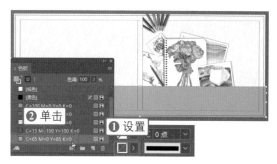

12
执行"文件>置入"菜单命令，将04.psd线稿图像置入到绿色矩形中，如下图所示。

13
单击"直接选择工具"按钮▶，选中矩形中的图像，将鼠标指针移到图像右上角，当鼠标指针变为双向箭头时，单击并拖动，调整图像，如下图所示。

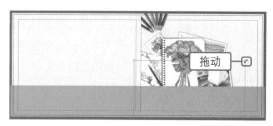

14
选择"文字工具"，在图形上单击并拖动，绘制文本框，输入文字"春之绘"，❶应用"文字工具"选中输入的文字，❷设置字体为"方正粗宋GBK"、字体大小为91点，如下图所示。

15 单击选项栏中的"填色"下拉按钮，在展开的色板中单击"纸色"色板，将文本框中的文字颜色更改为白色，如下图所示。

16 执行"文件>置入"菜单命令，将05.psd出版社徽标置入到绿色矩形上方，然后结合"文字工具"和"字符"面板，在徽标后输入出版社信息，如下图所示。

17 选中文字"机械工业出版社"，单击"字符"面板右上角的扩展按钮，在展开的面板菜单中执行"下画线选项"命令，打开"下画线选项"对话框，❶勾选"启用下画线"复选框，❷设置"位移"为2点，❸单击"确定"按钮，如下图所示。

18 为文字"机械工业出版社"添加下画线效果，使用"选择工具"选中两排文字，打开"对齐"面板，单击面板中的"水平居中对齐"按钮，对齐文本，如下图所示。

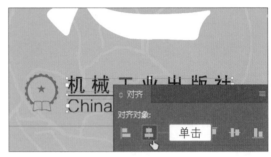

19 按下快捷键Ctrl+G，将对齐后的文本编组，然后按住Shift键，单击选中标志图像，单击"对齐"面板中的"垂直居中对齐"按钮，对齐对象，如下图所示。

20 结合"文字工具"和"字符"面板，在书籍封面右上方再绘制书籍名和书籍作者信息，并在文字下方绘制矩形，打开"角选项"对话框，❶设置合适的转角大小，❷设置转角形状为"斜角"，如下图所示。

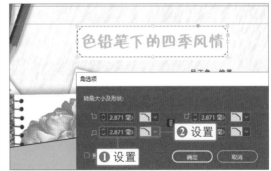

13.1.2 向书脊添加内容

书脊就是封面和封底当中书的脊柱。书脊的设计大多比较简洁，下面主要运用"文字工具"在书脊位置输入书籍名称、作者及出版社信息。

扫码看视频

01 选择"直排文字工具"，在中间书脊位置绘制文本框，输入完整的书籍名称，如下图所示。

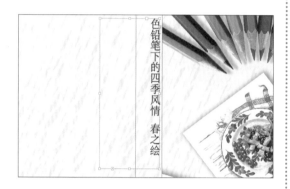

02 使用"直排文字工具"选中文字"色铅笔下的四季风情"，❶设置字体为"方正大黑简体"，❷设置字体大小为20点，如下图所示。

03 选中文字"春之绘"，❶设置字体为"方正品尚中黑简体"，❷字体大小为25点，如下图所示。

04 打开"色板"面板，单击面板中的绿色色板，如下图所示，将文字更改为绿色。

05 选中所有文字，在选项栏中设置"字符间距"为90，调整文字间距，效果如下图所示。

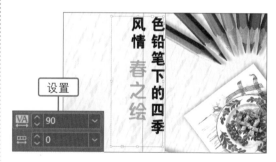

06 使用"选择工具"调整文本框大小，使书籍名称在书脊位置完整显示，效果如下图所示。

07 打开"段落"面板，单击面板中的"居中对齐"按钮，居中对齐文本框中的文字，如下图所示。

08 结合"直排文字工具"和"字符"面板在书脊位置输入更多文字，然后复制徽标图像到书脊下方，完成书脊部分的设计，如下图所示。

13.1.3 | 书籍封底设计

前面讲解了书籍封面的制作，本小节将讲解书籍封底的制作。将手绘鸟儿图像置入到封底位置，添加简单的文字修饰版面，然后应用"矩形工具"在页面中在绘制图形，置入书籍条码，并输入书籍所属种类、价格等信息。

扫码看视频

01 执行"文件>置入"菜单命令，将06.png手绘素材置入到书籍封底右上方位置，如下图所示。

技巧提示

在InDesign中，如果要打开"字符"面板，执行"文字>字符"或"窗口>文字和表>字符"菜单命令，如果要打开"段落"面板，则执行"文字>段落"或"窗口>文字和表>段落"菜单命令。

02 使用"文字工具"在图像上绘制文本框，输入文字，打开"字符"面板，❶设置字体为"华文楷体"，❷字符间距为80，如下图所示。

03 选择"文字工具"，❶在文本框中单击并拖动，选中前4排文字，打开"字符"面板，❷输入"行距"值为21点，调整行间距，如下图所示。

04 选择"文字工具"，❶在文本框中
单击并拖动，选中最后一排文字，
打开"字符"面板，❷输入"行距"值为25
点，调整行间距，如下图所示。

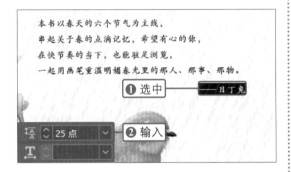

05 单击工具箱中的"矩形工具"按
钮▯，在页面中单击并拖动，绘制
矩形，并将矩形填充为白色，如下图所示。

06 执行"对象>角选项"菜单命令，
打开"角选项"对话框，❶选择
"圆角"转角，❷设置大小为0.8毫米，❸单击
"确定"按钮，如下图所示。

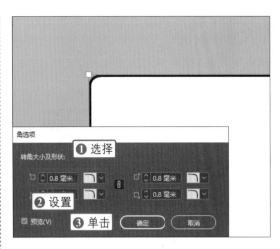

07 在原位置复制一个矩形，然后将鼠标
指针移到矩形右下方，当鼠标指针变
为双向箭头时，单击并向上拖动，更改矩形
的高度，如下图所示。

08 执行"对象>角选项"菜单命令，打
开"角选项"对话框，❶将左下角
和右下角转角设置为"无"，❷单击"确定"
按钮，如下图所示，恢复默认的直角效果。

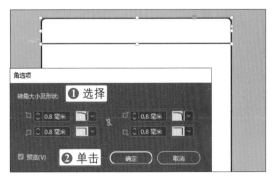

09 打开"色板"面板，单击面板中的"黑色"色板，将调整后的矩形填充为黑色，效果如下图所示。

10 选择"直线工具"，❶按住Shift键不放，单击并拖动，在白色矩形中间绘制一条水平直线，❷然后在选项栏中更改描边粗细值，如下图所示。

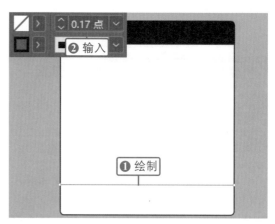

11 执行"文件>置入"菜单命令，将07.eps书籍条码置入在白色矩形中间位置，最后结合"文字工具"和"字符"面板，在书籍封底上输入更多文字，完成书籍封底的制作，效果如下图所示。

13.1.4 创建书籍勒口

书籍勒口是指书籍封皮的延长内折部分，它可以更好地保护书籍，防止书籍封面、封底卷曲。本小节将运用"文字工具"在书籍勒口位置输入作者简介，然后在页面中置入二维码、同类书目图像，创建更美观的书籍勒口。

扫码看视频

01 选择"文字工具"，在书籍封面右侧的勒口位置单击并拖动，绘制文本框，输入作者信息，如下图所示。

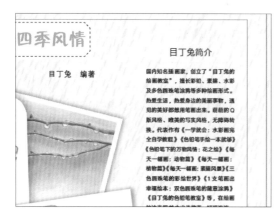

02 打开"段落"面板，单击"标点挤压设置"下拉按钮，在展开的列表中选择"缩俩字"选项，将段落首行向右缩进2个字符，如下图所示。

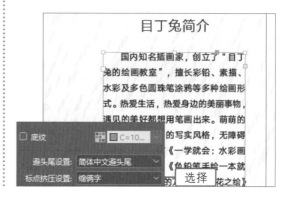

03 选择"直线工具",按住Shift键不放,单击并拖动绘制一条水平的直线,❶在选项栏中设置描边颜色为黑色,❷描边粗细设置为0.7点,如下图所示。

目丁兔简介

国内知名插画家,创立了"目丁兔的绘画教室",擅长彩铅、素描、水彩及多色圆珠笔涂鸦等多种绘画形式。热爱生活,热爱身边的美丽事物,遇见的美好都想用笔画出来。萌萌的Q版......美的写实风格,无障碍......一学就会:水彩画......色铅笔手绘一本就

❷ 输入

❶ 设置   ⌃ 0.7 点 ⌄

04 执行"文件>置入"菜单命令,将手机和二维码图像08.ai、09.jpg置入到书籍封面右侧的勒口位置,然后应用"文字工具"在二维码下方输入说明文字,单击选项栏中的"居中对齐"按钮■,对齐文本,如下图所示。

单击

05 执行"文件>置入"菜单命令,将素材图像10.png~12.png置入到书籍左侧勒口位置,然后在图像下方输入相应的文字说明,❶选择"直线工具",在标题位置绘制一条直线,❷在选项栏中更改描边粗细,如下图所示,完成书籍封面制作。

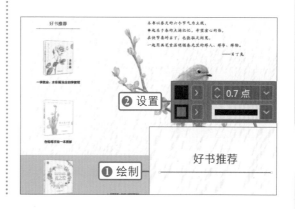

❷ 设置   ⌃ 0.7 点 ⌄

❶ 绘制   好书推荐

13.2 地产广告设计

广告设计是视觉传达艺术设计的一种,其价值在于把产品载体的功能特点通过一定的方式转换成视觉因素,使之更直观地面对消费者。在众多类别的广告中,以地产广告尤为常见,它是为房地产开发企业、房地产权利人、房地产中介机构发布的房地产项目预售、预租、出售、租、项目转让及其他项目介绍的广告。本实例即为制作一份商业地产广告,在制作过程中,采用了简洁的构图方式和主次分明的文字搭配来表现,这样的处理更容易抓住众多观者的眼球。

◎ 素材文件:随书资源\13\素材\13.jpg、14.png、15.png
◎ 最终文件:随书资源\13\素材\地产广告设计.indd

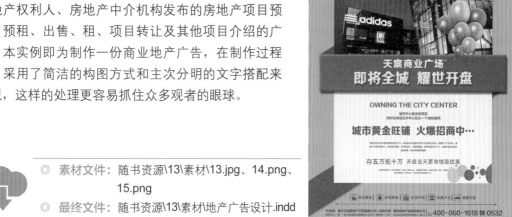

13.2.1 | 广告背景图制作

在广告设计中，图形与图像的紧密结合可以更好地体现出画面的设计美感。本小节首先使用"矩形工具"绘制矩形，定义广告作品的基调，使用"钢笔工具"在矩形中绘制不规则图形，通过复制多个图形并进行旋转设置，创建放射线条效果，然后应用"置入"的方式，将建筑图像、气球等与主题相关的素材添加到文档中，完成广告图像的制作。

扫码看视频

01 执行"文件>新建"菜单命令，新建一个空白文档，选择"矩形工具"，绘制一个与页面同等大小的矩形，打开"颜色"面板，设置颜色填充图形，如下图所示。

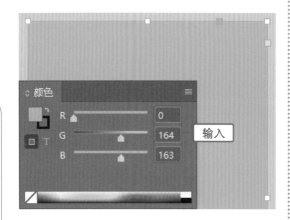

02 单击工具箱中的"钢笔工具"按钮，在页面中连续单击，绘制三角形，打开"颜色"面板，在面板中单击并拖动滑块，设置颜色，应用设置的颜色填充图形，如下图所示。

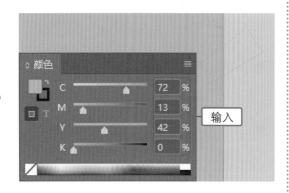

03 确保绘制的三角形为选中状态，打开"色板"面板，选择"描边"框，单击下方的"无"色板，去除描边效果，如下图所示。

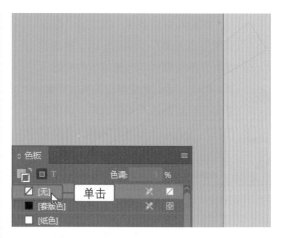

04 执行"编辑>复制"菜单命令，复制图形，再执行"编辑>原位粘贴"菜单命令，在原来图形所在位置复制一个相同的三角形，如下图所示。

05 应用"选择工具"选中复制的三角形，❶在选项栏中单击左下角的小矩形，❷然后输入"旋转角度"为12°，以图形左下角为参考点，旋转图形，如下图所示。

第13章

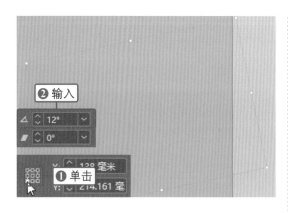

06 继续使用同样的方法，通过"复制"和"原位粘贴"的方式复制更多的三角形，然后对这些三角形进行旋转，填充背景，效果如下图所示。

07 单击工具箱中的"直接选择工具"按钮▶，单击选中一个三角形，然后单击并拖动图形右上方的锚点至文档边缘位置，如下图所示。

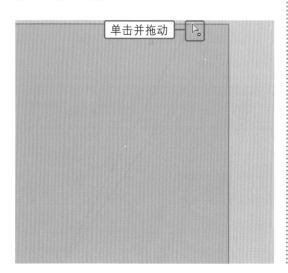

08 继续使用同样的方法，应用"直接选择工具"调整其他一部分图形上的锚点，然后选中所有三角形，按下快捷键Ctrl+G，将图形进行编组，如下图所示。

09 单击工具箱中的"钢笔工具"按钮✐，在文档中连续单击，绘制四边形图形。双击"填色"框，在打开的对话框中输入颜色，为图形填充颜色，如下图所示。

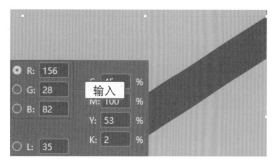

10 执行"对象>效果>投影"菜单命令，打开"效果"对话框，❶在对话框中输入"不透明度"为30%，❷"距离"为2毫米，❸"角度"为135°，如下图所示。

11 设置完成后单击"效果"对话框中的"确定"按钮，为多边形图形添加逼真的投影效果，如下图所示。

12 应用"选择工具"选择并复制图形，然后双击工具箱中的"填色"框，在打开的"拾色器"对话框中设置颜色值，更改图形颜色，如下图所示。

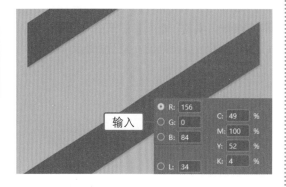

13 单击工具箱中"矩形框架工具"按钮■，在文档中间单击并拖动鼠标，绘制一个矩形框架，如下图所示。

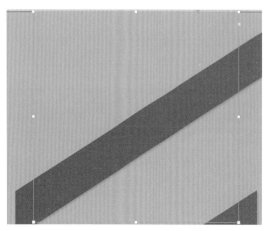

14 执行"文件>置入"菜单命令，将城市建筑图像13.jpg置入到矩形框架中，如下图所示。

15 右击矩形框架，在弹出的快捷菜单中执行"适合>按比例填充框架"命令，按框架大小等比例缩小图像，如下图所示。

16 执行"文件>置入"菜单命令，将气球图像14.jpg置入到文档中，如下图所示。

17 鼠标指针移到框架右侧边缘位置，当鼠标指针变为双向箭头↔时，单击并向左拖动，缩小框架，裁剪多余图像，如下图所示。

单击并拖动

18 选择"矩形工具"，在图像下方绘制一个矩形，打开"拾色器"对话框，设置颜色值，为图形填充颜色，如下图所示。

R: 252
G: 243   设置
B: 213

19 选择"椭圆工具"，按住Shift键不放，在页面中单击并拖动鼠标，绘制正圆形，打开"拾色器"对话框，设置颜色填充圆形，如下图所示。

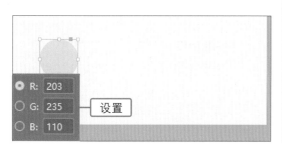

R: 203
G: 235   设置
B: 110

20 选中圆形，按住Alt键并拖动，复制一个圆形，打开"拾色器"对话框，❶更改填充颜色，❷然后将鼠标指针移到图形右上角，按住Shift键单击并拖动，缩放图形，如下图所示。

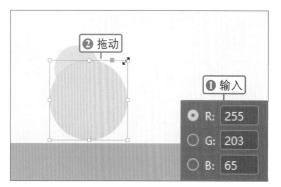

❷ 拖动

❶ 输入

R: 255
G: 203
B: 65

21 选中圆形，按住Alt键并拖动，复制出更多的圆形，然后分别为复制的圆形填充上不同的颜色，调整至合适的大小后，将其移到不同的位置，效果如下图所示。

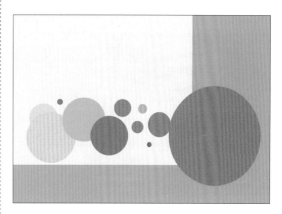

22 复制一个矩形图形，此时该图形位于红色圆形上方，使用"选择工具"选中圆形图形，执行"对象>排列>置于顶层"菜单命令，将圆形移到最顶层，如下图所示。

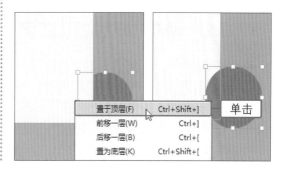

置于顶层(F)	Ctrl+Shift+]	单击
前移一层(W)	Ctrl+]
后移一层(B)	Ctrl+[
置为底层(K)	Ctrl+Shift+[

23 按住Shift键不放，单击选中矩形和圆形图形，打开"路径查找器"面板，单击面板中的"交叉"按钮，将两个图形交叉的区域创建为一个新图形，如下图所示。

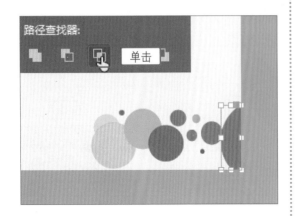

24 选择"矩形工具"，在矩形与建筑图像的中间位置单击并拖动鼠标，绘制一个矩形，打开"拾色器"对话框，❶设置颜色填充图形，❷然后在选项栏中设置"描边"颜色为"无"，如下图所示。

25 执行"对象>效果>投影"菜单命令，打开"效果"对话框，在对话框中设置投影"角度"为120°，其他参数不变，如下图所示。

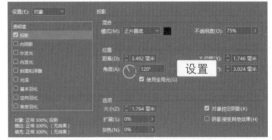

26 ❶在"效果"对话框中单击左侧的"斜面和浮雕"效果，❷然后在右侧设置"大小"为3毫米，❸突出显示"不透明度"为35%，阴影"不透明度"为31%，其他参数不变，如下图所示。

27 设置完成后单击"确定"按钮，应用设置为图形添加投影、斜面和浮雕效果，使用"选择工具"选中气球图像，执行"对象>排列>置于顶层"菜单命令，将气球移到矩形上方，如下图所示。

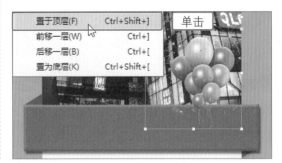

13.2.2 │ 添加楼盘说明文字

　　每则成功的广告都能通过简单清晰和明了的信息内容准确传递利益要点。上一小节讲解了广告背景图像的制作，接下来讲解广告中文字的编排处理。首先结合"文字工具"和"字符"面板在页面中输入文字，根据主次关系调整文字的字体、大小等，然后应用"效果"为文字添加上投影、斜面和浮雕样式。

01 选择"文字工具",在页面中绘制文本框,输入楼盘名称,打开"字符"面板,❶设置字体为"方正兰亭特黑简体",❷字体大小为38点,❸字符间距为100,如下图所示。

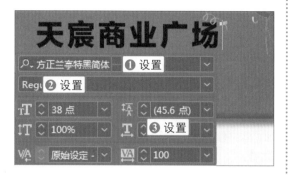

02 使用"文字工具"在文本框中单击并拖动,选中文本框中的文字对象,双击工具箱中的"填色"框,在打开的"拾色器"对话框中设置文本颜色,如下图所示。

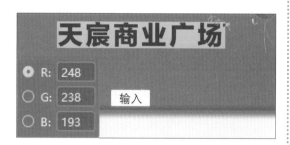

03 打开"描边"面板,❶设置描边"粗细"为1点,然后双击工具箱中的"描边"图标,打开"拾色器"对话框,❷设置描边颜色,描边文字,如下图所示。

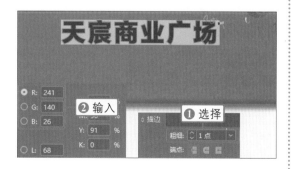

04 应用"选择工具"选中文本框,执行"对象>效果>投影"菜单命令,打开"效果"对话框,❶在对话框中输入"距

离"为0毫米,❷"角度"为180°,❸"大小"为1毫米,如下图所示。

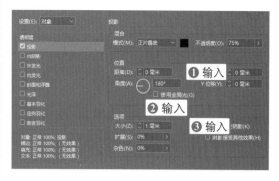

05 ❶在"效果"对话框中单击左侧的"斜面和浮雕"效果,展开"斜面和浮雕"选项卡,❷设置"大小"为1.5毫米,❸阴影颜色为红色,如下图所示。

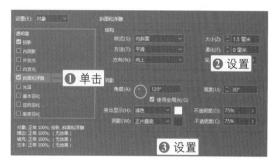

06 单击"效果"对话框中的"确定"按钮,对文本框中的文字应用投影、斜面和浮雕效果,如下图所示。

07 选择"文字工具",在页面中绘制文本框,在文本框中输入文字"即将全城耀世开盘",打开"字符"面板,❶在面板中设置字体为"方正正大黑简体",❷输入字体大小为57点,更改文字效果,如下图所示。

08 使用"文字工具"选中文本框中的文字，双击"填色"框，❶在打开的"拾色器"对话框中输入填充色为R244、G235、B190，双击"描边"框，❷在打开的对话框中输入颜色为R232、G135、B31，更改文字填充和描边效果，如下图所示。

09 应用"选择工具"选中文本框，执行"对象>效果>投影"菜单命令，打开"效果"对话框，在对话框中输入"距离"为1毫米，其他参数不变，如下图所示。

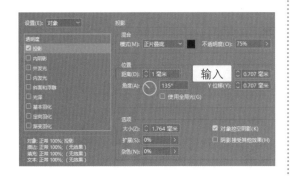

10 ❶在"效果"对话框中单击左侧的"斜面和浮雕"效果，展开"斜面和浮雕"选项卡，❷设置"大小"为2毫米，❸阴影颜色为红色，如下图所示，单击"确定"按钮，应用效果。

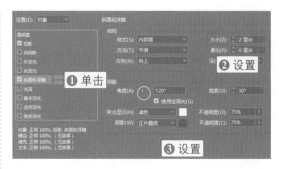

11 选择"文字工具"，在矩形中间绘制一个文本框并输入文字，选中输入的文字，❶设置字体为"方正兰亭中粗黑简体"、字体大小为13点，打开"拾色器"对话框，❷设置填充色为R192、G24、B50，如下图所示。

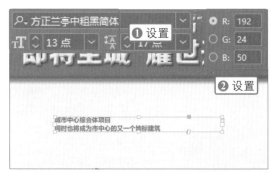

12 应用"选择工具"单击选中文本框，打开"段落"面板，单击面板中的"居中对齐"按钮▤，居中对齐文本框中的文本，如下图所示。

13 继续使用"文字工具"在矩形中间绘制文本框，输入活动内容，选择工具箱中的"选择工具"，按住Shift键不放，依次单击浅色矩形和矩形中间的文本框，选中对象，如下图所示。

14 打开"对齐"面板，单击面板中的"水平居中对齐"按钮，对齐矩形和中间的文本对象，如下图所示。

15 选择"直线工具"，在文档下方单击并拖动，绘制一条水平直线，打开"描边"面板，❶在面板中设置"粗细"为1.5点，❷起始处/结束处为"实心圆"，对线条应用描边效果，如下图所示。

16 选择"矩形工具"，在文档中绘制一个矩形，执行"对象>角选项"菜单命令，打开"角选项"对话框，❶在对话框中选择"圆角"转角形状，❷输入转角大小为0.5毫米，创建圆角矩形，如下图所示。

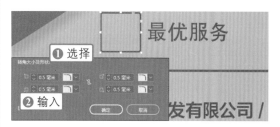

17 选择"钢笔工具"，在圆角矩形中间绘制图形，并双击工具箱中的"填充"框，打开"拾色器"对话框，❶设置颜色并应用颜色填充图形，❷在选项栏中将描边色设置为"无"，如下图所示。

18 继续绘制更多的图形，然后执行"文件>置入"菜单命令，将徽标图像15.png置入到页面左上角，完成地产广告的制作，如下图所示。

13.3 企业画册设计

运用流畅的线条、和谐的图片或优美的文字，可以组合成一本富有创意，又具有可读、可赏性的精美画册。画册作为企业公关交往中的广告媒体，能全面展示企业或个人的风貌、理念，宣传产品、品牌形象等。本实例将运用相似的图形和颜色搭配设计，制作一个精美的企业画册。

第 13 章

◎ **素材文件：** 随书资源\13\素材\16.jpg～25.jpg、26.indd
◎ **最终文件：** 随书资源\13\源文件\企业画册设计.indd

13.3.1 | 主页页面的制作

设计画册时，如果需要在不同的页面中应用相同的内容，例如企业名称、企业标志等，可以先创建主页页面。本小节将使用"文字工具"在画册主页页面插入页码，并结合"椭圆工具"绘制企业名称、标识等。

扫码看视频

01 执行"文件>新建>文档"菜单命令，❶在打开的"新建文档"对话框中输入"页数"为10，❷输入"宽度"为195毫米，❸"高度"为271毫米，❹单击"边距和分栏"按钮，如下图所示。

02 打开"边距和分栏"对话框，单击对话框中的"确定"按钮，创建一个包含10个页面的文档，打开"页面"面板，在面板中能够看到创建的多个页面效果，如下图所示。

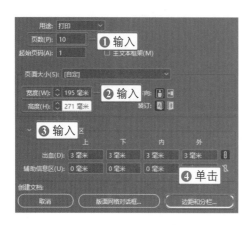

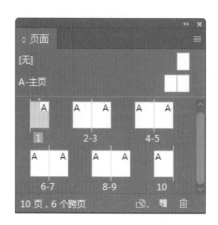

03 在"页面"面板中双击A-主页左侧页面，选中该页面，单击工具箱中的"文字工具"按钮**T**，在页面左下角位置单击并拖动，绘制一个文本框，如下图所示。

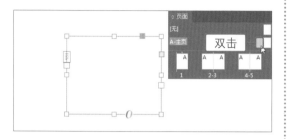

04 执行"文字>插入特殊字符>标志符>当前页码"菜单命令，在文本框中插入页码，设置页码字体为"方正韵动中黑简体"，如下图所示。

05 双击A-主页右侧的文档页面，选择并转到该主页页面，使用相同的方法，在页面右下角绘制文本框，并在文本框中插入"当前页码"，如下图所示。

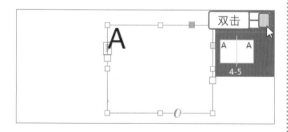

06 ❶选择"椭圆工具"，按住Shift键不放，在页面右上角单击并拖动，绘制正圆形，❷在选项栏中设置描边粗细为2点，如下图所示。

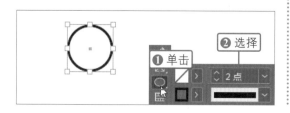

07 应用"选择工具"选中圆形，按住Alt键拖动，复制图形，❶然后同时选中两个圆形，❷单击"对齐"面板中的"底对齐"按钮，对齐图形，如下图所示。

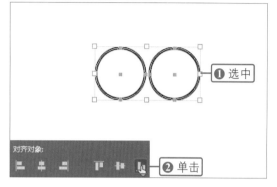

08 选择工具箱中的"文字工具"，在圆形上方单击并拖动，绘制文本框，输入字母h，❶在选项栏中设置字体为"方正正准黑简体"，❷字体大小为30点，如下图所示。

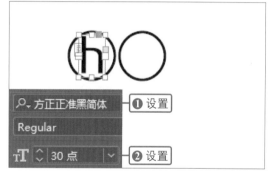

09 选中文字和左侧圆形，单击"对齐"面板中的"垂直居中对齐"按钮和"水平居中对齐"按钮，对齐对象，应用同样的方法添加文字并对齐文本，如下图所示。

13.3.2 | 画册封面、封底设计

与书籍一样，画册封面和封底的设计也是影响画册整体效果的重要因素。本小节中应用"矩形工具"在画册封面和封底页面中绘制相同颜色的图形，并将企业的成功案例置入到画册封面上，吸引消费者的注意，然后在封面输入公司的地址、联系电话等信息，得到更完整的版面效果。

扫码看视频

01 打开"页面"面板，❶双击面板中的页面1，选中该页面，应用"矩形工具"在页面中单击并拖动，绘制一个矩形，打开"拾色器"对话框，❷输入颜色为R230、G28、B76，❸单击"添加RGB色板"按钮，将颜色添加到色板，❹单击"确定"按钮，应用设置的颜色填充矩形，如下图所示。

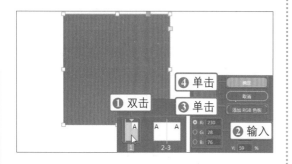

02 应用"选择工具"选中矩形图形，打开"路径查找器"面板，在面板中单击"转换形状"选项组下的"转换为圆角矩形"按钮▣，将矩形转换为圆角矩形，如下图所示。

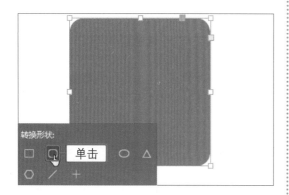

03 复制多个圆角矩形，并将其移到不同的位置上，然后选中其中一个矩形，更改形状，打开"拾色器"对话框，将填充色设置为R229、G228、B224，如下图所示。

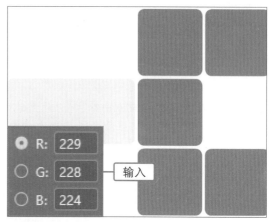

04 按住Shift键不放，单击同时选中左侧的两个圆角矩形，执行"对象>角选项"菜单命令，打开"角选项"对话框，❶单击"链接"按钮，取消链接，❷更改角形状，如下图所示。

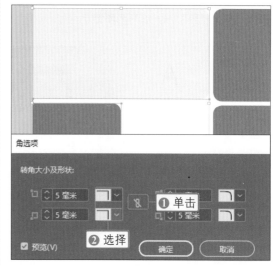

05 选中其中一个圆角矩形，执行"文件>置入"菜单命令，打开"置入"对话框，❶选择要置入的图像，❷单击"打开"按钮，如下图所示。

06 将选中的图像置入到圆角矩形中，选择工具箱中的"直接选择工具"，在圆角矩形中间单击，选中并调整矩形中的图像大小和位置，如下图所示。

07 继续使用同样的方法，在其他几个圆角矩形中载入相应的图像，然后同时选中圆角矩形，单击"色板"面板中的"无"色标，去除填充色，如下图所示。

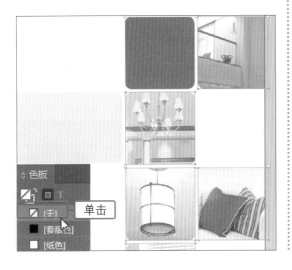

08 应用"文字工具"在画面中输入文字，并为其设置合适的字体和字号，再单击"全部强制对齐"按钮，对齐文本，如下图所示。

09 继续使用"文字工具"在画册封面上绘制文本框，输入更多的文字信息，打开26.indd，将徽标图形复制到页面下方，如下图所示。

10 打开"页面"面板，双击面板中的页面10，转到页面10，应用"矩形工具"绘制红色矩形，然后在矩形左下角输入文字，如下图所示。

13.3.3 | 画册内页页面的排版

　　完成封面与封底设计后，接下来就是内页的设计。在编排画册内页页面时，应用"段落样式"面板创建相应的样式，在页面中输入文字，然后通过应用样式统一画面，最后提取出画册目录。

扫码看视频

01 打开"页面"面板，❶双击页面中的页面2，转到该页面，选用"钢笔工具"绘制直线路径，❷在选项栏中设置描边颜色，❸输入描边粗细为56点，如下图所示。

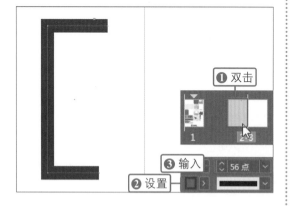

02 ❶在"页面"面板中双击页面3，转到该页面，选择"矩形工具"，按住Shift键不放，单击并拖动，绘制正方形，❷并在选项栏中设置描边颜色，❸输入粗细为22点，如下图所示。

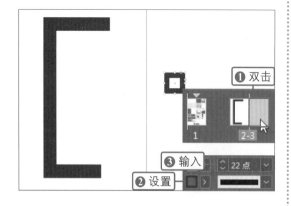

03 单击"钢笔工具"按钮，在正方形上绘制火焰形状，双击"渐变色板工具"按钮▣，打开"渐变"面板，❶在面板中设置渐变颜色，❷输入渐变"角度"，为图形填充渐变颜色，如下图所示。

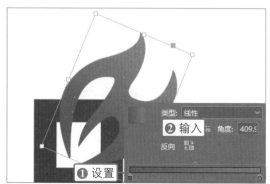

04 使用"钢笔工具"在已绘制的火焰图形中间再绘制重叠的火焰形状，打开"渐变"面板，将渐变角度更改为65.6°，填充不同角度的渐变颜色，如下图所示。

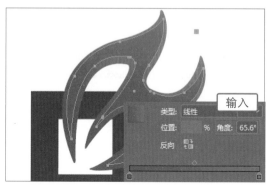

05 使用"矩形工具"绘制矩形，应用"文字工具"输入文字，❶在"字符"面板中设置字体为"汉仪菱心体简"、❷大小为22点，❸间距为75，如下图所示。

06 确认"文字工具"为选中状态，在输入的文字上单击并拖动，选中文本框中的文字，单击"色板"面板中的"纸色"色标，更改文本颜色，如下图所示。

07 打开"段落样式"面板，❶单击右上角的扩展按钮▤，❷在展开的面板菜单中执行"新建段落样式"命令，如下图所示。

08 打开"新建段落样式"对话框，❶输入样式名称为"一级标题"，单击"确定"按钮，❷创建段落样式，如下图所示。

09 选择"文字工具"，在下方单击并拖动，绘制文本框，输入相应的文字，并在"字符"面板中设置属性，如下图所示。

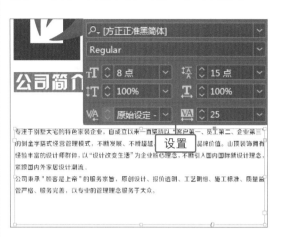

10 打开"段落"面板，❶在面板中单击"双齐末行齐左"按钮▤，❷输入"首行左缩进"为6，对段落文本应用首行缩进效果，如下图所示。

11 确定段落文本为选中状态，❶单击"段落样式"面板右上角的扩展按钮▤，❷在展开的面板菜单中执行"新建段落样式"按钮，如下图所示。

12 打开"新建段落样式"对话框，❶在对话框中设置样式名称为"段落1"，单击"确定"按钮，❷在"段落样式"面板中可看到创建的新样式，如下图所示。

13 选择"文字工具"，在页面下方再绘制更多的文本框，并输入公司介绍信息，输入后使用"文字工具"选中段落文本，单击"段落样式"面板中的"段落1"样式，应用样式，如下图所示。

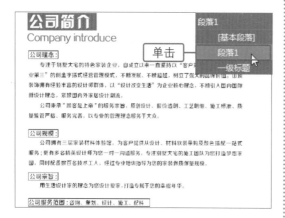

14 打开"页面"面板，❶双击选择页面4，在页面中输入文字，选中标题文字"公司承诺"，❷单击"段落样式"面板中的"一级标题"样式，应用样式效果，如下图所示。

15 应用"直线工具"在页面下方绘制两条灰色直线，选择工具箱中的"矩形框架工具"，在线条中间单击并拖动绘制矩形框，将16.jpg置入到框架中，如下图所示。

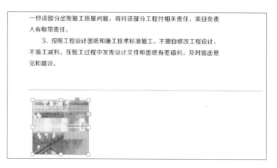

16 选中框架和框架中的图像，右击对象，在弹出的快捷菜单中执行"适合>按比例填充框架"命令，调整图像比例以适合框架大小，如下图所示。

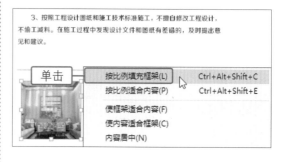

17 应用"矩形框架工具"再绘制两个同等大小的矩形框架，置入17.jpg、18.jpg，并调整图像以适合框架大小，如下图所示。

18 继续应用同样的方法，选中另外几个文档页面，结合"文字工具"和图形工具在页面中绘制图形，并添加相应的文

字，对输入的文字应用"段落样式"面板中的样式，然后在页面中置入图像，得到如下图所示的版面效果。

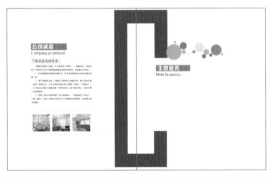

19 打开"页面"面板，❶双击页面5，❷使用"文字工具"在页面中单击并拖动，再绘制一个文本框，如下图所示。

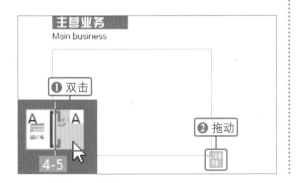

20 执行"表>插入表"菜单命令，打开"插入表"对话框，❶输入"正文行"为4，❷"列"为1，如下图所示。

21 单击"确定"按钮，插入表格，调整单元格行高，选中表格中所有单元格，右击并执行"均匀分布行"命令，如下图所示。

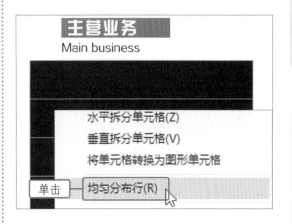

22 均匀分布表格行后，打开"颜色"面板，❶设置填充色为R238、G238、B238，将表格填充为灰色，❷然后在选项栏中设置描边颜色为纸色，❸粗细为3点，如下图所示。

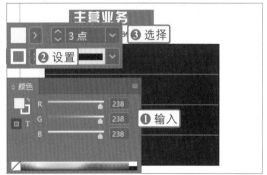

23 执行"表>表选项>交替行线"菜单命令，打开"表选项"对话框，❶选择"交替模式"为"每隔一行"，❷粗细为8点，❸颜色为纸色，其他参数不变，如下图所示。

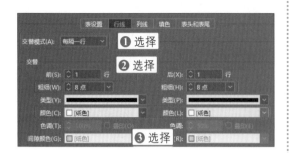

24 单击"确定"按钮，应用设置为表格添加交替的行线效果。应用"文字工具"在表格中输入相应的文字内容，并为其设置字体、大小、间距等。如下图所示。

25 选中表格中的文本，打开"表"面板，❶单击"居中对齐"按钮▦，❷输入内边距为2毫米，如下图所示。

26 继续使用相同的方法，在当前页面及页面6中插入表格，并为表格设置相应的填充和行线效果，如下图所示。

27 确认"文字工具"为选中状态，将鼠标指针移到页面6下方的段落文本上，在"环保"前方单击，放置插入点，如下图所示。

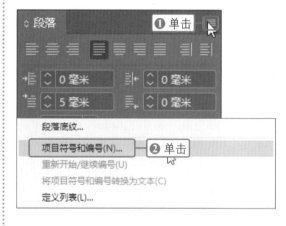

28 打开"段落"面板，❶单击右上角的扩展按钮▤，❷在展开的面板菜单中执行"项目符号和编号"命令，如下图所示。

29 打开"项目符号和编号"对话框，❶选择"列表类型"为"项目符号"，❷在"项目符号字符"列表中单击要添加的项目符号，❸设置"制表符位置"为10毫米，单击"确定"按钮，如下图所示。

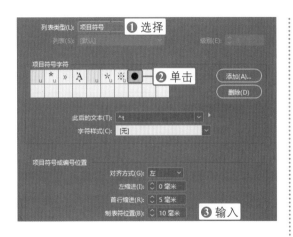

❶选择

❷单击

添加(A)...
删除(D)

此后的文本(T): ^t
字符样式(C): [无]

项目符号或编号位置
对齐方式(G): 左
左缩进(I): 0 毫米
首行缩进(R): 5 毫米
制表符位置(B): 10 毫米

❸输入

30 在放置插入点的位置添加相应的项目符号，然后使用同样的方法，在另外两段文字前也添加同样的项目符号，如下图所示。

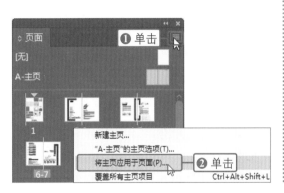

优质材料
装饰环节中最重

● 环保材料选择
工程质量很大程度取决于材料的质量，环保住宅取决

● 长期稳定的合作伙伴
与材料领域最为优秀的企业建立长期稳定的合作伙伴
确保公司在同类产品中以最先进的科技和最优质的产

● 工程完工清算控制分析
成立了集团材料配送中心，全方位实施施工材料的品

31 接下来要将主页对象应用于画册内页中，❶单击"页面"面板上的扩展按钮，❷在展开的面板菜单中执行"将主页应用于页面"菜单命令，如下图所示。

◇ 页面
❶单击

[无]

A-主页

1

6-7

新建主页...
"A-主页"的主页选项(T)...
将主页应用于页面(P)... ❷单击
覆盖所有主页项目   Ctrl+Alt+Shift+L

32 打开"应用主页"对话框，❶选择要应用的主页"A-主页"，❷应用于"所有页面"，❸单击"确定"按钮，对文档页面应用主页上的内容，如下图所示。

ⓗⓕ 装饰

应用主页

应用主页(A): A-主页   ❶选择   确定
于页面(T): 所有页面 ❷选择
❸单击

33 ❶在"页面"面板中单击选中"无"右侧的主页页面，❷将其拖动到页面1上方，，如下图所示，释放鼠标，对画册封面应用"无"主页效果。

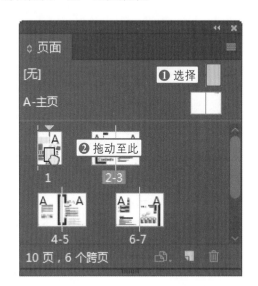

◇ 页面

[无]   ❶选择

A-主页

1   ❷拖动至此   2-3

4-5   6-7

10 页，6 个跨页

34 ❶单击选中"无"右侧的主页页面，❷将其拖动到页面7上方，释放鼠标，对页面7应用"无"主页对象效果，如下图所示。

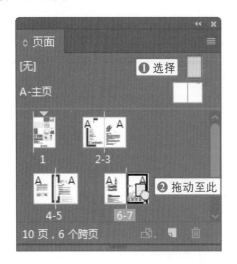

35

❶单击选中"无"右侧的主页页面，❷将其拖动到页面10上方，释放鼠标，对画册封底应用"无"主页效果，如下图所示。

36

执行"版面>目录"菜单命令，打开"目录"面板，❶选择"其他样式"列表中的"一级标题"样式，单击"添加"按钮，❷将样式添加到目录包括的样式列表中，单击"确定"按钮，如下图所示。

37

打开"页面"面板，在面板中双击，转到页面2，在页面中单击并拖动，插入画册目录，如下图所示。

38

应用"文字工具"选中目录文本，打开"色板"面板，单击面板中的"黑色"色标，将文字更改为黑色，如下图所示。

39

结合"文字"面板调整目录文本的字体和大小等，设置后在下方绘制文本框，输入文字Contents，完成本实例的制作，如下图所示。